W0370231

# Online-Aktualisierung unter: www.haufe.de/arbeitshilfen

**Exklusiv und kostenlos für Buchkäufer!**

## Und so geht's:

- ➡ Einfach unter www.haufe.de/arbeitshilfen den Buchcode eingeben
- ➡ oder direkt per QR-Code über Ihr Smartphone bzw. Tablet auf die Website gehen.

Buchcode: **D6B-HHCP**

**Ihr Online-Service:**

- Aktualisierung einzelner Kapitel auf Basis von gesetzlichen Änderungen und/oder Software-Anpassungen

buchhalter training · Iris Thomsen

# Die Autorin

Iris Thomsen ist Betriebswirtin mit jahrelanger Erfahrung in Steuerberaterkanzleien und Industriebetrieben. Sie betreut kleine und mittelständische Unternehmen, die ihre Buchführung selbst erledigen. Mit den täglichen Problemen, aber auch mit schwierigen Sachverhalten in der Buchführung ist sie deshalb bestens vertraut. Ihr Wissen gibt sie als Referentin sowie als Autorin zahlreicher Publikationen der Haufe Mediengruppe weiter.

Auf der Internetseite www.iris-thomsen.de finden Sie Änderungen bzw. Neuerungen zu Themen, die in diesem Buch beschrieben werden. Sie können auch gerne per E-Mail Fragen stellen oder Feedback geben.

# buchhalter training

Iris Thomsen

Haufe Gruppe
Freiburg · München

**Bibliografische Information der Deutschen Nationalbibliothek**

Die Deutsche Nationalbibliothek verzeichnet diese Publikation in der Deutschen Nationalbibliografie; detaillierte bibliografische Daten sind im Internet über http://www.dnb.de abrufbar.

Print: ISBN: 978-3-648-06548-8 Bestell-Nr.: 01061-0006
ePDF: ISBN: 978-3-648-06547-1 Bestell-Nr.: 01061-0154

6. Auflage 2015

© 2015, Haufe-Lexware GmbH & Co. KG, Munzinger Straße 9, 79111 Freiburg

Redaktionsanschrift: Fraunhoferstraße 5, 82152 Planegg/München
Telefon: (089) 895 17-0
Telefax: (089) 895 17-290
www.haufe.de
online@haufe.de
Produktmanagement: Jutta Thyssen

Alle Angaben/Daten nach bestem Wissen, jedoch ohne Gewähr für Vollständigkeit und Richtigkeit. Alle Rechte, auch die des auszugsweisen Nachdrucks, der fotomechanischen Wiedergabe (einschließlich Mikrokopie) sowie die Auswertung durch Datenbanken, vorbehalten.

Lektorat und Desktop-Publishing: Tina Braun, b-satz, 13595 Berlin
Umschlag: RED GmbH, Talangerstraße 3, 82152 Krailling/München
Druck: Schätzl Druck & Medien, Am Stillflecken 4, 86609 Donauwörth

Zur Herstellung dieses Buches wurde alterungsbeständiges Papier verwendet.

# Anleitung zum Trainingsablauf

**Voraussetzungen für die Übungen**
Diese Trainingsunterlage enthält Übungen, die teilweise aufeinander aufbauen. Um die einzelnen Ergebnisse getrennt von den anderen Übungen sichtbar zu machen, erfolgen die Eingaben eines Kapitels jeweils in einem bestimmten Monat. Achten Sie also bei der Auswahl der Berichte auf den richtigen Monat.

Zu Beginn eines jeden Kapitels zeigen wir Ihnen in einer Tabelle, wenn bestimmte Einstellungen und Eingaben für die jeweiligen Übungen erforderlich sind. So können Sie einzelne Kapitel überspringen oder eine andere Reihenfolge bei Ihrem Training wählen. Wer die Unterlage in der vorgegebenen Reihenfolge durcharbeitet, kann diese Übersichten natürlich überspringen.

**Wahl des Kontenplans**
Gleich am Anfang wird eine neue Firma angelegt, in der Sie die Übungen durchführen sollten. Wählen Sie hier den Kontenplan SKR 03 oder 04, denn in den Übungen werden diese Kontonummern gezeigt. Die Gewinnermittlungsart – Einnahmen-Überschussrechnung oder Bilanzierung – können Sie ebenfalls frei wählen, in den Übungen bekommen Sie einen Hinweis, wenn es Unterschiede gibt.

**Wahl der Programmversion**
Grundsätzlich können Sie die Übungen in allen Programmversionen durchführen. Lediglich folgende Kapitel bilden eine Ausnahme. Hier müssen Sie sich das jeweils Passende heraussuchen:

Kapitel 2 „Firma anlegen – standard und plus“,
Kapitel 3 „Firma anlegen – pro und premium“,
Kapitel 16 „Jahreswechsel – standard und plus“,
Kapitel 17 „Jahreswechsel – pro und premium“.

## Mögliche andere Trainingswege

In den Kapiteln 2 und 3 – je nach Programmversion – lernen Sie das Anlegen einer Firma kennen und erfahren, welche Daten Sie dazu brauchen. Sowie die Firma angelegt ist, erfahren Sie im Kapitel 4, wo Sie welche Belege erfassen und wo die Buchungen nach der Eingabe zu finden sind. Danach können Sie direkt mit der Belegerfassung starten.

**Belegerfassung bei Einnahmen-Überschussrechnung**
Es genügt, das Kassenbuch bzw. die Barbelege zu erfassen (Kapitel 8) sowie alle Betriebseinnahmen und -ausgaben, die über das Bankkonto geflossen sind (Kapitel 13).

**Belegerfassung bei Bilanzierung**
Hier sind die Eröffnungswerte zu erfassen (Kapitel 7), das Kassenbuch (Kapitel 8), die Kundenrechnungen (Kapitel 10), die Eingangsrechnungen (Kapitel 11) und die Kontoauszüge (Kapitel 12 und 13).

Im Kapitel 15 wird die Übermittlung der Umsatzsteuer-Voranmeldung beschrieben sowie der Blick auf Ihre vorläufige Gewinnermittlung.

Auf die anderen Kapitel wird intern hingewiesen. So können Sie die vielen Funktionen, die der Lexware buchhalter zusätzlich bietet, nach Bedarf kennen lernen.

Iris Thomsen

# Inhaltsverzeichnis

# 1. Internetaktualisierung und Datensicherung

**Ihre Programmversion sollte immer auf dem aktuellsten Stand sein, nutzen Sie neben den jährlichen Updates die kostenlose Internetaktualisierung. Außerdem sollten Sie Ihre Daten regelmäßig sichern. Über welche Funktionen Sie welche Daten sichern, erfahren Sie hier.**

## 1.1 Automatische Aktualisierung über das Internet

Selbst wenn die Software installiert wurde bzw. das neueste Update aufgespielt ist, arbeitet Lexware an der aktuellen Programmversion weiter. Sobald es Programmverbesserungen gibt oder Anpassungen aufgrund gesetzlicher Änderungen erforderlich sind, bietet Ihnen Lexware kostenlose Service Packs. Um Sie über Neuerungen zu informieren hat Lexware ein **Service Center** eingerichtet.

Ist Ihr Computer am Internet angeschlossen und ist das Service Center aktiviert, finden Sie in Ihrer Taskleiste eine kleine grüne Weltkugel.

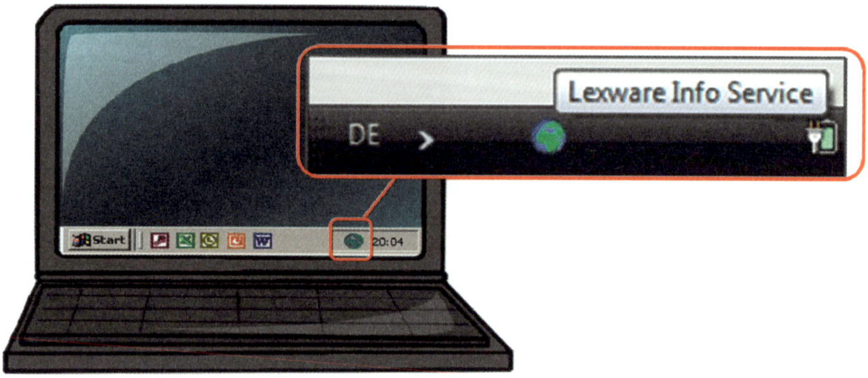


*Abb. 1: **Ist die Funktion Lexware Info Service aktiviert?** Wenn ja, sehen Sie in der Taskleiste eine grüne Weltkugel.*

Mit einem Doppelklick auf diese Kugel öffnen Sie das Service Center. Fehlt das Symbol, können Sie das Service Center auch im Menü ? → **Lexware Info Service →** öffnen.

Hier sehen Sie, wann das Programm zuletzt nach Aktualisierungen gesucht hat und ob es Neuigkeiten gibt.

Unter **Einstellungen** können Sie das Service Center aktivieren. In der Regel ist das Service Center nicht nur aktiviert, es ist auch so eingestellt, dass die Aktualisierungen automatisch gesucht, herunter geladen und installiert werden. Diese Einstellungen können Sie jederzeit ändern und an Ihre Bedürfnisse anpassen. Vielleicht möchten Sie ja nur informiert werden und die Dateien selbst herunterladen und installieren.

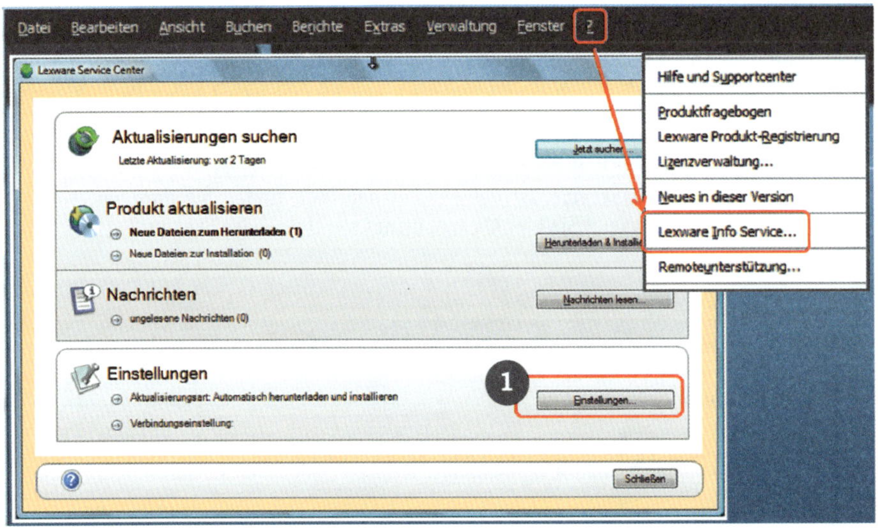


*Abb. 2:* ***Lexware Info Service manuell aktivieren:*** *Klicken Sie im Menü ? auf Lexware Info Service, öffnet sich dieses Fenster. Unter* ***Einstellungen*** ❶ *können Sie das Service Center aktivieren.*

Die Programmversionen Lexware buchhalter pro und premium sind netzwerkfähig, d.h. mehrere Benutzer können mit der Software arbeiten. In diesem Fall sollte nur im Rechner des Administrators die Standardeinstellung beibehalten werden. Bei allen anderen Computern genügt die Information, dass eine Aktualisierung vorliegt. So kann der Administrator die Installationen auf den Rechnern richtig verwalten.

## 1.2 Manuelle Aktualisierung über das Internet

Die Internetaktualisierung können Sie auch über einen anderen Rechner ausführen. Öffnen Sie dazu im Internet die Seite www.lexware.de. Hier wählen Sie unter **Support** Ihr Programm sowie die Versionsnummer aus, klicken links unter **Übersicht** auf den Eintrag **Service-Packs** und wählen dort die gewünschte Aktualisierung aus. Und schon steht Ihr Service Pack zum Download bereit.

**Tipp**

Die Versionsnummer Ihres Programms finden Sie im Menü ? → **Info.**

Jetzt ist die Datei nur noch über eine CD oder einen USB-Stick zu sichern und auf Ihrem Rechner zu installieren.

**Übung**

Überprüfen Sie Ihre Einstellungen im Modul **Lexware Info Service.**

**Lösung**

Klicken Sie auf die grüne Weltkugel in Ihrer Taskleiste oder wählen Sie im Menü **?** die Funktion **Lexware Info Service.** Ist das Fenster geöffnet, finden Sie ganz unten den Button **Einstellungen.** Wenn Sie hier klicken, öffnet sich folgendes Fenster:

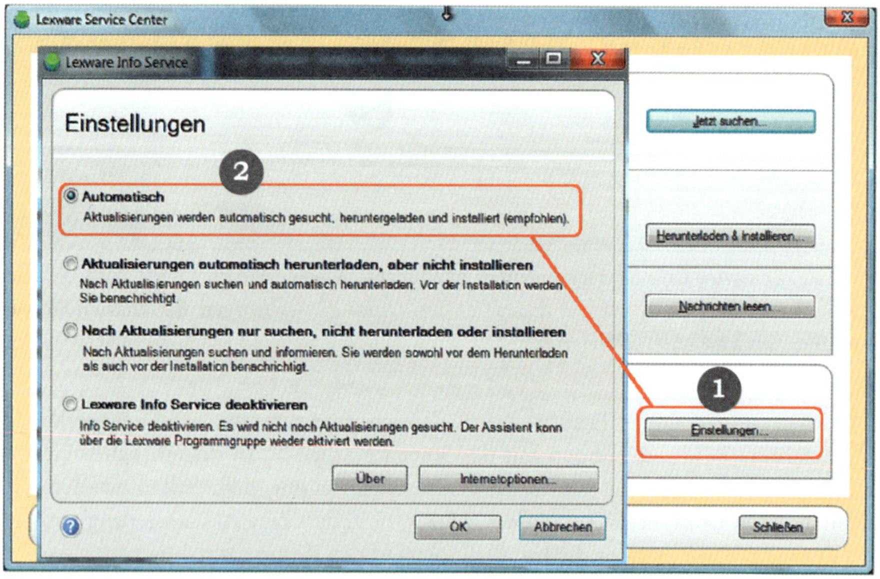


*Abb. 3:* ***Einstellungen im Lexware Info Service:*** *Ist das Service Center geöffnet, können Sie zum Beispiel unter* ***Einstellungen*** ❶ *die Auswahl „Automatisch“* ❷ *wählen.*

## 1.3 Datensicherung – Welche Daten werden gesichert?

Sowie Sie nach der Erfassung von Stammdaten auf **Speichern** oder bei der Belegerfassung auf **Buchen** klicken, sind die Daten auf Ihrem Computer gespeichert. Aber wie sicher ist Ihr Computer? Eine Datensicherung ist eigentlich nur erforderlich für den Notfall, wie z.B. Festplattendefekt oder Diebstahl. Zu Ihrer eigenen Sicherheit empfehlen wir Ihnen, die Datensicherung täglich bzw. nach jedem Arbeitstag im Programm durchzuführen und auf einem externen Datenträger zu speichern.

**Tipp**

Lassen Sie sich vom Programm an die Datensicherung erinnern. Unter **Extras → Optionen → Allgemein** können Sie das entsprechend einstellen.

Mit dem Lexware buchhalter können Sie die Buchführung für mehrere Firmen erledigen. Außerdem verwalten Sie im Laufe der Jahre in jeder Firma mehrere Buchungsjahre. Hier stellt sich die Frage, wie oft die Datensicherung durchzuführen ist bis alle Daten gesichert sind. Nur einmal, lautet die Antwort. Eine Datensicherung sichert die Daten und Buchungen aller Firmen und aller Jahre in einem Schritt. Ganz gleich, von welcher Firma und welchem Buchungsjahr Sie diese Funktion starten.

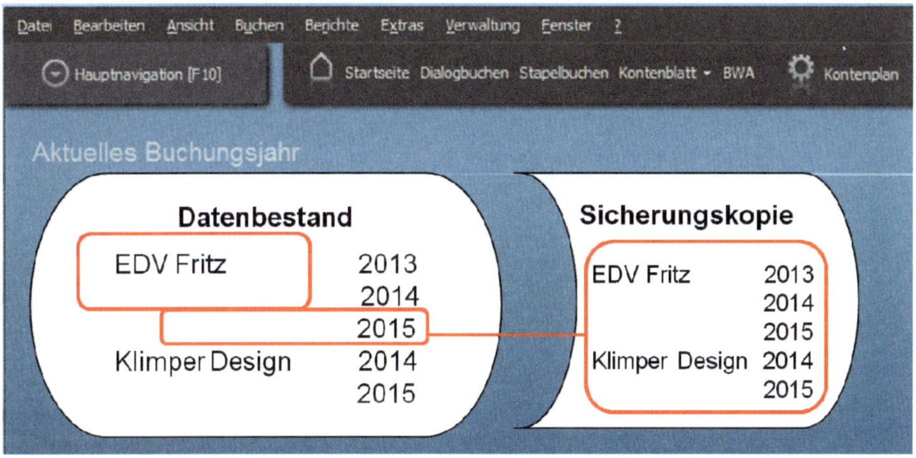


*Abb. 4:* ***Welche Daten sichert eine Datensicherung?*** *Wenn Sie sich in der Firma EDV Fritz im Jahr 2015 befinden und die Datensicherung starten, werden in einem Schritt die Daten aller Firmen mit allen Buchungsjahren gesichert.*

Im Programm unter **Datei → Datensicherung** starten Sie die Sicherung. Ein Assistent führt Sie. In den Versionen standard und plus legen ist die zweite Seite die Wichtigste. Hier legen Sie den Ort fest, an dem die Daten gesichert werden sollen.

Mit einem Klick auf **Durchsuchen** können Sie den gewünschten Speicherort auswählen. Lexware vergibt den Dateinamen selbst, und zwar für jede Datensicherung einen unverwechselbaren Namen. Der Dateiname enthält neben dem Programmkürzel das Datum und die Uhrzeit mit Sekundenangabe.

**Tipp**

Da Sie keinen Einfluss auf den Dateinamen haben, bietet sich das Feld **Bemerkungen** an. Hier können Sie persönliche Notizen eintragen, um bei einer späteren Rücksicherung die Datei besser wieder zu erkennen.

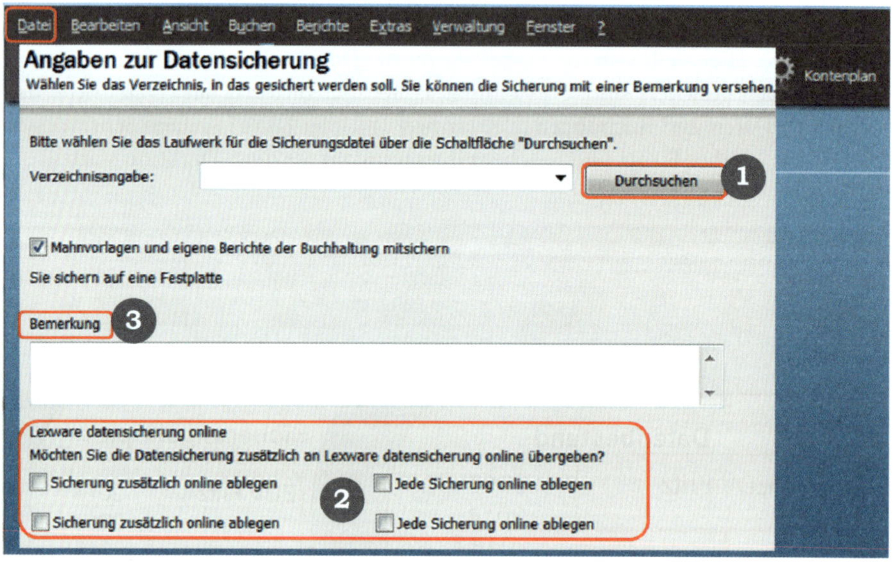


*Abb. 5:* ***Datensicherung durchführen:*** *In diesem Fenster wählen Sie unter* ***Durchsuchen*** ❶ *den Speicherort aus. Nutzen Sie die neue Online-Datensicherung von Lexware, gibt es unten zwei Auswahlpunkte* ❷. *Im Feld Bemerkungen* ❸ *können Sie Notizen zur Datensicherung hinterlegen.*

Aktivieren Sie zusätzlich die Funktion „Mahnvorlagen und eigene Berichte der Buchhaltung mitsichern", geht wirklich nichts verloren.

Es besteht auch die Möglichkeit, die Datensicherung in einem Rechenzentrum von Lexware online abzulegen. Mehr zu der Vorgehensweise und zu den Preisen finden Sie direkt im Assistenten für die Datensicherung oder im Menü **? → Lexware Service Center.** Ist der Speicherort gewählt, können Sie nach dem Klick auf **Weiter** die Sicherung starten.

In den Programmversionen pro und premium gibt es neben einer normalen Datensicherung die Möglichkeit der Firmensicherung. Hier können Sie tatsächlich nur die Daten von einer Firma sichern, und bei einer Firmenrücksicherung im gleichen Programm bringen Sie nur die Daten dieser einen Firma wieder auf den alten Stand.

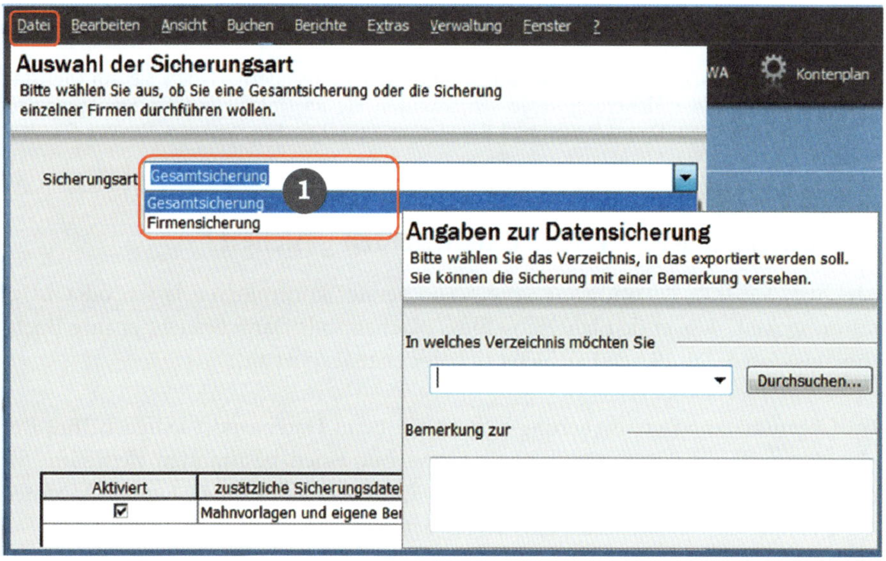


*Abb. 6:* ***Firmensicherung:*** *Anstelle der Gesamtsicherung wählen Sie unter Sicherungsart* ❶ *die Firmensicherung und wählen den gewünschten Speicherort aus.*

## 1.4 Datenrücksicherung – Wann ist das notwendig?

Die Datenrücksicherung soll Ihren alten Datenbestand wieder herstellen, falls Ihrem Neuen etwas passiert ist. In diesem Fall werden alle Daten Ihres Programms mit den Daten der Sicherung überschrieben.

Die Datenrücksicherung starten Sie über das Menü **Datei → Datensicherung → Rücksicherung.** Auch hier leitet Sie die Software, Sie müssen nur noch die richtige Datei auswählen und schon wird die entsprechende Datensicherung eingespielt.

Wird ein neuer Computer angeschafft, muss die Software neu installiert werden und Ihre Daten müssen eingespielt werden. Dafür bietet Lexware die neue Funktion **Rechnerwechsel** im Menü **Datei.** Sie erhalten eine Anleitung für die Vorgehensweise, sehen Ihre Zugangsdaten und sichern sogar noch etwas mehr Daten, als mit der normalen Datensicherung. In diesem Fall werden auch Ihre hinterlegten Zertifikate für die Onlineübermittlung mitgesichert. Probieren Sie die Funktion aus, vielleicht löst diese Form der Sicherung bald die normale Datensicherung für den Notfall ab.

**Achtung**
Jede Datenrücksicherung setzt das Programm auf den Stand vor der letzten Sicherung zurück. Grundsätzlich sollten Sie nach jedem Arbeitstag sichern. Haben Sie am Dienstag gearbeitet und die Sicherung vergessen, könnten Sie im Notfall nur die Sicherung von Montag einspielen. Damit wären alle Buchungen von Dienstag verloren. Denken Sie daran.

## 1.5 Datenexport – Welche Daten werden gesichert?

Möchten Sie Ihre Buchführung vom Steuerberater kontrollieren lassen oder ist es schon so weit, dass er den Jahresabschluss machen soll? Dann braucht er Ihre Buchführungsdaten. Für diesen Fall bietet sich der Datenexport an.

Im Gegensatz zur Datensicherung sichern Sie beim Datenexport lediglich Ihre Buchungen und zwar von jeweils einer Firma nur einen bestimmten Zeitraum. Sie öffnen das gewünschte Buchungsjahr der Firma und starten den Export. Möchten Sie mehrere Jahre exportieren, müssen Sie den Export wiederholen.

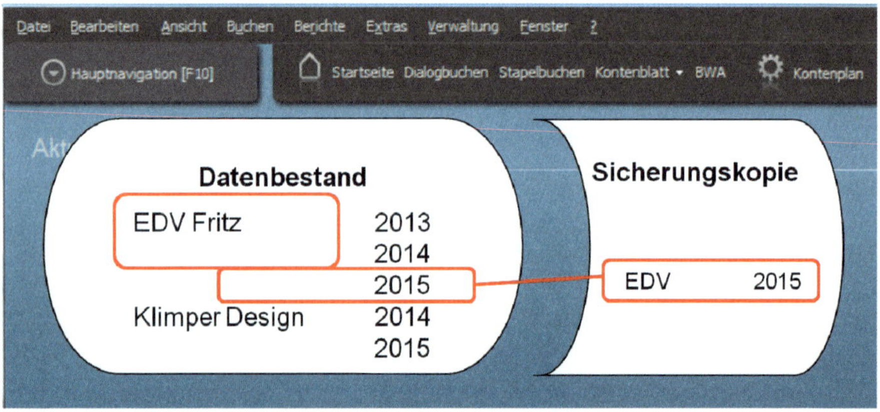


*Abb. 7:* ***Welche Daten sichert ein Datenexport?*** *Wenn Sie sich in der Firma EDV Fritz im Jahr 2015 befinden und den Datenexport starten, werden nur die Buchungen aus dem Jahr 2015 kopiert bzw. exportiert.*

Das Programm bietet mehrere Exportmöglichkeiten an. Beim klassischen Datenexport werden alle Buchungssätze in einer bestimmten Reihenfolge in eine Tabelle geschrieben. Und beim Datenimport ist dann Schritt für Schritt zu bestimmen, in welcher Spalte was steht.

Beim „DATEV-Export“ ist die Reihenfolge eindeutig festgelegt. So können die Daten von allen Programmen mit einer DATEV-Schnittstelle ganz einfach gelesen werden. Mehr dazu erfahren Sie im Kapitel 18 „Datenexport mit der DATEV-Schnittstelle“. An dieser Stelle wird am Beispiel der DATEV-Schnittstelle gezeigt, was beim Datenexport und -import grundsätzlich zu beachten ist.

Im Menü **Datei** unter **Export → DATEV** oder **DATEV-Schnittstelle → Export** exportieren Sie die Buchungsdaten der geöffneten Firma. Sie wählen den Zeitraum aus, einen Monat, ein Quartal oder das ganze Wirtschaftsjahr.

**Tipp**

Fehlt der Menüpunkt, müssen Sie die DATEV-Unterstützung unter **Bearbeiten → Firmenangaben** aktivieren. Führt auch das nicht zum Erfolg, müssen Sie den Menüpunkt unter **Verwaltung → Konfigurationsassistent → Einstellungen → Datei** einschalten.

Ein Assistent führt Sie durch verschiedene Eingabefenster. Im Fenster **Auswahl** markieren Sie **Buchungsdaten** und wählen über den Klick auf **Durchsuchen** den gewünschten Speicherort aus.

**Tipp**

Beachten Sie bitte auch die **Hilfe**, die Ihnen hier zur Verfügung steht. Die Hilfe des Programms bietet Ihnen zunächst nur die Informationen, die Sie für die aufgerufene Funktion benötigen.

Durch den „DATEV-Export“ werden, je nach Exportmethode, eine oder zwei Dateien erstellt, und diese benötigt Ihr Steuerberater zum Einlesen der Daten. Vergessen Sie nicht zu kontrollieren, ob alle Daten vollständig übermittelt wurden. Zusätzlich zu den beiden Exportdateien sollten Sie Ihrem Steuerberater eine aktuelle Summen- und Saldenliste mitgeben. Nur so hat er die Möglichkeit, den Datenexport zu kontrollieren. Diese Liste können Sie unter **Berichte** drucken oder als pdf speichern. Hier handelt es sich um eine Übersicht über alle bebuchten Konten. Nachdem er Ihre Buchführungsdaten in seine Software eingespielt hat, kann er sich ebenfalls eine Summen- und Saldenliste drucken und die beiden Listen miteinander vergleichen. Erst dann kann er sicher sein, dass er alle Daten erhalten hat.

Das Gleiche gilt für den Datenimport. In diesem Fall sollten Sie die letzte Summen- und Saldenliste Ihres Steuerberaters anfordern und mit der Liste des Lexware buchhalters vergleichen.

## 1.6 Was ist beim Datenimport zu beachten?

Hat der Steuerberater Ihre Buchführungsdaten kontrolliert und Umbuchungen vorgenommen oder hat er sogar die Abschlussbuchungen erledigt, fehlen diese Buchungen in Ihrem Programm. Er kann Ihnen nun eine Umbuchungsliste schicken, die Sie manuell erfassen, oder er kann Ihnen die Daten elektronisch zum Beispiel über die „DATEV-Schnittstelle" übermitteln. Im Menü **Datei** unter **Import → DATEV** oder **DATEV-Schnittstelle → Import** importieren Sie die Daten in das entsprechende Buchungsjahr der geöffneten Firma.

**Achtung**
Achten Sie darauf, dass Ihr Steuerberater Ihnen tatsächlich nur seine Umbuchungen übermittelt, denn Ihre Buchführungsdaten sind in der Software ja schon vorhanden.

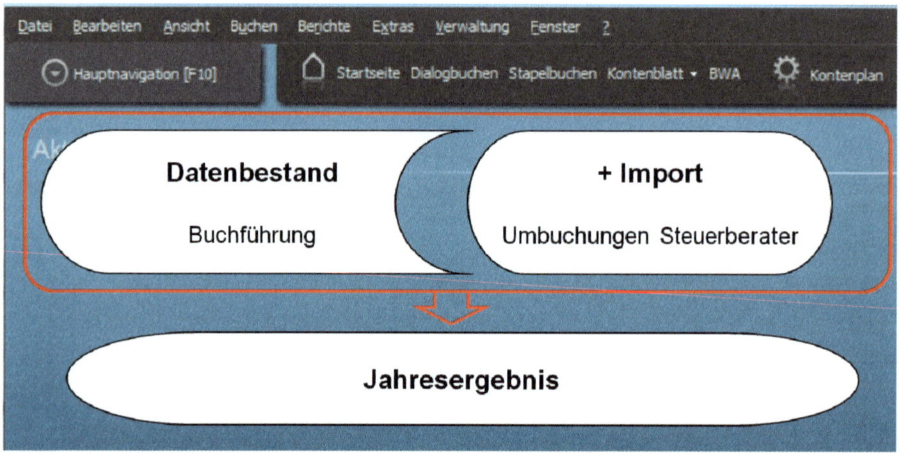


*Abb. 8:* ***Welche Daten sollten Sie importieren?*** *Haben Sie Ihre Buchführungsdaten zuvor an Ihren Steuerberater exportiert und hat er den Jahresabschluss in seinem Programm fertig gestellt, dürfen Sie nur die Umbuchungen des Steuerberaters importieren.*

Sowie der Import abgeschlossen ist, finden Sie die Umbuchungen Ihres Steuerberaters unter **Ansicht →Buchungsstapel**.

**Weitere Informationen**

Videos unter www.lexware.de/support

- Updates und Aktualisierungen
- Wie erstellen Sie eine Datensicherung richtig?

# 2. Die Firma anlegen (buchhalter standard und plus)

**Sie können im Programm mehrere Firmen anlegen und auch ganz leicht wieder löschen. Doch bevor Sie mit der eigentlichen Buchführung beginnen, müssen die Firmenstammdaten stimmen. Einige Daten, wenn auch nur wenige, lassen sich tatsächlich später nicht mehr ändern. Gleichzeitig genügen nur wenige Angaben, um mit der Buchführung starten zu können.**

| Voraussetzungen für die Übungen | | |
|---|---|---|
| Einstellungen | Um im Programm eine neue Firma anzulegen, brauchen Sie eine Berechtigung. Sollten Sie keine solche Berechtigung haben, können Sie die Software auf einem anderen Computer installieren ohne sie zu aktivieren. So können Sie auf diesem Rechner 30 Tage in einer Demoversion arbeiten. | |

## 2.1 Firmendaten anlegen

Bestimmte Daten lassen sich nach der Firmenanlage nicht mehr ändern. Möchten Sie Ihre Firma reibungslos anlegen, sollten Sie sich vorher folgende Informationen beschaffen. Die Gewinnermittlungsart Ihres Unternehmens, ob es der Soll- oder der Ist-Versteuerung unterliegt, welchen Kontenrahmen Ihr Steuerberater verwendet und mit welchem Jahr Sie starten möchten. In den folgenden Übungen wird mehr zu diesen Themen an den entsprechenden Stellen gezeigt.

Im Menü **Datei → Firma neu** legen Sie Ihr Unternehmen im Programm an. Hier werden Angaben wie Name und Adresse eingetragen.

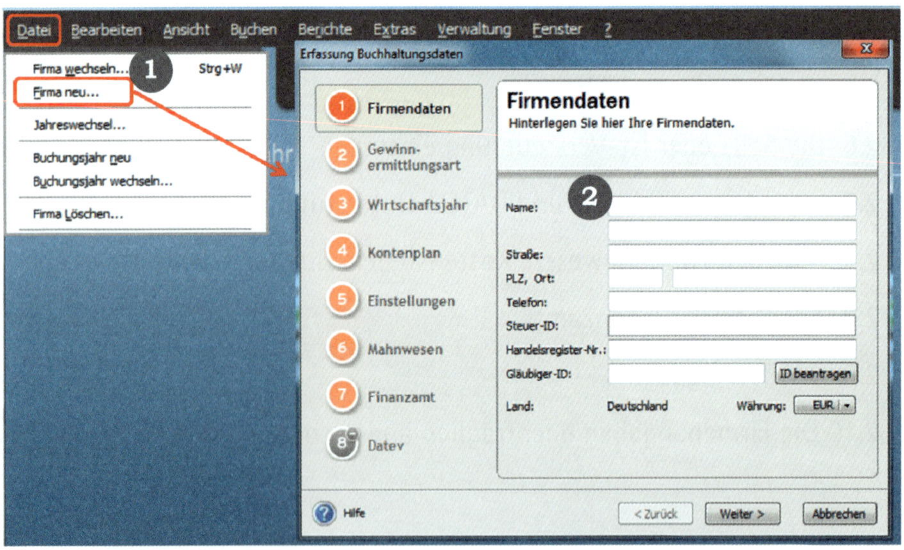


*Abb. 1:* ***Ihr Unternehmen anlegen:*** *Wählen Sie im Menü* ***Datei → Firma neu*** ❶ *öffnet sich dieses Fenster. Hier geben Sie unter anderem den Namen und die Adresse* ❷ *des Unternehmens ein.*

Eine Steuer-ID gibt es bis jetzt nur für natürliche Personen. Einzelfirmen können die Steuer-ID des Inhabers hier hinterlegen, Personengesellschaften und Kapitalgesellschaften nicht. Solange es noch keine Steuer-ID für Unternehmen gibt, bleibt dieses Feld leer. Eine Gläubiger-ID des Unternehmens brauchen Sie seit 2014 für SEPA-Lastschriften. Wenn Sie diese noch nicht beantragt haben, können Sie das hier erledigen mit einem Klick auf „ID beantragen". Mehr dazu im Kapitel 20 „Den Zahlungsverkehr erledigen".

**Tipp**

Bis auf den Namen Ihres Unternehmens können Sie alle Daten auch später noch ergänzen.

## 2.2 Wahl der Gewinnermittlungsart

Es gibt zwei verschiedene Gewinnermittlungsarten, die Bilanz mit Gewinn- und Verlustrechnung, auch genannt Betriebsvermögensvergleich, sowie die Einnahmen-Überschussrechnung. Nur eine kann auf Ihr Unternehmen zutreffen und nur eine können Sie im Programm auswählen. Wer macht was?

| Bilanz mit Gewinn- und Verlustrechnung | Einnahmen-Überschussrechnung |
|---|---|
| Alle Kapitalgesellschaften (GmbH, AG, Ltd.) | Alle Freiberufler |
| Alle Unternehmen, die im Handelsregister eingetragen sind (außer ggf. Einzelfirmen) | Im Handelsregister eingetragene Einzelfirmen, die in zwei aufeinander folgenden Geschäftsjahren diese Grenzen nicht übersteigen: Umsatz 500.000 Euro und Gewinn 50.000 Euro |
| Unternehmen, die nicht im Handelsregister eingetragen sind sowie Vereine, die eine dieser Grenzen übersteigen: Umsatz 500.000 Euro oder Gewinn 50.000 Euro | Unternehmen, die nicht im Handelsregister eingetragen sind und keine dieser Grenzen übersteigen: Umsatz 500.000 Euro oder Gewinn 50.000 Euro |

Sind Sie sich nicht sicher, welche Gewinnermittlungsart auf Ihr Unternehmen zutrifft, finden Sie an dieser Stelle in der Programmhilfe weitere Hinweise.

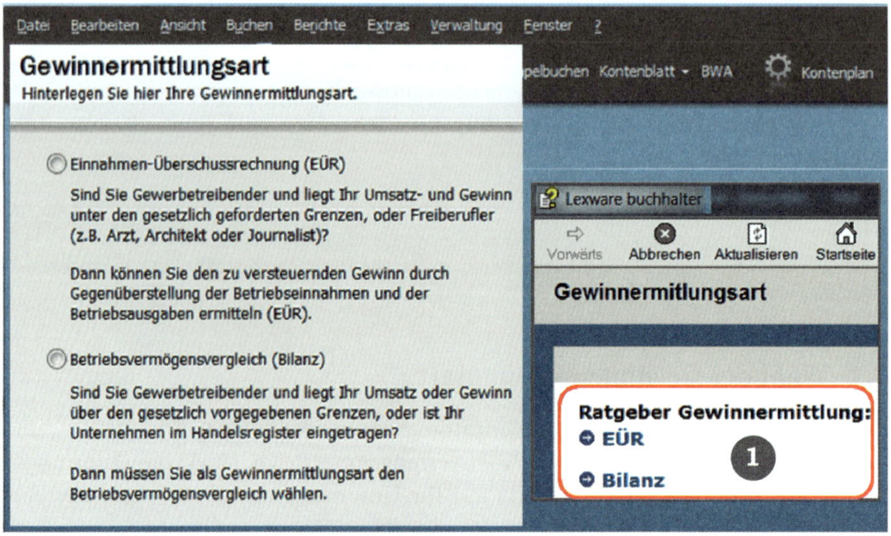


*Abb. 2:* ***Wahl der Gewinnermittlungsart:*** *Hier müssen Sie sich entscheiden. Muss Ihr Unternehmen eine Einnahmen-Überschussrechnung oder eine Bilanz erstellen? In der Programmhilfe ❶ erhalten Sie dazu Informationen.*

**Achtung**
Die Gewinnermittlungsart kann später nicht mehr geändert werden. Im Zweifelsfalle sollten Sie unbedingt Ihren Steuerberater fragen.

## Übung Alternative 1 für Bilanzierende

Legen Sie bitte die Firma EDV Fritz im Programm an.

| | |
|---|---|
| Adresse | Schillerstraße 17, 79098 Freiburg<br>Telefon 0761/123456 |
| Gewinnermittlungsart | Betriebsvermögensvergleich |

## Übung Alternative 2 für Einnahmen-Überschussrechner

Legen Sie bitte die Firma Klimper Design im Programm an.

| | |
|---|---|
| Adresse | Klavierstraße 18, 79098 Freiburg<br>Telefon 0761/234567 |
| Gewinnermittlungsart | Einnahmen-Überschussrechnung |

**Lösung**

Die Adresse können Sie auch später noch jederzeit ändern, die Gewinnermittlungsart nicht. Sollte sich Ihre Gewinnermittlungsart im Laufe der Jahre ändern, müssen Sie dafür eine neue Firma anlegen.

## 2.3 Das erste Buchungsjahr festlegen

Bei der Firmenanlage müssen Sie sich entscheiden, welches Jahr Ihr **erstes Buchungsjahr** sein wird. Von da an können Sie nur noch Folgejahre anlegen.

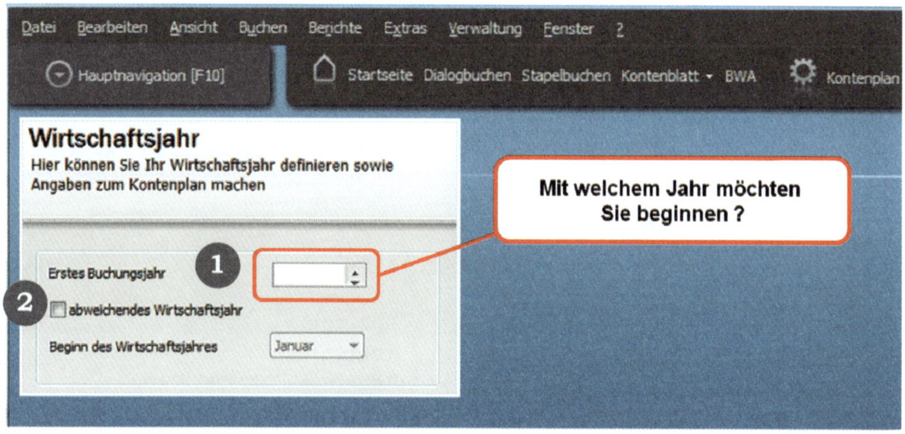


*Abb. 3:* ***Angaben zum Wirtschaftsjahr:*** *Tragen Sie hier Ihr erstes Buchungsjahr ein* ❶*. Nur wenn Sie ein abweichendes Wirtschaftsjahr* ❷ *beim Finanzamt beantragt haben, müssen Sie hier unter Beginn des Wirtschaftsjahres einen anderen Monat als Januar hinterlegen.*

Haben Sie Ihr Unternehmen gerade erst gegründet, zum Beispiel im März des laufenden Jahres, handelt es sich nicht um ein abweichendes Wirtschaftsjahr. Für den Lexware buchhalter startet Ihr Wirtschaftsjahr trotzdem im Januar.

Bilanzieren Sie und haben Sie beim Finanzamt ein abweichendes Wirtschaftsjahr beantragt, müssen Sie hier **abweichendes Wirtschaftsjahr** wählen. Nur dann beginnt das Wirtschaftsjahr nicht im Januar.

**Achtung**
Das erste Buchungsjahr kann später nicht mehr geändert werden. Sind Sie sich nicht sicher, ob Sie vielleicht die Buchführung für das Vorjahr doch noch nachholen möchten, sollten Sie zur Sicherheit das Vorjahr als erstes Buchungsjahr anlegen. Nur so haben Sie später die Wahl, entweder mit dem aktuellen Jahr oder dem Vorjahr zu beginnen.

## 2.4 Wahl des Kontenrahmens

Das Programm bietet Ihnen mehrere Standardkontenrahmen zur Auswahl. Erledigen Sie die Buchführung sowie den Jahresabschluss selbst, können Sie sich frei für einen Kontenrahmen entscheiden. Arbeiten Sie allerdings mit einem Steuerberater zusammen, sollten Sie den gleichen Kontenrahmen verwenden wie er. Nur dann sprechen Sie über die gleichen Kontonummern, was Ihnen das folgende Beispiel zeigt.

Die gängigsten Kontenrahmen heißen zum Beispiel SKR 03 und SKR 04. Sie verwenden für die gleichen Konten unterschiedliche Nummern.

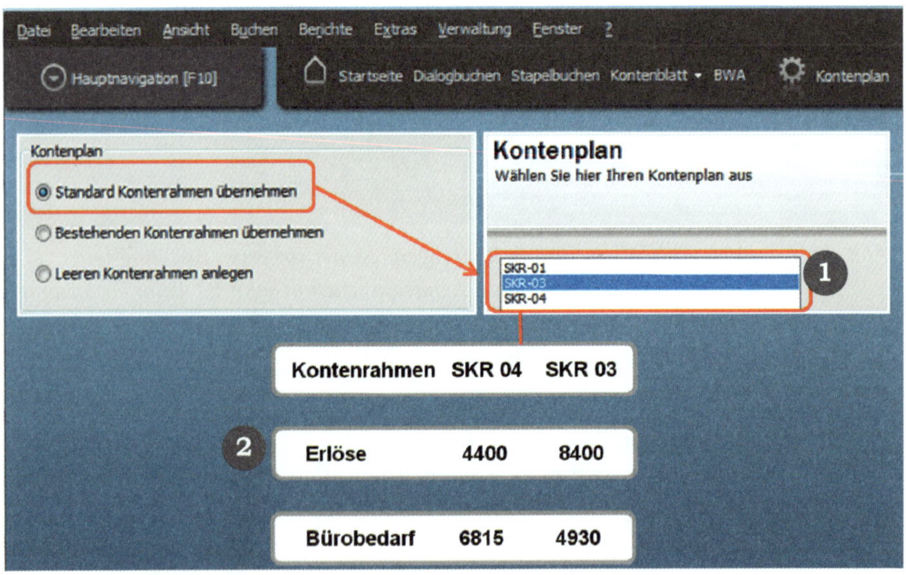


*Abb. 4:* ***Auswahl des Kontenrahmens:*** *Die Standardkontenrahmen SKR 03 und SKR 04* ❶ *beinhalten beide die gleichen Konten, sie verwenden nur andere Nummern. So ist die Nummer des Kontos „Erlöse"* ❷ *im SKR 04 die „4400" und im SKR 03 die „8400".*

**Beispiel**

Sie rufen beim Steuerberater an und fragen auf welches Konto Kopierpapier zu buchen ist. Nutzt er den Kontenrahmen SKR 03 wird er Ihnen das Konto „4930 Bürobedarf" empfehlen. Hilft Ihnen diese Antwort, wenn Sie den Kontenrahmen SKR 04 verwenden?

Sprechen Sie sich unbedingt mit Ihrem Steuerberater ab, das spart viel Zeit. Vor allem dann, wenn Sie ihm am Jahresende die Buchführungsdaten übermitteln möchten.

**Übung Alternative 1 für Bilanzierende**

Erfassen Sie bitte bei der Firma EDV Fritz folgende Daten.

| | |
|---|---|
| 1. Buchungsjahr | 2015 |
| Kontenrahmen | SKR 03 (empfehlenswert) alternativ SKR 04 |

**Übung Alternative 2 für Einnahmen-Überschussrechner**

Erfassen Sie bitte bei der Firma Klimper Design folgende Daten.

| | |
|---|---|
| 1. Buchungsjahr | 2015 |
| Kontenrahmen | SKR 03 (empfehlenswert) alternativ SKR 04 |

**Lösung**

Weder das erste Buchungsjahr noch den Kontenrahmen können Sie später ändern.

## 2.5 Die Soll- oder Ist-Versteuerung einstellen

Stellen Sie Ihren Kunden Umsatzsteuer in Rechnung? Sind Sie zum Vorsteuerabzug berechtigt? Wenn ja, wählen Sie hier die **Umsatzsteuerpflicht** aus. So wird die Software beim Buchen die Umsatzsteuer aus den Bruttobeträgen herausrechnen und auf gesonderten Konten sammeln. Auf Knopfdruck erhalten Sie dann Ihre Umsatzsteuer-Voranmeldung.

Hier geht es darum, zu welchem Zeitpunkt Sie die Umsatzsteuer, die Sie Ihrem Kunden in Rechnung gestellt haben, an das Finanzamt abführen müssen.

- Bei Abschluss des Auftrags = Soll-Versteuerung
- Bei Geldeingang = Ist-Versteuerung

Die Ist-Versteuerung können Freiberufler, die die Einnahmen-Überschussrechnung anwenden, beantragen. Alle anderen Unternehmen können sie nur beantragen, wenn der Vorjahresumsatz 500.000 Euro nicht übersteigt. Besteht also **Umsatzsteuerpflicht**, müssen Sie hier die **Soll- oder die Ist-Versteuerung** auswählen.

**Achtung**
Fragen Sie ggf. Ihren Steuerberater oder das Finanzamt, denn das Gewählte können Sie nur in den Monaten ändern, in denen Sie noch nicht gebucht haben. In der Regel findet der Wechsel der Besteuerungsarten zu Beginn des Jahres statt. In diesem Fall sollten Sie direkt nach der Anlage des neuen Buchungsjahres die Umstellung vornehmen.

Wechselt Ihr Unternehmen im laufenden Jahr von der Soll- zur Ist-Versteuerung oder umgekehrt, müssen Sie im Menü **Bearbeiten** die Firmeneinstellungen zur Soll- und Ist-Versteuerung ändern. Sowie Sie die andere Besteuerungsart gewählt haben, müssen Sie das Datum des Wechsels angeben. Dazu teilt Ihnen das Programm mit, ab welchem Monat das frühestens möglich ist, bzw. bis zu welchem Datum bisher gebucht wurde.

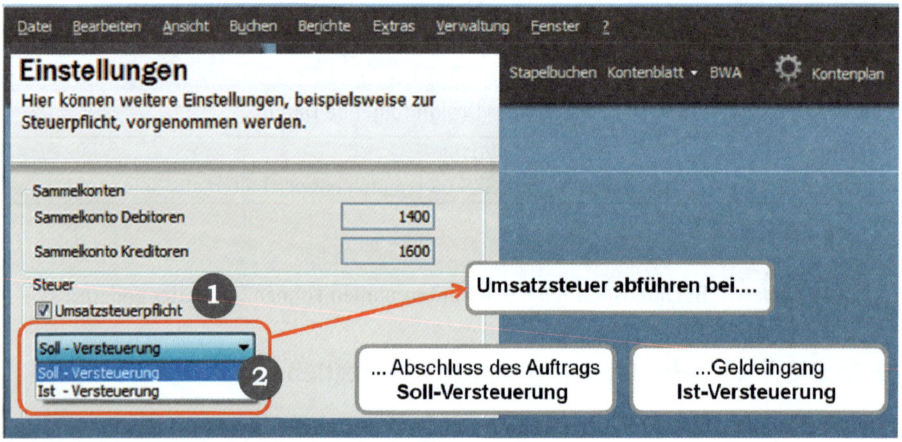


*Abb. 5:* ***Angaben zur Umsatzsteuer:*** *Hat Ihr Unternehmen umsatzsteuerpflichtige Umsätze bzw. ist es zum Vorsteuerabzug berechtigt, müssen Sie hier „Umsatzsteuerpflicht" ❶ auswählen. In diesem Fall müssen Sie auch hinterlegen, ob Ihr Unternehmen der Soll- oder der Ist-Versteuerung ❷ unterliegt.*

## 2.6 Belegnummernkreise und DATEV-Unterstützung

Hier ist es empfehlenswert, die Funktion **unterschiedliche Belegnummernkreise** zu aktivieren. So haben Sie die Möglichkeit, zum Beispiel die Kassenbelege getrennt von den Kontoauszügen oder Rechnungen fortlaufend zu nummerieren. Mehr dazu im Kapitel 5.1 „Belegnummernkreise anlegen".

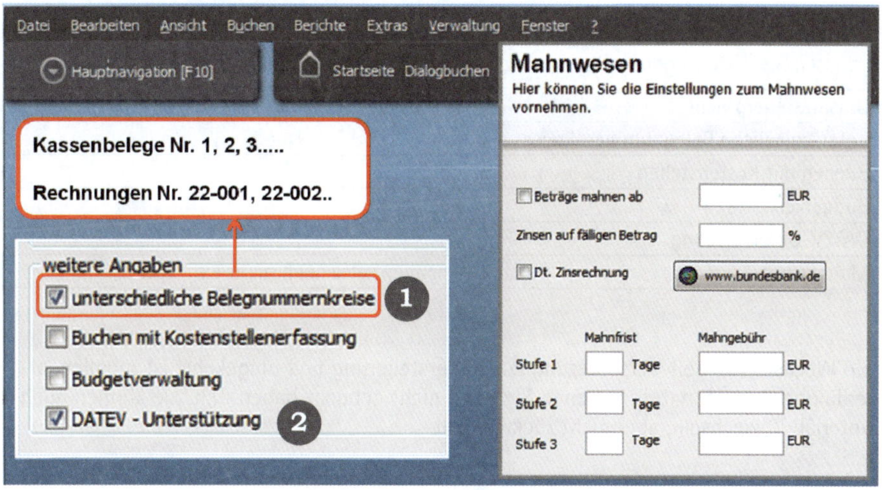


*Abb. 6:* ***Weitere Einstellungen:*** *Nutzen Sie die Funktion „unterschiedliche Belegnummernkreise* ❶*, finden Sie später Ihre Belege zu den Buchungen schneller. Möchten Sie Ihre Daten an den Steuerberater übermitteln, müssen Sie die „DATEV-Unterstützung“* ❷ *aktivieren.*

## 2.7 Angaben zu Mahnwesen, Kostenstellen, Budgetverwaltung

Das Register Mahnwesen können Sie später ausfüllen, wenn Sie es nutzen möchten. Mehr dazu im Kapitel 19 „Das Mahnwesen nutzen“.

Der Lexware buchhalter bietet neben der Buchführung auch die Möglichkeit der Kostenstellenerfassung sowie der Budgetverwaltung. Beide Funktionen bieten Ihnen über die normalen Buchführungsauswertungen hinaus, weitere interessante Berichte. Allerdings nur dann, wenn Sie gewisse Vorarbeiten leisten. Mehr dazu erfahren Sie im Kapitel 21 „Arbeiten mit Kostenstellen, Kostenträger und Budgetverwaltung“. Beide Funktionen können Sie gleich, aber auch später aktivieren.

**Übung Alternative 1 für Bilanzierende**

Erfassen Sie bitte folgende Daten bei der Firma EDV Fritz.

| | |
|---|---|
| Umsatzsteuerpflicht | ja – Soll-Versteuerung |
| unterschiedliche Belegnummernkreise | ja |
| Buchen mit Kostenstellen | nein |
| Budgetverwaltung | nein |
| DATEV-Unterstützung | ja |
| Mahnwesen | Angaben bitte noch nicht eintragen |

**Übung Alternative 2 für Einnahmen-Überschussrechner**

Erfassen Sie bitte folgende Daten bei der Firma Klimper Design.

| | |
|---|---|
| Umsatzsteuerpflicht | ja – Ist-Versteuerung |
| unterschiedliche Belegnummernkreise | ja |
| Buchen mit Kostenstellen | nein |
| Budgetverwaltung | nein |
| DATEV-Unterstützung | ja |
| Mahnwesen | Angaben bitte noch nicht eintragen |

**Lösung**

Ein Wechsel von Soll-Versteuerung zu Ist-Versteuerung und umgekehrt ist möglich, allerdings nur in Monaten, in denen Sie noch nicht gebucht haben. D.h. Sie können auch unterjährig wechseln, aber nicht rückwirkend.

## 2.8 Angaben des Finanzamts

Die Adresse des Finanzamtes sowie die Steuernummer müssen Sie eintragen, bevor Sie die erste Umsatzsteuer-Voranmeldung an das Finanzamt übermitteln. Die Umsatzsteuer-Identifikationsnummer können Sie freiwillig hinterlegen.

## 2.9 DATEV-Angaben

Möchten Sie später die Buchführungsdaten für Ihren Steuerberater exportieren, und zwar über die „DATEV-Schnittstelle", müssen Sie die **DATEV-Unterstützung** aktivieren.

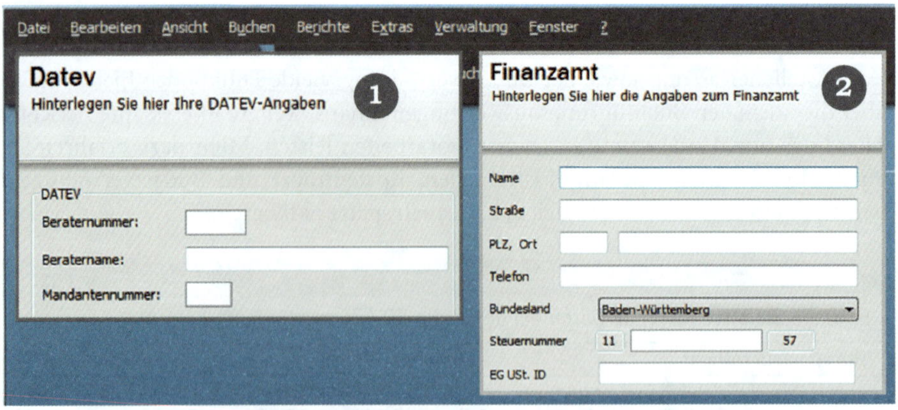


*Abb. 7:* ***Weitere Einstellungen:*** *Ist die DATEV-Unterstützung aktiviert wird das DATEV-Fenster* ❶ *freigeschaltet. Dieses müssen Sie spätestens vor dem ersten Export ausfüllen. Im Register Finanzamt* ❷ *hinterlegen Sie die Adresse Ihres Finanzamts sowie Ihre Steuernummer.*

**Tipp**

Die Angaben Ihres Steuerberaters müssen Sie erst vor dem ersten DATEV-Export eintragen. Mehr dazu im Kapitel 18 „Datenexport über die DATEV-Schnittstelle".

Jetzt können Sie die Firmenanlage abschließen und Ihre Eingaben speichern. Alle weiteren Einstellungen können Sie jederzeit nachholen.

**Übung Alternative 1 für Bilanzierende**

Erfassen Sie bitte folgende Daten der Firma EDV Fritz.

| | |
|---|---|
| Finanzamt | Freiburg Stadt, Sautierstr. 24, 79104 Freiburg |
| DATEV | Angaben bitte noch nicht eintragen |

**Übung Alternative 2 für Einnahmen-Überschussrechner**

Erfassen Sie bitte folgende Daten der Firma Klimper Design.

| | |
|---|---|
| Finanzamt | Freiburg Stadt, Sautierstr. 24, 79104 Freiburg |
| DATEV | Angaben bitte noch nicht eintragen |

**Lösung**

Die Angaben zum Finanzamt und zu DATEV können Sie jederzeit ändern.

## 2.10 Die Firmenangaben nachträglich ändern und ergänzen

Sind alle Daten erfasst, können Sie unter **Bearbeiten → Firma** die Adresse, die Steuernummer, die Einstellungen zur Umsatzsteuer, die Angaben des Steuerberaters und vieles mehr jederzeit ändern oder ergänzen. Noch einmal zur Erinnerung: Nicht ändern können Sie die Gewinnermittlungsart, das erste Buchungsjahr und den Kontenrahmen.

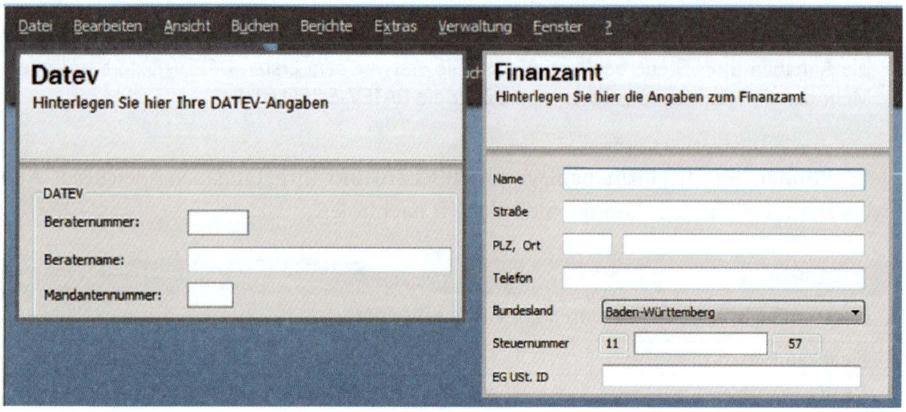


*Abb. 8:* ***Firmenstammdaten bearbeiten:*** *Im Menü* ***Bearbeiten*** *können Sie die Firmenstammdaten ansehen und ändern.*

Die Firmenstammdaten können Sie ansehen oder ausdrucken im Menü **Datei → Drucken** oder im Menü **Berichte → Berichtszentrale.**

**Weitere Informationen**

Videos unter www.lexware.de/support

- Die Firmenanlage mit Bilanz in Lexware buchhalter
- Die Firmenanlage – Gewinnermittlung Einnahmen-Überschussrechnung

# 3. Die Firma anlegen (buchhalter pro und premium)

**Ihre Firmenstammdaten müssen stimmen bevor Sie mit der eigentlichen Buchführung beginnen. Denn ist die Firma einmal angelegt, lassen sich einige Daten, wenn auch nur wenige, tatsächlich später nicht mehr ändern. Dennoch genügen nur wenige Angaben, um mit der Buchführung starten zu können.**

| Voraussetzungen für die Übungen | | |
|---|---|---|
| Einstellungen | Um im Programm eine neue Firma anzulegen, brauchen Sie eine Berechtigung. Sollten Sie keine solche Berechtigung haben, können Sie die Software auf einem anderen Computer installieren ohne sie zu aktivieren. So können Sie auf diesem Rechner 30 Tage in einer Demoversion arbeiten. | |

## 3.1 Firmendaten anlegen

Bestimmte Daten lassen sich nach der Firmenanlage nicht mehr ändern. Möchten Sie Ihre Firma reibungslos anlegen, sollten Sie sich vorher folgende Informationen beschaffen. Die Gewinnermittlungsart Ihres Unternehmens, ob es der Soll- oder der Ist-Versteuerung unterliegt, welchen Kontenrahmen Ihr Steuerberater verwendet und mit welchem Jahr Sie starten möchten. In den folgenden Übungen wird mehr zu den Themen an den entsprechenden Stellen gezeigt.

Im Menü **Datei → Neu → Firma → neu** legen Sie Ihr Unternehmen im Programm an. Hier werden Angaben wie Name und Adresse eingetragen.

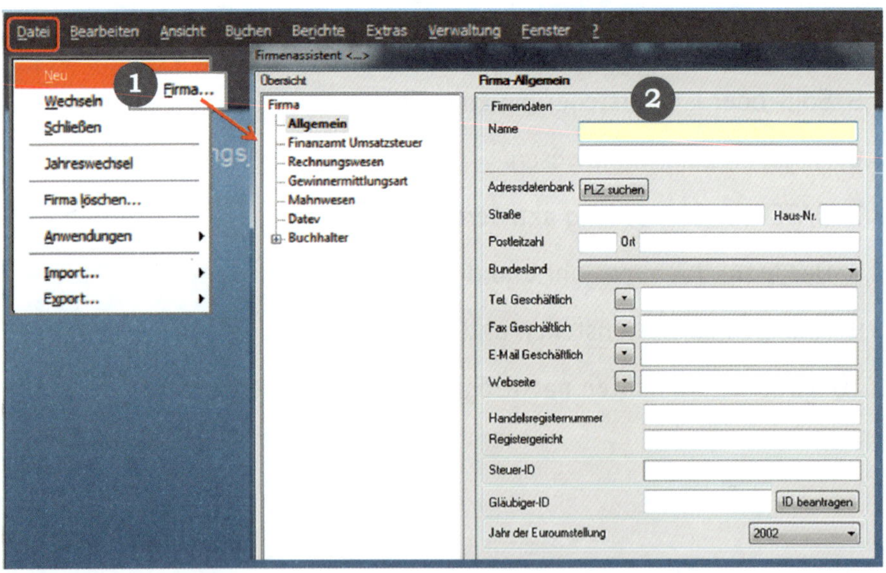


*Abb. 1:* ***Ihr Unternehmen anlegen:*** *Wenn Sie im Menü* ***Datei → Neu → Firma*** ❶ *wählen, öffnet sich dieses Fenster. Hier geben Sie unter anderem den Namen und die Adresse* ❷ *des Unternehmens ein.*

Eine Steuer-ID gibt es bis jetzt nur für natürliche Personen. Einzelfirmen können die Steuer-ID des Inhabers hier hinterlegen, Personengesellschaften und Kapitalgesellschaften nicht. Solange es noch keine Steuer-ID für Unternehmen gibt, bleibt dieses Feld leer. Eine Gläubiger-ID des Unternehmens brauchen Sie seit 2014 für SEPA-Lastschriften. Wenn Sie diese noch nicht beantragt haben, können Sie das hier erledigen mit einem Klick auf „ID beantragen". Mehr dazu im Kapitel 20 „Den Zahlungsverkehr erledigen".

**Tipp**

Bis auf den Namen Ihres Unternehmens können Sie alle Daten auch später noch ergänzen.

## 3.2 Angaben des Finanzamts

Wählen Sie hier die **Umsatzsteuerpflicht** aus, wird die Software beim Buchen die Umsatzsteuer aus den Bruttobeträgen herausrechnen und auf gesonderten Konten sammeln. Und schon steht Ihre Umsatzsteuer-Voranmeldung zur Verfügung. Hier müssen Sie nur noch Ihre Steuernummer eintragen, die Adresse des Finanzamts nicht. Diese können Sie über die Funktion **Finanzamt auswählen** automatisch einspielen.

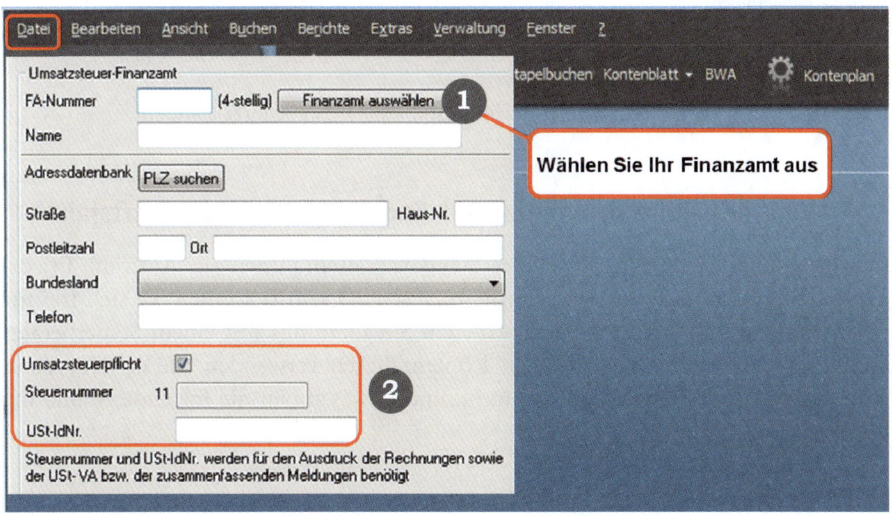


*Abb. 2:* ***Angaben zur Umsatzsteuer:*** *Über die Funktion* ***Finanzamt auswählen*** *können Sie die Daten des Finanzamts ❶ einspielen. Hat Ihr Unternehmen umsatzsteuerpflichtige Umsätze, bzw. ist es zum Vorsteuerabzug berechtigt, wählen Sie die „Umsatzsteuerpflicht" ❷ aus.*

**Tipp**

Die Adresse des Finanzamtes sowie die Steuernummer müssen Sie eintragen, bevor Sie die erste Umsatzsteuer-Voranmeldung an das Finanzamt übermitteln. Und die Umsatzsteuer-Identifikationsnummer vor der ersten „Zusammenfassenden Meldung".

**Übung Alternative 1 für Bilanzierende**

Legen Sie bitte die Firma EDV Fritz im Programm an.

| | |
|---|---|
| Adresse | Schillerstraße 17,<br>79098 Freiburg,<br>Telefon 0761/123456 |
| Finanzamt | Finanzamt Freiburg Stadt auswählen |
| Umsatzsteuerpflicht | ja |

**Übung Alternative 2 für Einnahmen-Überschussrechner**

Legen Sie bitte die Firma Klimper Design im Programm an.

| | |
|---|---|
| Adresse | Klavierstraße 18,<br>79098 Freiburg<br>Telefon 0761/234567 |
| Finanzamt | Finanzamt Freiburg Stadt auswählen |
| Umsatzsteuerpflicht | ja |

**Lösungen**

Ihre Adresse sowie die Angaben zum Finanzamt können Sie jederzeit ändern.

## 3.3 Wahl des Kontenrahmens und Angaben zum Wirtschaftsjahr

Das Programm bietet Ihnen mehrere Standardkontenrahmen zur Auswahl. Erledigen Sie die Buchführung sowie den Jahresabschluss selbst, können Sie sich frei für einen Kontenrahmen entscheiden. Arbeiten Sie allerdings mit einem Steuerberater zusammen, sollten Sie den gleichen Kontenrahmen verwenden wie er. Nur dann sprechen Sie über die gleichen Kontonummern, was Ihnen die folgende Abbildung zeigt.

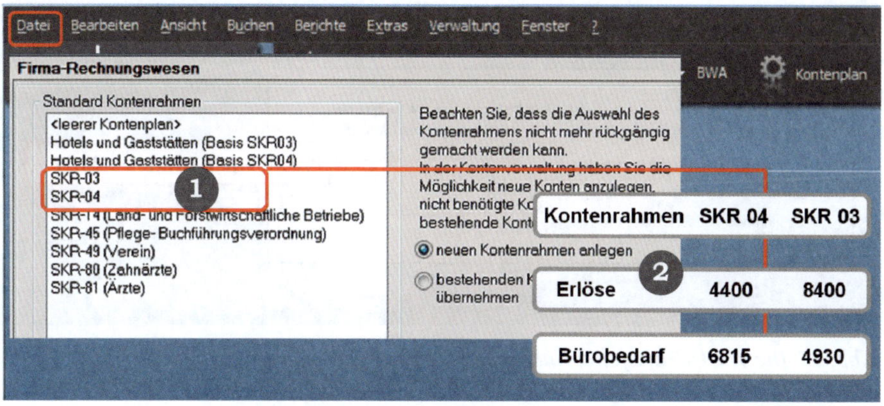


*Abb. 3:* ***Auswahl des Kontenrahmens:*** *Die Standardkontenrahmen SKR 03 und SKR 04* ❶ *beinhalten beide die gleichen Konten, sie verwenden nur andere Nummern. So ist die Nummer des Kontos „Erlöse"* ❷ *im SKR 04 die „4400" und im SKR 03 die „8400".*

**Beispiel**

Sie rufen beim Steuerberater an und fragen auf welches Konto Kopierpapier zu buchen ist. Nutzt er den Kontenrahmen SKR 03 wird er Ihnen das Konto „4930 Bürobedarf" empfehlen. Hilft Ihnen diese Antwort, wenn Sie den Kontenrahmen SKR 04 verwenden?

Sprechen Sie sich unbedingt mit Ihrem Steuerberater ab, das spart viel Zeit. Vor allem dann, wenn Sie ihm am Jahresende die Buchführungsdaten übermitteln möchten.

Anschließend erfassen Sie die Angaben zu Ihrem Wirtschaftsjahr.

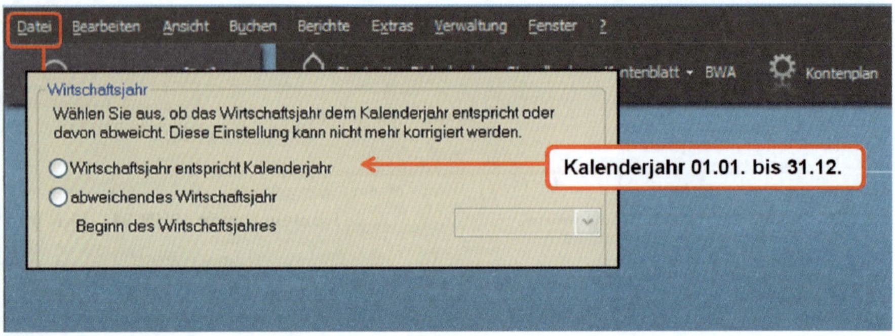


*Abb. 4: **Ihr Wirtschaftsjahr:** Auch wenn Sie Ihr Unternehmen gerade erst gegründet haben – zum Beispiel im März des laufenden Jahres – wählen Sie hier „**Wirtschaftsjahr entspricht dem Kalenderjahr**“.*

Bilanzieren Sie und haben Sie beim Finanzamt ein abweichendes Wirtschaftsjahr beantragt, müssen Sie hier **abweichendes Wirtschaftsjahr** wählen. Nur dann beginnt das Wirtschaftsjahr nicht im Januar.

## 3.4 Wahl der Gewinnermittlungsart und Anzahl der Perioden

Es gibt zwei verschiedene Gewinnermittlungsarten, die Bilanz mit Gewinn- und Verlustrechnung, auch genannt Betriebsvermögensvergleich, sowie die Einnahmen-Überschussrechnung. Nur eine kann auf Ihr Unternehmen zutreffen und nur eine können Sie im Lexware buchhalter auswählen. Wer macht was?

| Bilanz mit Gewinn- und Verlustrechnung | Einnahmen-Überschussrechnung |
|---|---|
| Alle Kapitalgesellschaften (GmbH, AG, Ltd.) | Alle Freiberufler |
| Alle Unternehmen, die im Handelsregister eingetragen sind (außer ggf. Einzelfirmen) | Im Handelsregister eingetragene Einzelfirmen, die in zwei aufeinander folgenden Geschäftsjahren diese Grenzen nicht übersteigen: Umsatz 500.000 Euro und Gewinn 50.000 Euro |
| Unternehmen, die nicht im Handelsregister eingetragen sind sowie Vereine, die eine dieser Grenzen übersteigen: Umsatz 500.000 Euro oder Gewinn 50.000 Euro | Unternehmen, die nicht im Handelsregister eingetragen sind und keine dieser Grenzen übersteigen: Umsatz 500.000 Euro oder Gewinn 50.000 Euro |

Sind Sie sich nicht sicher, welche Gewinnermittlungsart auf Ihr Unternehmen zutrifft, finden Sie an dieser Stelle in der Programmhilfe weitere Hinweise.

**Achtung**

Die Gewinnermittlungsart kann später nicht mehr geändert werden. Im Zweifelsfalle sollten Sie unbedingt Ihren Steuerberater fragen.

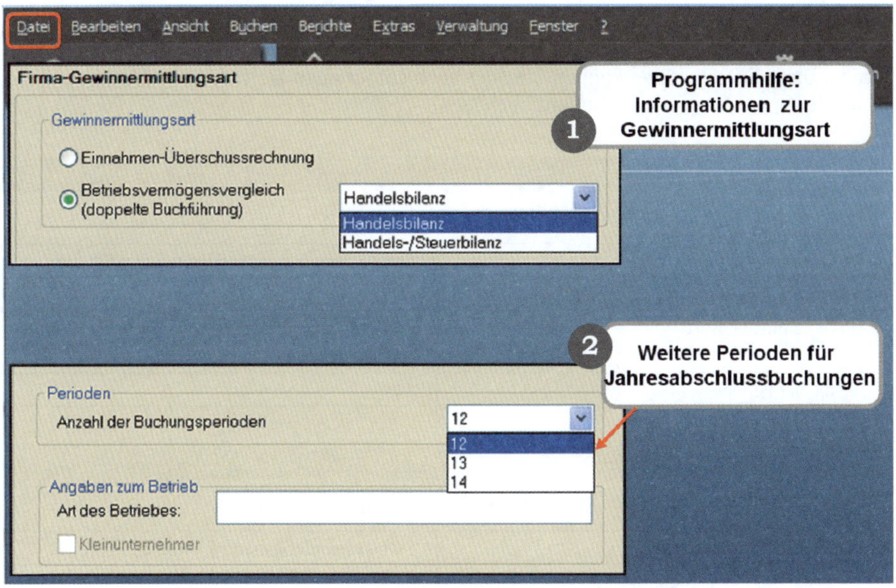


*Abb. 5:* ***Gewinnermittlungsart und Anzahl der Perioden:*** *Wählen Sie die Gewinnermittlungsart Ihres Unternehmens aus. Ist „Betriebsvermögensvergleich" aktiviert, müssen Sie auch die Art der Bilanz* ❶ *wählen. Möchten Sie zusätzlich zum Belegdatum auch Perioden erfassen, legen Sie hier die Anzahl der Perioden* ❷ *fest.*

Das Buchen mit Belegdatum und Perioden bietet Ihnen noch mehr Auswahlmöglichkeiten bei Ihren Berichten. Buchen Sie zum Beispiel die Jahresabschlussbuchungen am 31.12. in der Periode 13 oder 14, können Sie sich diese in einer eigenen Liste anzeigen lassen, getrennt von den normalen Dezemberbuchungen.

Wählen Sie später die Gewinnermittlungsart „Betriebsvermögensvergleich" und zusätzlich die Funktion „Handels-/Steuerbilanz" wird hier die Anzahl der Buchungsperioden automatisch auf 16 gesetzt. Und nur wenn Sie in der richtigen Periode buchen erhalten Sie später zwei verschiedene Bilanzen.

Die Handelsbilanz wird alle Buchungen der Perioden 1-15 zeigen und die Steuerbilanz die Buchungen der Perioden 1-16. Mehr dazu im Kapitel 15.9 „Hinweis zur Handels- und Steuerbilanz".

**Achtung**
Die Wahl der Handels-/Steuerbilanz kann ebenfalls nicht mehr rückgängig gemacht werden. Diese Entscheidung können Sie aber auch später noch treffen, wenn Sie es zunächst bei der Einstellung „Handelsbilanz" belassen.

### Übung Alternative 1 für Bilanzierende

Erfassen Sie bitte folgende Daten bei der Firma EDV Fritz.

| | |
|---|---|
| Kontenrahmen | SKR 03 (empfehlenswert), alternativ SKR 04 |
| Wirtschaftsjahr entspricht Kalenderjahr | ja |
| Gewinnermittlungsart | Betriebsvermögensvergleich<br>Handelsbilanz |
| Anzahl der Perioden | 14 |

### Übung Alternative 2 für Einnahmen-Überschussrechner

Erfassen Sie bitte folgende Daten bei der Firma Klimper Design.

| | |
|---|---|
| Kontenrahmen | SKR 03 (empfehlenswert), alternativ SKR 04 |
| Wirtschaftsjahr entspricht Kalenderjahr | ja |
| Gewinnermittlungsart | Einnahmen-Überschussrechnung |
| Anzahl der Perioden | 14 |

### Lösungen

Weder den Kontenrahmen noch die Gewinnermittlungsart können Sie später noch ändern. Sollte sich Ihre Gewinnermittlungsart im Laufe der Jahre ändern oder möchten Sie den Kontenplan umstellen, müssen Sie dafür eine neue Firma anlegen.

Hinweis für Bilanzierende: Der Wechsel von „Handelsbilanz" zu „Handels- und Steuerbilanz" ist einmalig möglich. Ist dies umgestellt, muss es dabei bleiben.

## 3.5 Soll- oder Ist-Versteuerung einstellen

Hier geht es darum, zu welchem Zeitpunkt Sie die Umsatzsteuer, die Sie Ihrem Kunden in Rechnung gestellt haben, an das Finanzamt abführen müssen.

- Bei Abschluss des Auftrags = Soll-Versteuerung
- Bei Geldeingang = Ist-Versteuerung

Die Ist-Versteuerung können Freiberufler, die die Einnahmen-Überschussrechnung anwenden, beantragen. Alle anderen Unternehmen können sie nur beantragen, wenn der Vorjahresumsatz 500.000 Euro nicht übersteigt. Besteht also **Umsatzsteuerpflicht**, müssen Sie hier die **Soll- oder die Ist-Versteuerung** auswählen.

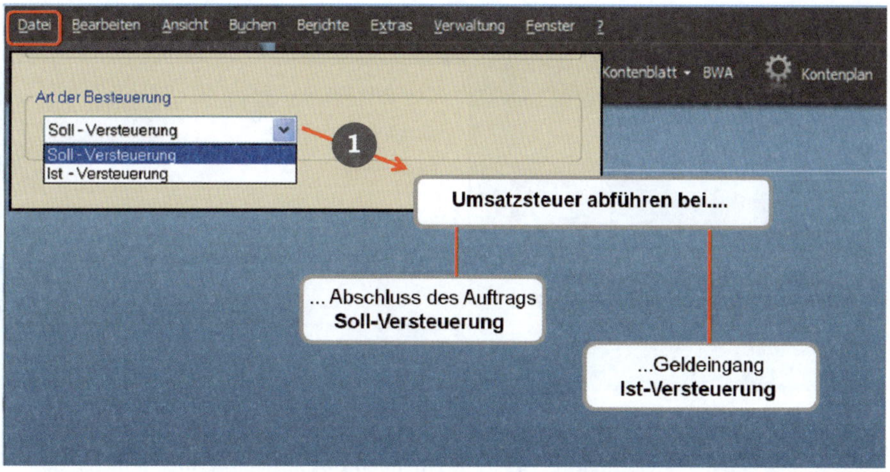


*Abb. 6: Ist „Umsatzsteuerpflicht" aktiviert, müssen Sie hier die „Soll- oder Ist-Versteuerung" ❶ hinterlegen.*

Wechselt Ihr Unternehmen im laufenden Jahr von der Soll- zur Ist-Versteuerung oder umgekehrt, müssen Sie im Menü **Bearbeiten** die **Firmeneinstellungen** zur Soll- und Ist-Versteuerung ändern. Sowie Sie die andere Besteuerungsart gewählt haben, teilt Ihnen das Programm mit, ab welchem Monat das frühestens möglich ist, bzw. bis zu welchem Datum bisher gebucht wurde. Ein Wechsel ist nur möglich in einen Monat, in dem noch nicht gebucht wurde.

**Achtung**

Der Wechsel der Besteuerungsarten findet in der Regel zu Beginn des Jahres statt. In diesem Fall sollten Sie direkt nach der Anlage des neuen Buchungsjahres die Umstellung vornehmen. Die automatisch übertragenen Eröffnungsbuchungen zählen noch nicht, d.h. obwohl diese Buchungen bereits im Januar vorhanden sind, dürfen Sie noch im Januar wechseln.

## 3.6 Angaben zum Mahnwesen

Die Angaben zum Mahnwesen können Sie jederzeit nachholen, wenn Sie es nutzen. Mehr dazu im Kapitel 19 „Das Mahnwesen nutzen".

## 3.7 DATEV-Unterstützung aktivieren

Möchten Sie später die Buchführungsdaten für Ihren Steuerberater über die DATEV-Schnittstelle exportieren, müssen Sie die **DATEV-Unterstützung** aktivieren. Mehr dazu im Kapitel 18 „Datenexport über die DATEV-Schnittstelle".

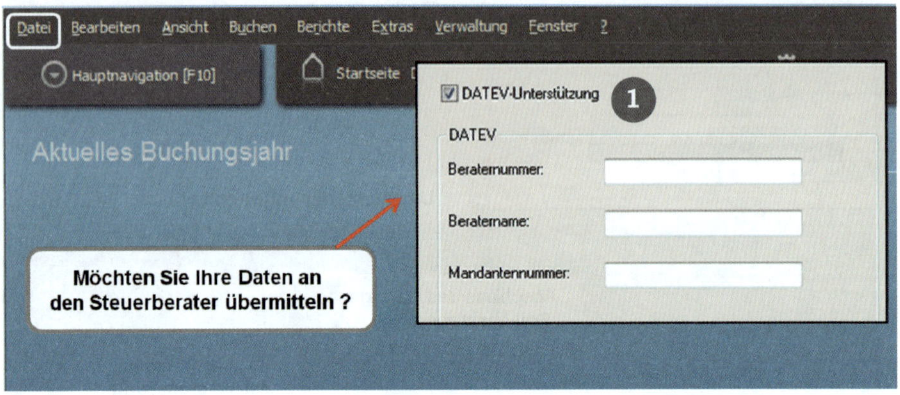


*Abb. 7:* ***Übermittlung Ihrer Daten an den Steuerberater:*** *Aktivieren Sie hier die „DATEV-Unterstützung“* ❶. *Die Angaben Ihres Steuerberaters müssen Sie erst vor dem ersten DATEV-Export eintragen.*

## Übung Alternative 1 für Bilanzierende

Erfassen Sie bitte bei der Firma EDV Fritz folgende Daten.

| | |
|---|---|
| Besteuerungsart | Soll-Versteuerung |
| Mahnwesen | Angaben bitte noch nicht eintragen |
| DATEV-Unterstützung | ja |
| DATEV | Angaben bitte noch nicht eintragen |

## Übung Alternative 2 für Einnahmen-Überschussrechner

Legen Sie bitte folgende Daten bei der Firma Klimper Design an.

| | |
|---|---|
| Besteuerungsart | Ist-Versteuerung |
| Mahnwesen | Angaben bitte noch nicht eintragen |
| DATEV-Unterstützung | ja |
| DATEV | Angaben bitte noch nicht eintragen |

## Lösungen

Ein Wechsel von Soll-Versteuerung zu Ist-Versteuerung und umgekehrt ist möglich, allerdings nur in Monaten, in denen Sie noch nicht gebucht haben. D.h., Sie können auch unterjährig wechseln, aber nicht rückwirkend.

## 3.8 Das erste Buchungsjahr und die Belegnummernkreise

Bei der Firmenanlage müssen Sie sich entscheiden, welches Jahr Ihr **erstes Buchungsjahr** sein wird. Von da an können Sie nur noch Folgejahre anlegen.

> **Achtung**
> Das erste Buchungsjahr kann später nicht mehr geändert werden. Sind Sie sich nicht sicher, ob Sie vielleicht die Buchführung für das Vorjahr doch noch nachholen möchten, sollten Sie zur Sicherheit das Vorjahr als erstes Buchungsjahr anlegen. Nur so haben Sie später die Wahl, entweder mit dem aktuellen Jahr oder dem Vorjahr zu beginnen.

Es ist empfehlenswert, die Funktion **unterschiedliche Belegnummernkreise** zu aktivieren. So haben Sie die Möglichkeit, zum Beispiel die Kassenbelege getrennt von den Kontoauszügen oder Rechnungen fortlaufend zu nummerieren. Mehr dazu im Kapitel 5.1 „Belegnummernkreise anlegen".

Jetzt können Sie die Firmenanlage abschließen und Ihre Eingaben speichern. Alle weiteren Einstellungen können Sie jederzeit nachholen.

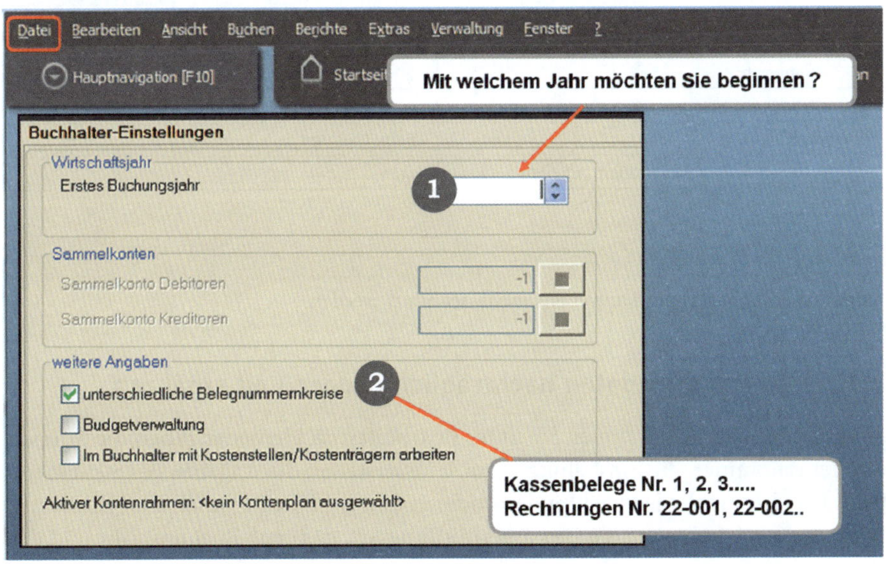


*Abb. 8:* ***Weitere Einstellungen:*** *Hier tragen Sie Ihr erstes Buchungsjahr ein* ❶. *Nutzen Sie die Funktion „unterschiedliche Belegnummernkreise"* ❷, *finden Sie später Ihre Belege zu den Buchungen schneller.*

## 3.9 Angaben zu Kostenstellen und Budgetverwaltung

Der Lexware buchhalter pro bietet neben der Buchführung auch die Möglichkeit der Kostenstellenerfassung sowie der Budgetverwaltung. Diese Funktionen können Sie gleich, aber auch später noch aktivieren. Beide Funktionen bieten Ihnen über die normalen Buchführungsauswertungen hinaus, weitere interessante Berichte. Allerdings nur dann, wenn Sie gewisse Vorarbeiten leisten. Mehr dazu erfahren Sie im Kapitel 21 „Arbeiten mit Kostenstellen, Kostenträger und Budgetverwaltung".

### Übung Alternative 1 für Bilanzierende

Erfassen Sie bitte bei der Firma EDV Fritz folgende Daten.

| | |
|---|---|
| 1. Buchungsjahr | 2015 |
| unterschiedliche Belegnummernkreise | ja |
| Budgetverwaltung | nein |
| Mit Kostenstellen / Kostenträgern arbeiten | nein |

### Übung Alternative 2 für Einnahmen-Überschussrechner

Erfassen Sie bitte bei der Firma Klimper Design folgende Daten.

| | |
|---|---|
| 1. Buchungsjahr | 2015 |
| unterschiedliche Belegnummernkreise | ja |
| Budgetverwaltung | nein |
| Mit Kostenstellen / Kostenträgern arbeiten | nein |

### Lösungen

Das erste Buchungsjahr kann nicht mehr geändert werden.

## 3.10 Firmenstammdaten nachträglich ändern und ergänzen

Sind alle Daten erfasst, können Sie unter **Bearbeiten → Firmenangaben** die Adresse, die Steuernummer, die Einstellungen zur Umsatzsteuer, die Angaben des Steuerberaters und vieles mehr jederzeit ändern oder ergänzen. Noch einmal zur Erinnerung: Nicht ändern können Sie die Gewinnermittlungsart, das erste Buchungsjahr und den Kontenrahmen.

Die Firmenstammdaten können Sie ansehen oder ausdrucken im Menü **Datei → Drucken** oder im Menü **Berichte → Berichtszentrale.**

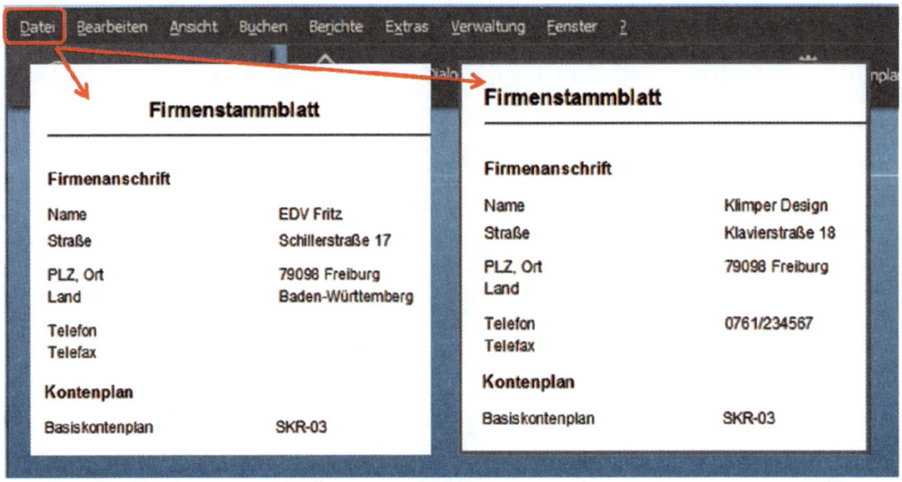


*Abb. 9:* ***Das Firmenstammblatt ansehen:*** *Im Menü* ***Datei → Drucken*** *oder* ***Berichte → Berichtszentrale*** *können Sie das Firmenstammblatt ansehen und drucken.*

**Weitere Informationen**

Videos unter www.lexware.de/support

- Die Firmenanlage mit Bilanz in Lexware buchhalter
- Die Firmenanlage – Gewinnermittlung Einnahmen-Überschussrechnung

# 4. Die Buchungsarten Stapel oder Dialog und die Buchungsmasken

**Zur Erfassung Ihrer Buchungen bietet der Lexware buchhalter im Menü Buchen verschiedene Eingabemasken. Sie heißen Stapelbuchen, Dialogbuchen, Einnahmen/Ausgaben in den Stapel und Schnellbuchen in den Stapel. Welche Maske Sie für welche Buchungen verwenden können, erfahren Sie hier.**

**Ansehen können Sie die erfassten Buchungen in den Menüs Ansicht und Berichte. Ändern, löschen oder stornieren können Sie die Buchungen nur im Menü Ansicht. Und Ihre Ergebnisse sehen Sie nur im Menü Berichte. Aber nicht alle Buchungen finden Sie in allen Berichten. Es kommt darauf an, ob es sich um Stapelbuchungen oder Dialogbuchungen handelt.**

| Voraussetzungen für die Übungen | | |
|---|---|---|
| Hinweise zu den Eingaben | Es wird im Januar gebucht.<br>Verwenden Sie bitte keine Belegnummernkreise. | |

## 4.1 Unterschied zwischen Stapelbuchen und Dialogbuchen

Eine Stapelbuchung ist sozusagen mit Bleistift geschrieben und eine Dialogbuchung mit Kugelschreiber. In beiden Fällen können Sie Ihre Eingaben jederzeit korrigieren. Aber Ihre Korrekturen bleiben beim Dialogbuchen sichtbar und beim Stapelbuchen nicht.

## 4.2 Umgang mit Stapelbuchungen

Solange die Eingabemaske geöffnet ist, sehen Sie im unteren Bereich Ihre erfassten Buchungen. Möchten Sie eine Eingabe korrigieren, klicken Sie unten die entsprechende Buchung an und schon erscheint sie wieder oben im Eingabefeld. Hier können Sie alle Daten ändern und mit erneutem Klick auf das Feld **Buchen** speichern.

Aber auch später, wenn die Eingabemaske geschlossen ist, können Sie Änderungen vornehmen. Öffnen Sie dazu im Menü **Ansicht** den Buchungsstapel und wählen Sie die Buchung aus der Liste aus. Über einen Klick auf **Buchung bearbeiten** öffnet sich wieder die Eingabemaske, in der Sie Ihre Eingaben korrigieren können.

**Übung**

1. Erfassen Sie bitte folgenden Tankbeleg, der vom Bankkonto abgebucht wurde, unter **Buchen → Stapelbuchen**. Geben Sie dabei zuerst den Buchungstext „Tanken" ein.

| **Buchen → Stapelbuchen** | | | | | | |
|---|---|---|---|---|---|---|
| Datum | Beleg | Text | Betrag | SOLL<br>SKR 03/04 | HABEN<br>SKR 03/04 | Steuer |
| 10.01. | | Tanken/Diesel | 95,00 | 4530/6530 | 1210/1810 | VSt 19% |

2. Nach dem Klick auf **Buchen** sehen Sie Ihre Eingabe in der Liste unter der Buchungsmaske. Ändern Sie nun den Buchungstext von „Tanken" auf „Tanken Diesel".
3. Schließen Sie bitte die Buchungsmaske. Sollte die Frage erscheinen „Möchten Sie die Buchungen in das Journal übertagen" wählen Sie „Nein". So bleibt die Buchung eine Stapelbuchung. Öffnen Sie im Menü **Ansicht** den Buchungsstapel und ändern Sie bitte den Buchungstext diesmal von „Tanken Diesel" auf „Diesel".

**Lösung**

Der Buchungstext wurde nun mehrmals geändert, einmal direkt in der Buchungsmaske, danach über den Buchungsstapel im Menü **Ansicht**. Keine dieser Änderung ist sichtbar, Sie sehen nur die neueste Eingabe.

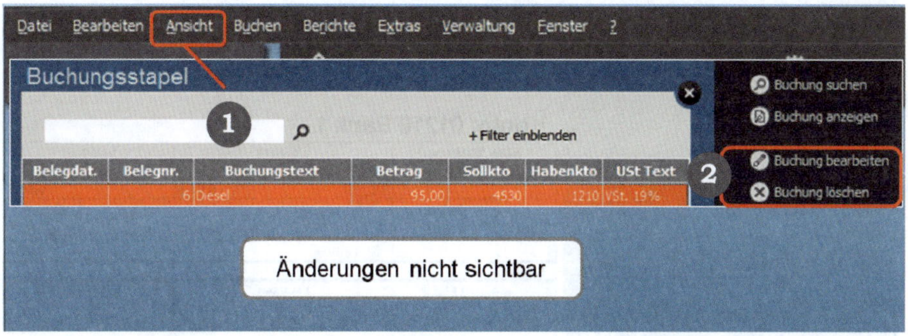


*Abb. 1:* ***Buchungstext ändern von Tanken auf Diesel:*** *Im Menü* ***Ansicht*** *können Sie die Buchung im Buchungsstapel ❶ auswählen. Mit einem Klick auf* ***Buchung bearbeiten*** *❷ öffnet sich die Buchungsmaske, in der Sie die Änderungen vornehmen können. Wurde eine Stapelbuchung geändert, sehen Sie danach nur noch den neuen Buchungstext.*

Stapelbuchungen finden Sie im Menü **Ansicht** nur im Buchungsstapel, in den anderen Listen noch nicht. Aber im Menü **Berichte** können Sie die Buchung auch auf dem Sachkonto sehen, wenn Sie beim Druck im Auswertungsbereich **Stapel** oder **Alle Buchungen** auswählen.

Auch Ihre Ergebnisse wie Umsatzsteuer-Voranmeldung oder Ihre Gewinnermittlung können Sie ausdrucken, allerdings sind diese mit dem Wort „vorläufig" versehen. Endgültige Auswertungen erhalten Sie nur, wenn Sie alle Stapelbuchungen ins Journal übertragen.

**Achtung**

Auch in der Buchungsmaske werden Ihnen die Inhalte der Sachkonten gezeigt, wenn Sie im Kontenfeld die Nummer eingeben. In den Versionen pro und premium sehen Sie hier alle Buchungen und in den Versionen standard und plus müssen Sie in den Programmeinstellungen (Kapitel 6) entscheiden, welche Buchungen Sie sehen möchten, die Buchungen aus dem Stapel oder die aus dem Journal.

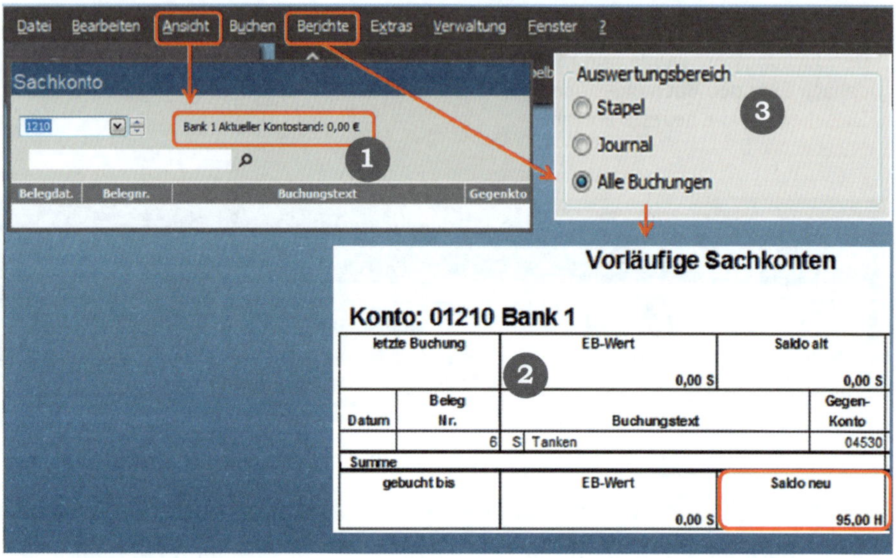


*Abb. 2:* ***Eine Stapelbuchung ansehen:*** *Im Menü* ***Ansicht*** *sehen Sie eine Stapelbuchung noch nicht auf dem Sachkonto* ❶. *Im Menü* ***Berichte*** ❷ *aber schon, wenn Sie im Auswertungsbereich* ***Stapel*** *oder* ***Alle Buchungen*** ❸ *wählen.*

Im Stapel sollten Sie Ihre Buchungen nur für kurze Zeit lassen. Beispielsweise bis alle Positionen eines Kontoauszugs erfasst wurden und der Kontostand im Programm mit dem Stand des Original-Kontoauszugs übereinstimmt. Nach der Kontrolle Ihrer Eingaben sollten Sie aus den Stapelbuchungen Dialogbuchungen machen.

Das erledigen Sie unter **Buchen → Stapel ausbuchen.** In den Versionen standard und plus werden Sie bereits beim Verlassen der Buchungsmaske gefragt, ob Sie die Buchungen aus dem Stapel in das Journal übertragen möchten. Diese Abfrage können Sie unter **Extras → Optionen → Buchen** ein- oder ausschalten.

**Achtung**

Spätestens am Monatsende müssen Sie alle Stapelbuchungen ins Journal übertragen. Denn nur dann kann zum Beispiel eine vollständige Umsatzsteuer-Voranmeldung an das Finanzamt übermittelt werden.

Die Offene-Posten-Verwaltung (OP-Verwaltung) funktioniert nur, wenn alle erfassten Rechnungen aus dem Stapel in das Journal übertragen wurden. Nur dann sehen Sie unter **Ansicht** sowie in der Buchungsmaske unter dem Button **OP** die offenen Rechnungen.

## 4.3 Umgang mit Dialogbuchungen

Eine Dialogbuchung finden Sie im **Journal,** nicht im **Buchungsstapel**. Möchten Sie eine Dialogbuchung ändern, müssen Sie diese zunächst stornieren über **Buchung stornieren** und danach wieder neu eingeben. Das geht ganz schnell, wenn Sie sich nach der Stornierung die alte Buchung als Neuvorschlag in die Buchungsmaske übertragen lassen.

**Beispiel**

Angenommen Sie haben einen Tankbeleg, der vom Bankkonto abgebucht wurde, unter **Buchen → Dialogbuchen** erfasst, zunächst mit dem Buchungstext „Tanken". Haben Sie danach die Buchung storniert und wieder neu eingeben, diesmal mit dem Buchungstext „Diesel", wird diese Änderung sichtbar sein.

**Buchen → Dialogbuchen**

| Datum | Beleg | Text | Betrag | SOLL SKR 03/04 | HABEN SKR 03/04 | Steuer |
|---|---|---|---|---|---|---|
| 10.01. | | Tanken/Diesel | 95,00 | 4530/6530 | 1210/1810 | VSt 19% |

Sowie sich die Buchung des Tankbelegs im Journal befindet, ist sie im Menü **Ansicht** auch auf dem Sachkonto „1210/1810 Bank" zu sehen. Und im Menü **Berichte** können Sie die Buchung auch auf dem Sachkonto sehen, wenn Sie beim Druck im Auswertungsbereich **Journal** oder **Alle Buchungen** auswählen.

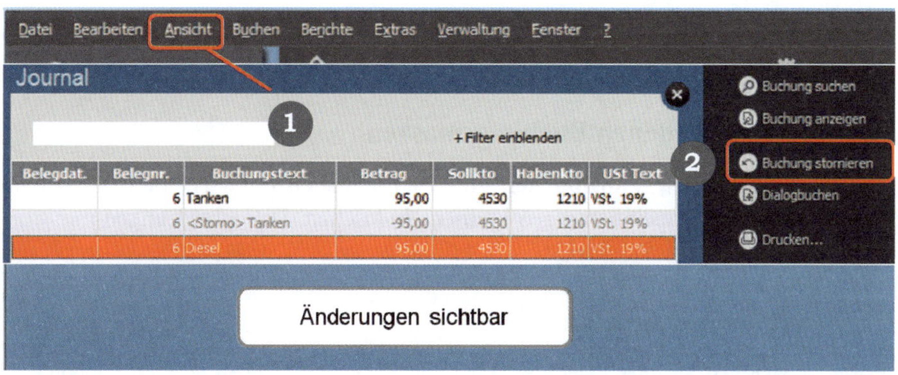


*Abb. 3:* ***Buchungstext ändern von Tanken auf Diesel:*** *Im Menü Ansicht können Sie die Buchung im Journal ❶ auswählen und stornieren ❷. Nach der Neueingabe sehen Sie im Journal die stornierte und die neue Buchung.*

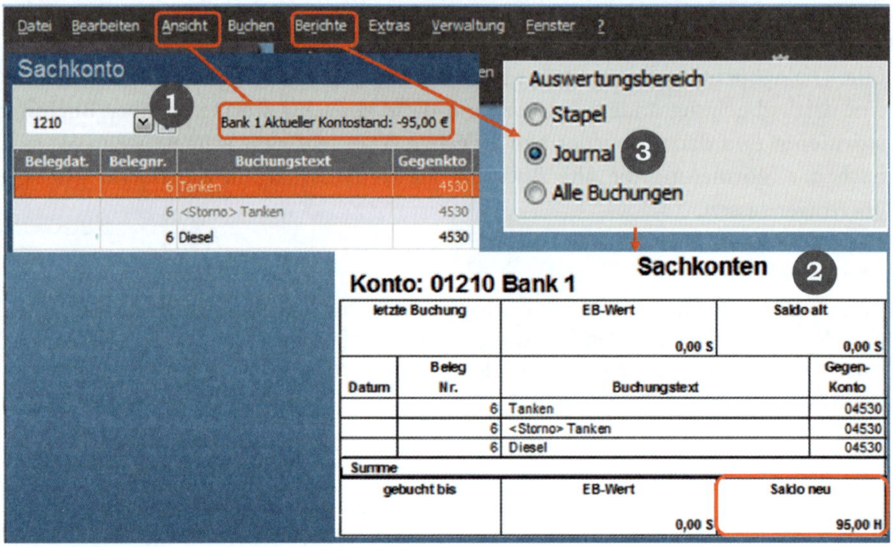


*Abb. 4:* ***Eine Dialogbuchung ist überall sichtbar:*** *Wurde die Buchung ins Journal übertragen bzw. wurde der Stapel ausgebucht, sehen Sie diese unter* ***Ansicht → Sachkonto*** ❶ *genauso wie unter* ***Berichte → Sachkonto*** ❷, *wenn Sie im Auswertungsbereich* ***Journal*** ❸ *wählen.*

Die Dialogbuchungen finden Sie im Menü Ansicht nicht nur im Journal, sondern in allen Listen. Eine Auswertung ohne das Wort „vorläufig" erhalten Sie nur, wenn Sie beim Druck im Auswertungsbereich **Journal** wählen.

## 4.4 Die verschiedenen Buchungsmasken

Die Buchungsmasken **Stapelbuchen** und **Dialogbuchen** unterscheiden sich nur in der Buchungsart. Stapelbuchungen können Sie löschen, Dialogbuchungen nur stornieren.

**Achtung**

Ganz gleich, wo Sie Ihre Belege erfassen, die Buchungen stehen je nach Buchungsart entweder im Journal (Dialogbuchungen) oder im Buchungsstapel (Stapelbuchungen).

Die Buchungsmasken Stapelbuchen oder Dialogbuchen sollten Sie für die Erfassung von Kunden- und Lieferantenrechnungen nutzen. Außerdem können Sie hier Umbuchungen für den Jahresabschluss erfassen.

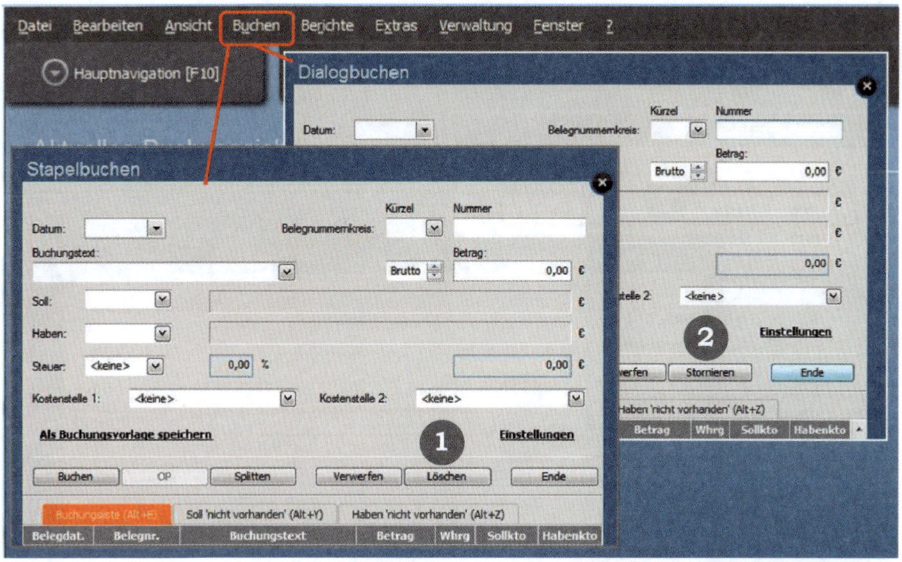


*Abb. 5:* ***Die Buchungsmasken Stapelbuchen und Dialogbuchen:*** *Diese Buchungsmasken unterscheiden sich nur durch die Buchungsart. Stapelbuchungen können Sie bearbeiten oder löschen ❶, Dialogbuchungen müssen Sie stornieren ❷ und wieder neu eingeben.*

## 4.5 Buchungsmaske Einnahmen/Ausgaben in den Stapel

Diese Buchungsmaske ist sehr empfehlenswert für die Eingabe von Kassenbelegen und Kontoauszügen. Sie haben praktisch für jede Kasse und jedes Bankkonto eine eigene Buchungsmaske und sehen während der Eingabe immer den aktuellen Kontostand.

Sie müssen hier nur das Gegenkonto eingeben, das Konto Kasse oder Bank bucht der Lexware buchhalter automatisch. Über die Auswahl **Einnahme oder Ausgabe** entscheidet die Software im Hintergrund, welches Konto im Soll und welches im Haben gebucht wird.

**Beispiel**

Angenommen, Sie erfassen hier einen Tankbeleg, der bar bezahlt wurde, also einen Kassenbeleg. In diesem Fall geben Sie das Konto „4530/6530 laufende Kfz-Kosten" ein und wählen Ausgabe. Die Konto „1000/1600 Kasse" bucht das Programm automatisch. Da es sich um eine Ausgabe handelt, lautet die Buchung „4530/6530 laufende Kfz-Kosten" an „1000/1600 Kasse".

Sie können praktisch die Technik der Buchführung umgehen.

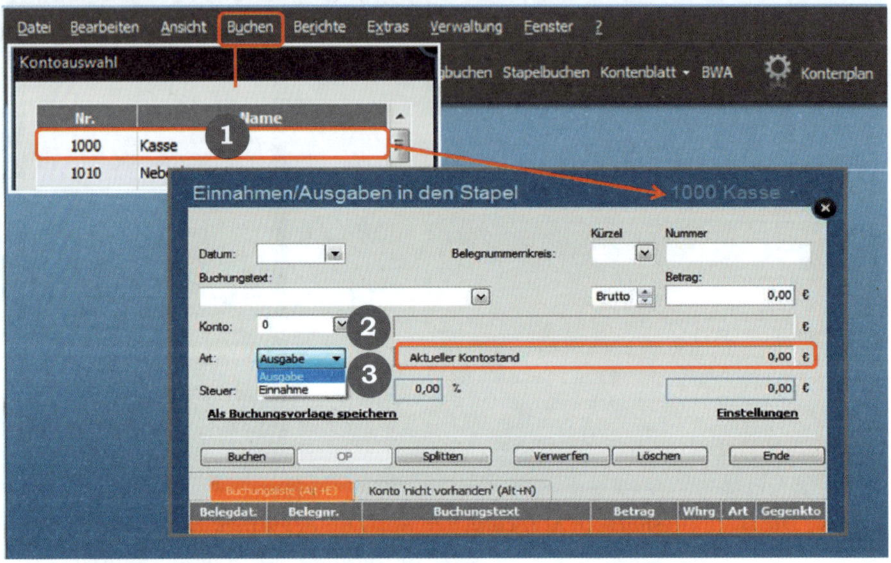


*Abb. 6:* ***Buchungsmaske Einnahmen/Ausgaben in den Stapel:*** *Möchten Sie Kassenbelege erfassen, wählen Sie das Finanzkonto „1000/1600 Kasse" aus* ❶. *Für jeden Kassenbeleg geben Sie dann nur noch ein Konto* ❷ *ein und wählen* ***Einnahme*** *oder* ***Ausgabe*** ❸.

## 4.6 Finanzkonto einstellen

Möchten Sie zum Beispiel ein Verrechnungskonto oder ein Darlehenskonto mit dieser Buchungsmaske buchen, müssen Sie im Kontenplan für dieses Konto die Kategorie „Finanzkonto" statt „Verbindlichkeiten" wählen. Allerdings ist das nur möglich, solange noch nicht auf dieses Konto gebucht wurde.

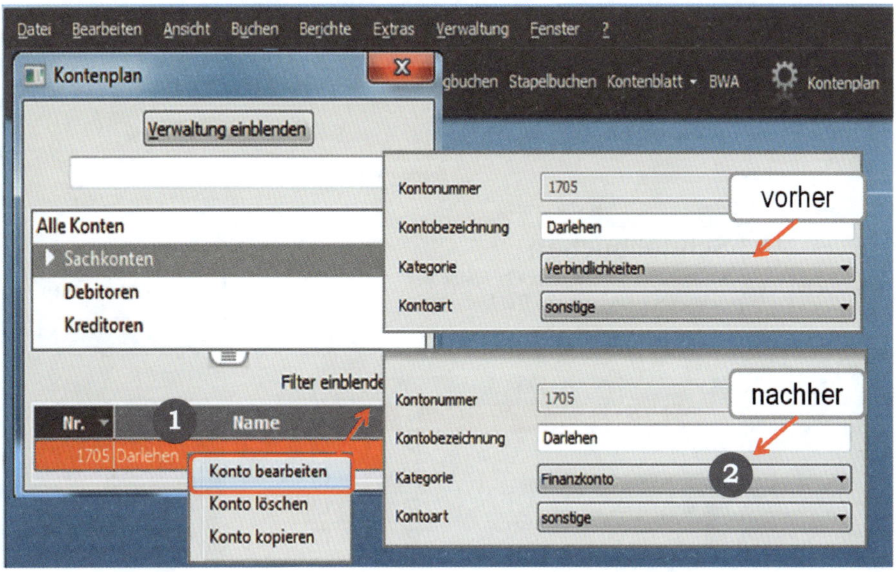


*Abb. 7:* ***Finanzkonto einstellen:*** *Öffnen Sie das Konto „Darlehen" im Kontenplan* ❶ *über* ***Konto bearbeiten.*** *Solange noch nicht auf das Konto gebucht wurde, können Sie die Kategorie ändern auf „Finanzkonto"* ❷.

Wurde auf das Konto bereits gebucht, ist die Kategorie des Kontos grau hinterlegt und kann nicht mehr geändert werden. Möchten Sie die Darlehensauszüge in Zukunft trotzdem über diese Buchungsmaske buchen, müssen Sie ein anderes Konto wählen und umstellen. Mehr dazu im Kapitel 9.3 „Aufbau Kontenplan – Kategorien".

## 4.7 Buchungsmaske Schnellbuchen in den Stapel

Diese Maske ist inhaltlich identisch mit den Buchungsmasken „Stapel- und Dialogbuchen" und kann ebenfalls für die Erfassung von Rechnungen und Umbuchungen genutzt werden. Die Buchungsmaske können Sie über die Funktion **Einstellungen** nach Ihren Bedürfnissen einrichten. Sie können z. B. über die Pfeile die Reihenfolge der Eingabefelder frei wählen. Über die Funktion **Schleppen** wird bestimmt, in welchem Eingabefeld der zuletzt erfasste Wert als Vorschlag stehen bleibt, wie z. B. das Datum.

*Abb.8:* ***Die Schnellbuchungsmaske einrichten:*** *Nach dem Klick auf* ***Einstellungen*** *❶ öffnet sich ein Fenster. Über die Pfeile ❷ können Sie die Reihenfolge der Eingabefelder bestimmen und unter* ***Schleppen*** *❸ festlegen, welche Daten nach dem Buchen stehen bleiben sollen.*

Mehrere Rechnungen an verschiedene Kunden, die alle auf das gleiche Erlöskonto gebucht werden, können Sie hier besonders schnell erfassen. Aktivieren Sie beim Konto „Haben“ die Funktion **Schleppen,** wird das Erlöskonto nach jeder Buchung als Vorschlag stehen bleiben.

Die Eingabemaske **Offene Posten abgleichen** wird im Kapitel 12 „Kontoauszüge erfassen Teil 1: Ausgleich von OP-Debitoren und Kreditoren“ beschrieben. Im Kapitel 13 „Kontoauszüge erfassen Teil 2: manuell und online“ wird die Eingabemaske **Online-Kontoauszug abgleichen** beschrieben.

**Weitere Informationen**

Videos unter www.lexware.de/support

- Einstieg Leicht gemacht: Erste Buchungen
- Buchen in Lexware buchhalter
- Optimieren Sie Ihre Buchhaltung in Lexware buchhalter

# 5. Arbeiten mit Belegnummern und Buchungsvorlagen

**Der Lexware buchhalter bietet einige Funktionen, die die tägliche Arbeit erleichtern. Die Verwendung von Belegnummernkreisen ist sehr nützlich um Ihre Buchungen und Belege nachher schneller zu finden. Und für Buchungen, die sich öfter wiederholen, können Sie Buchungsvorlagen anlegen. Das erspart Ihnen in Zukunft nicht nur die Kontensuche, Sie müssen tatsächlich weniger eingeben.**

| Voraussetzungen für die Übungen | | |
|---|---|---|
| Einstellungen | Überprüfen Sie, ob in den Firmenstammdaten der Haken bei „unterschiedliche Belegnummernkreise" gesetzt ist. | |

## 5.1 Belegnummernkreise anlegen

Die Belegnummernkreise sind zu empfehlen, wenn Sie jeweils eigene Nummernkreise pro Bankkonto, Kasse oder für Rechnungen führen möchten.

Die Belegnummernkreise können Sie im Menü **Verwaltung → Belegnummern** oder direkt bei der Belegerfassung festlegen.

**Beispiel**

Angenommen, Sie legen Belegnummernkreise für Kasse „K" und für Bank „B" fest, dann können Sie beim Buchen unterscheiden, ob es sich um einen Kassenbeleg oder einen Bankbeleg handelt. Im Journal steht dann nicht nur die jeweilige Belegnummer, sondern zusätzlich der Buchstabe „K" oder „B". So finden Sie Ihre Buchungen im Journal bzw. Ihren Beleg im Ordner schneller wieder.

Zusätzlich können Sie die Belegnummern automatisch hochzählen lassen. Das ist zum Beispiel für EB-Werte und Kassenbelege von Vorteil, das Programm schlägt Ihnen bei jeder neuen Buchung automatisch die nächste Nummer vor.

**Achtung**

Wählen Sie die Funktion **automatisch Hochzählen**, müssen Sie unter **aktuelle Nummer** die zuletzt vergebene Belegnummer eingeben. Ohne diese Funktion erfassen Sie hier die erste gewünschte Belegnummer.

**Übung**

Legen Sie bitte folgende Belegnummernkreise an. Wählen Sie für die Belegnummernkreise K, EB und U die Funktion **automatisch Hochzählen** und tragen Sie hier jeweils unter **aktuelle Nummer** eine Null ein.

K = Kasse

B = Bank

AR = Ausgangsrechnungen

ER = Eingangsrechnungen

EB = Eröffnungsbilanzwerte (Anfangsbestände)

U = Umbuchungen

**Lösung**

Klicken Sie in der Buchungsmaske im Feld **Kürzel** auf den Pfeil und dort auf **Verwaltung**. Hier können Sie die Nummernkreise nicht nur anlegen, sondern auch jederzeit ändern und ergänzen.

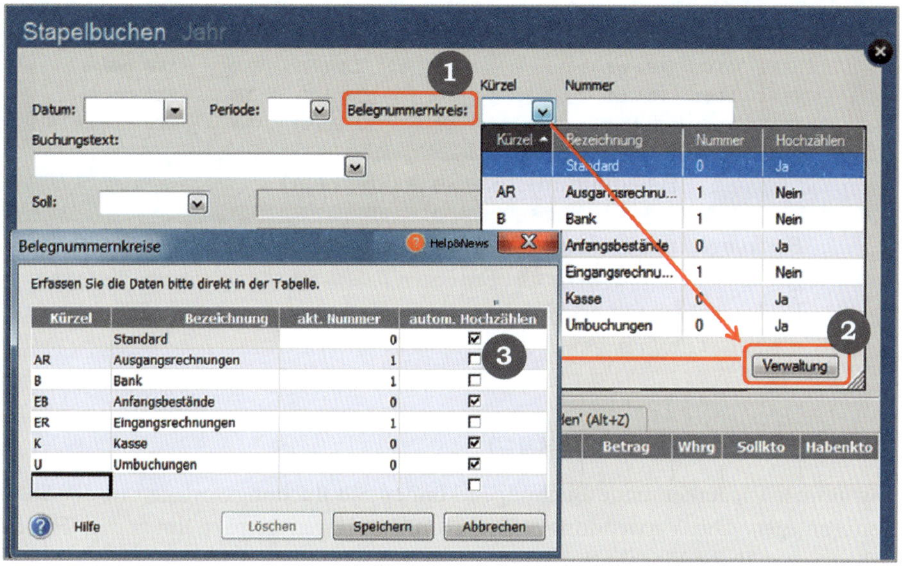


*Abb. 1:* ***Belegnummernkreise über die Buchungsmaske anlegen:*** *Öffnen Sie über den Pfeil unter* ***Kürzel*** ❶ *die Liste der angelegten Belegnummernkreise. Mit einem Klick auf* ***Verwaltung*** ❷ *können Sie vorhandene Nummernkreise* ❸ *bearbeiten und Neue anlegen.*

**Tipp**

In jedem neuen Buchungsjahr beginnt die Nummerierung automatisch bei Null bzw. Eins.

## 5.2 Belegnummernkreise verwenden

Im folgenden Journal sehen Sie die Buchungen von Anfangsbeständen, nur bei den letzten beiden Buchungen wurde der Belegnummernkreis „EB“ verwendet.

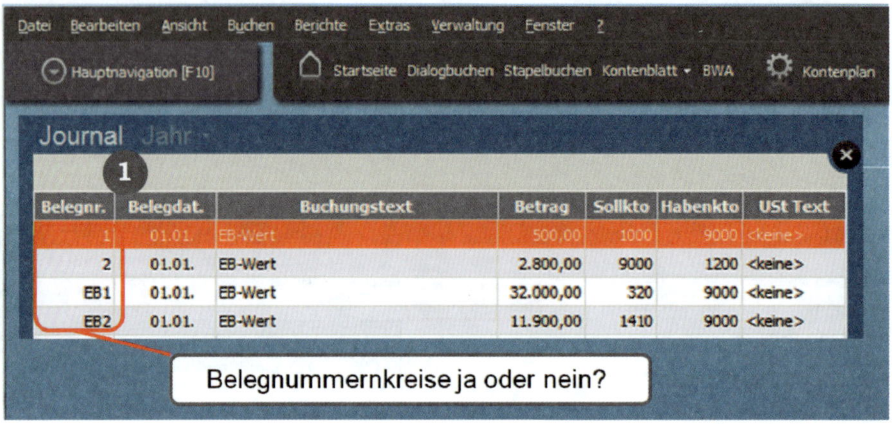


*Abb. 2:* ***Buchungen mit und ohne Belegnummernkreise:*** *Hier sehen Sie vier Buchungen über Eröffnungswerte* ❶. *Die ersten Beiden wurden ohne und die letzten Beiden wurden mit Belegnummernkreisen gebucht. Das Kürzel „EB" zeigt, dass es sich um Eröffnungsbuchungen handelt.*

## 5.3 Buchungsvorlagen anlegen

Für immer wiederkehrende Buchungen können Sie Buchungsvorlagen in der Software anlegen. Die Verwendung von Buchungsvorlagen erspart Ihnen viel Handarbeit, wie z. B. die Eingabe von Konten, von Buchungstexten, ggf. des Betrages usw. Sie können die Buchungsvorlagen direkt in der Buchungsmaske anlegen.

Buchen Sie zum Beispiel unter **Buchen → Einnahmen/Ausgaben in den Stapel** Ihre Miete, dann können Sie diese Buchung über die Funktion **Als Buchungsvorlage speichern** direkt anlegen. Es öffnet sich ein weiteres Fenster, in dem Sie die Daten für die Vorlage überprüfen und speichern können. Ist die Vorlage gespeichert, gelangen Sie zurück zur Buchungsmaske. Nun müssen Sie Ihre Buchung noch mit einem Klick auf **Buchen** abschließen.

**Übung**

Erfassen Sie bitte die Miete, die vom Bankkonto abgebucht wird, unter **Einnahmen/Ausgaben in den Stapel** und legen Sie dafür gleichzeitig eine Buchungsvorlage an.

**Buchen → Einnahmen/Ausgaben in den Stapel → 1210/1810 Bank 1**

| Datum | Buchungstext | Betrag | Konto SKR 03/04 | Kategorie | Steuer |
|---|---|---|---|---|---|
| 02.01. | Miete | 2.000,00 | 4210/6310 | Ausgabe | keine |

## Lösung

Für jede Buchung, die sich regelmäßig wiederholen wird, lohnt es sich, eine Buchungsvorlage anzulegen.

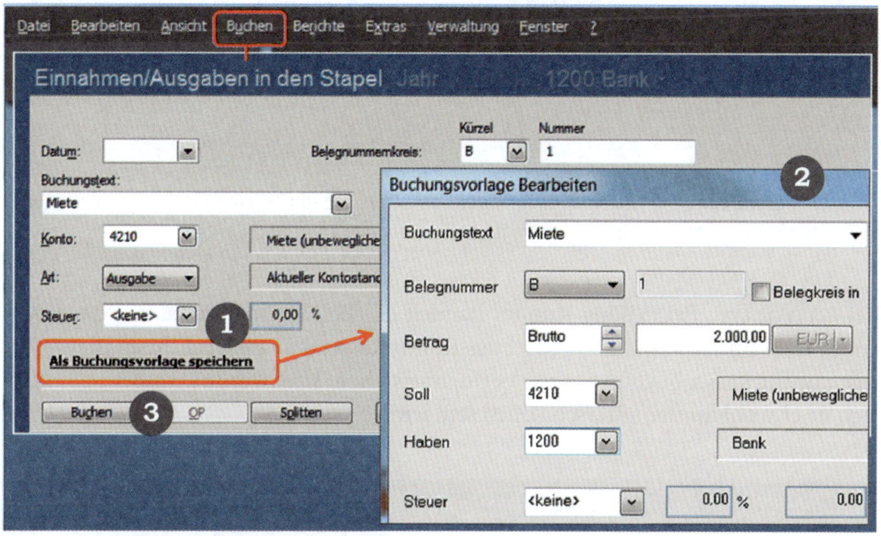


*Abb. 3:* ***Die Buchungsvorlage „Miete" anlegen:*** *Sie erfassen die Buchung der Miete und klicken kurz vor dem Buchen auf* ***Als Buchungsvorlage speichern*** *❶. Es öffnet sich ein Fenster, in dem Sie die Vorlage überprüfen und bearbeiten können ❷. Sowie die Vorlage gespeichert ist, klicken Sie auf* ***Buchen*** *❸.*

Rechts neben der Buchungsmaske unter **Buchungsvorlagen anlegen** oder unter **Verwaltung → Buchungsvorlagen** sehen Sie, welche Buchungsvorlagen bereits angelegt sind. In den Versionen standard und plus zum Beispiel hat Lexware bereits einige Vorlagen angelegt, in den Versionen pro und premium nicht.

Hier können Sie unter **Bearbeiten** die Buchungsvorlagen ändern oder anpassen und unter **Neu** eigene Buchungsvorlagen anlegen. Es besteht auch die Möglichkeit, die Buchungsvorlagen zu nummerieren, die Nummern hinterlegen Sie im Feld **Suchnummer**.

### Übung

Legen Sie bitte folgende Buchungsvorlagen im Menü **Verwaltung** an.

| **Buchungstext** | **Sollkonto SR 03/04** | **Habenkonto SKR 03/04** | **Betrag** |
|---|---|---|---|
| Barzahlung Kunde | 1000/1600 | 8400/4400 | 0,00 |
| Büromaterial | 4930/6815 | | 0,00 |

### Lösung

Unter **Verwaltung → Buchungsvorlagen** erhalten Sie diese Übersicht. Die Vorlagen sind nach folgendem Schema angelegt:

Bei der Vorlage „Barzahlung Kunde“ handelt es sich um eine Einnahme, das Erlöskonto steht im Haben. Im Soll steht das Konto Kasse, deshalb wird Ihnen diese Vorlage nur für Kassenbuchungen zur Verfügung stehen. Hier wurde kein Betrag hinterlegt, da er wohl immer unterschiedlich sein wird.

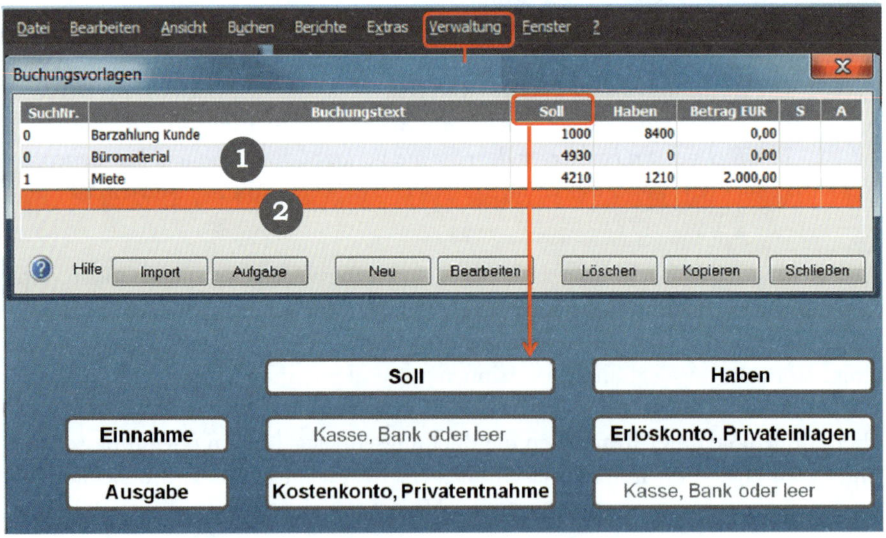


*Abb. 4:* ***Übersicht Buchungsvorlagen:*** *Unter* ***Verwaltung → Buchungsvorlagen*** *sehen Sie die angelegten Buchungsvorlagen. Bei einer Einnahme wie der „Barzahlung vom Kunden“ ❶ wird das Erlöskonto im Haben gebucht. Bei einer Ausgabe wie „Miete Praxis“ ❷ wird das Kostenkonto im Soll gebucht.*

Bei der Vorlage „Miete Praxis“ ist neben dem Text, dem Belegnummernkreis und den Konten sogar der Betrag hinterlegt. Rufen Sie diese Vorlage auf, müssen Sie nur noch auf **Buchen** klicken.

Bei der Vorlage „Büromaterial“ ist weder ein Betrag noch ein Gegenkonto angegeben. In diesem Fall wird Ihnen die Vorlage überall zur Verfügung stehen, vielleicht zahlen Sie Büromaterial abwechselnd mal bar und mal über die Bank.

## 5.4 Buchungsvorlagen verwenden

Jetzt soll die Buchungsvorlage „Miete Praxis“ verwendet werden. Möchten Sie im nächsten Monat unter **Buchen → Einnahmen/Ausgaben in den Stapel** Ihre Miete in Höhe von 2.000,00 Euro buchen, geht es jetzt viel schneller. In diesem Fall geben Sie im Textfeld den Buchstaben „M“ oder das Wort „Miete“ ein.

Je nach Einstellung der Buchungsmaske wird die Buchungsvorlage sofort angezeigt oder erst durch das Öffnen der Auswahlleiste. Sowie die Vorlage sichtbar ist, wählen Sie sie mit einem Doppelklick aus oder bestätigen mit „Enter“.

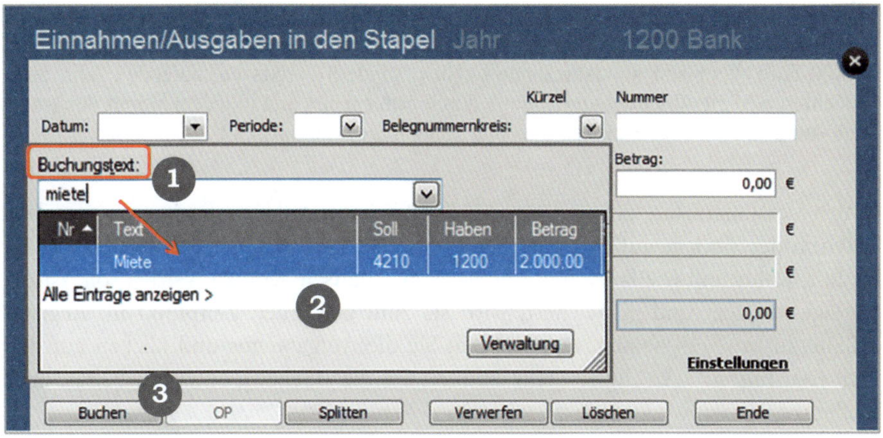


*Abb. 5:* ***Die Buchungsvorlage Miete verwenden:*** *Geben Sie im Feld Buchungstext das Wort „Miete“ ❶ ein, öffnet sich die Liste der vorhandenen Buchungsvorlagen ❷. Hier können Sie die Miete auswählen, mit „Enter“ bestätigen, und schon wird die Buchungsmaske ausgefüllt und Sie können buchen ❸.*

Dadurch werden der Buchungstext, der Betrag und das Konto in die Buchungsmaske übernommen. Der Text und alle Daten aus der Vorlage sind nur Vorschläge, sie können während der Eingabe jederzeit geändert oder ergänzt werden. Sowie die Vorlage aufgerufen wurde, müssen Sie nur noch auf **Buchen** klicken.

**Tipp**

Noch schneller geht es mit der Plustaste. Sowie alle Daten erfasst sind, können Sie über die Plustaste (Turbotaste) direkt die Buchung abschließen.

Es ist empfehlenswert, mit der „Entertaste" von Feld zu Feld zu springen und die Pfeiltasten auf der Tastatur zu nutzen. Stehen Sie zum Beispiel auf dem Datumsfeld, gelangen Sie zum nächsten Tag über den „Pfeil nach oben". In allen Feldern können Sie durch die Verwendung der Pfeiltasten viel Tipperei und Mausklicks sparen.

## 5.5 Buchungsvorlagen automatisch buchen lassen

Vollständig angelegte Buchungsvorlagen können Sie vom Programm automatisch buchen lassen. Mit vollständig ist gemeint, dass der Text, der Betrag sowie die beiden Konten immer gleich bleiben. Für diese Buchungen können Sie in der Vorlage einen Serientyp anlegen.

**Beispiel**

Angenommen, Sie möchten die Abschreibungen Ihres Anlagevermögens in Höhe von 6.000 Euro nicht erst am Jahresende buchen, sondern bereits im laufenden Jahr. Sie möchten also die Abschreibungssumme durch zwölf teilen und in jedem Monat den Anteil von 500 Euro buchen. Diese Buchung können Sie automatisch buchen lassen.

In den Versionen standard und plus klicken Sie beim Anlegen der Buchungsvorlage unten in der Vorlage auf „Serientyp“, es öffnet sich ein weiteres Fenster. Hier legen Sie fest, wann und wie lange diese Vorlage automatisch gebucht werden soll. Ist die Vorlage angelegt und gespeichert, wird sie zum gewählten Zeitpunkt im Register „Heute zu tun“ erscheinen. Dort wählen Sie die Aufgabe aus und klicken auf den Pfeil „Ausführen“. An dieser Stelle können Sie die Buchung auch bearbeiten oder löschen.

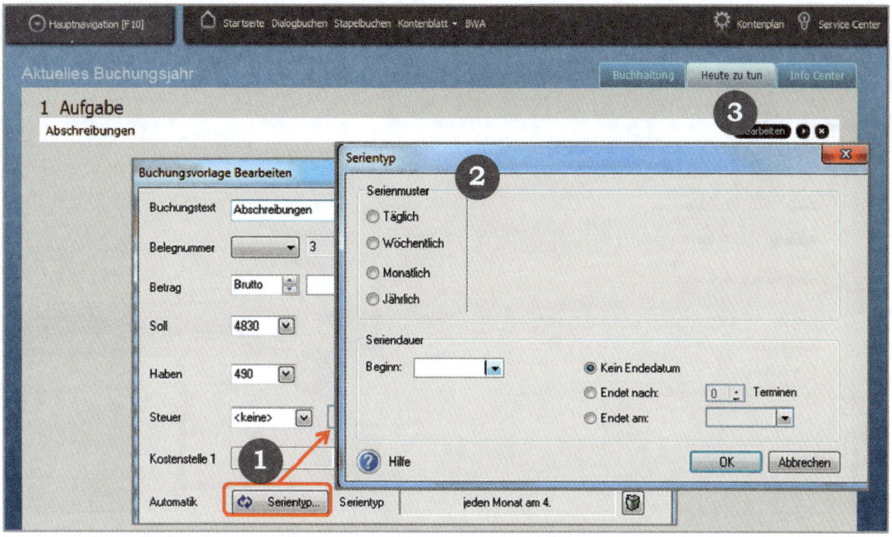


*Abb. 6:* ***Serientyp für Buchungsvorlage anlegen (standard und plus):*** *Klicken Sie beim Anlegen einer Vorlage auf das Feld „Serientyp“* ❶*. Hier hinterlegen Sie das „Serienmuster“* ❷*. Ist die Vorlage gespeichert, steht die Buchung zum entsprechenden Zeitpunkt im Register „Heute zu tun“* ❸ *zur Buchung bereit.*

In den Versionen pro und premium können Sie die Automatik erst erfassen, wenn die Buchungsvorlage angelegt ist. Suchen Sie sich die Vorlage unter **Verwaltung → Buchungsvorlagen** aus und klicken Sie unten auf **Aufgaben**. Ist das Fenster „Aufgabe“ geöffnet, können Sie rechts auf „Serientyp“ klicken und die Daten hinterlegen. Danach wird sie zum gewählten Zeitpunkt unter **Ansicht → Termine und Aufgaben** erscheinen.

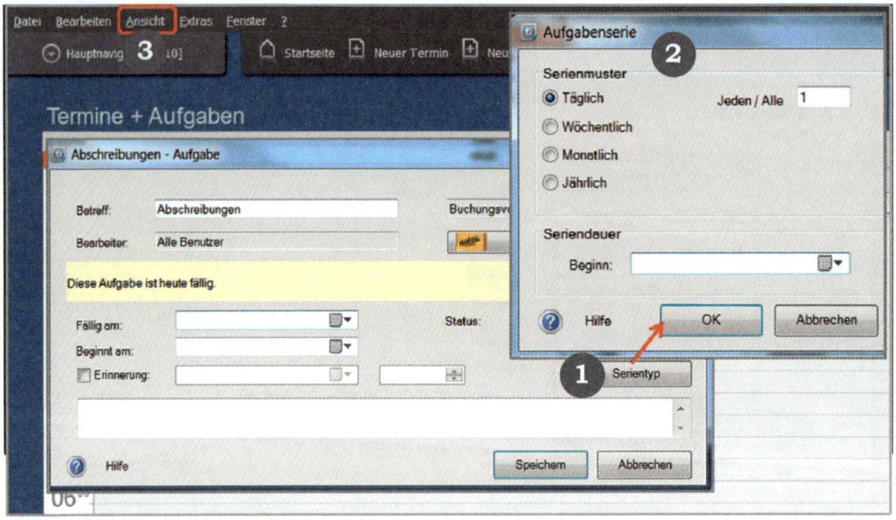


*Abb. 7:* ***Serientyp für Buchungsvorlage anlegen (pro und premium):*** *Ist das Fenster Aufgabe der Buchungsvorlage geöffnet, klicken Sie auf das Feld „Serientyp" ❶. Hier hinterlegen Sie das „Serienmuster" ❷. Ist die Vorlage gespeichert, steht die Buchung zum entsprechenden Zeitpunkt unter* ***Ansicht → Termine und Aufgaben*** *❸ zur Buchung bereit.*

Das Anlegen von automatisierten Buchungsvorlagen ist sinnvoll für die Buchung von Abschreibungen, von anteiliger Privatnutzung Kfz oder regelmäßig wiederkehrenden Rechnungen. Hängt die Buchung allerdings mit einer Zahlung oder einem Geldeingang zusammen, müssen Sie folgendes beachten: Werden zum Beispiel Mieten und Versicherungen automatisch gebucht, müssen Sie diese im Kontoauszug vorab kennzeichnen, damit sie beim Erfassen der Kontoauszüge nicht doppelt gebucht werden.

Im Menu **Verwaltung → Konfigurationsassistent → Allgemein** können Sie hinterlegen, ob die wiederkehrenden Buchungen ins Journal oder in den Stapel gebucht werden.

**Weitere Informationen**

Video unter www.lexware.de/support

- Optimieren Sie Ihre Buchhaltung in Lexware buchhalter

# 6. Programmeinstellungen überprüfen

**Grundsätzlich ist der Lexware buchhalter richtig eingestellt und Sie können damit arbeiten. Aber vielleicht können Sie die Software noch mehr an Ihre Bedürfnisse anpassen. Sie sollten diese Einstellungen für sich ausprobieren und testen. Nur so können Sie herausfinden, welche für Sie hilfreich sind und welche nicht. Sie können alle Einstellungen auch jederzeit wieder ändern.**

## 6.1 Die allgemeinen Einstellungen überprüfen

Im Menü **Extras → Optionen** können Sie zum Beispiel unter **Allgemein** eine tägliche Erinnerung an die Datensicherung hinterlegen. Sie können dort auch festlegen, ob beim Programmstart die zuletzt bearbeitete Firma oder die Firmenübersicht geöffnet werden soll.

Diese Programmoptionen können Sie auch direkt in der Buchungsmaske öffnen, über die Funktion **Einstellungen.** Im Register **Buchen** sehen Sie unter anderem welche Sicherheitsabfragen aktiviert sind und welche nicht.

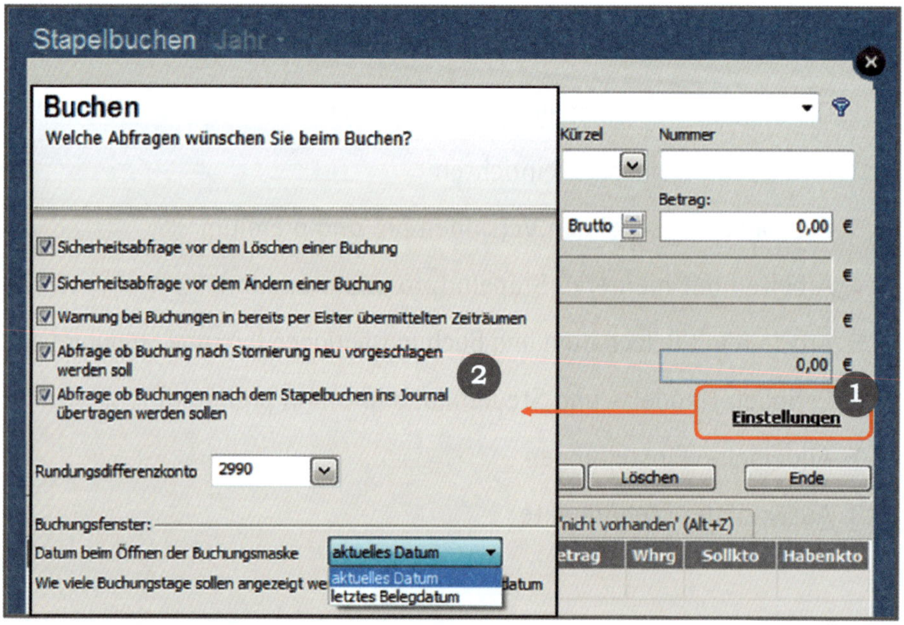


*Abb. 1:* ***Einstellungen im Register Buchen:*** *Klicken Sie in der Buchungsmaske auf* ***Einstellungen*** *❶, öffnet sich dieses Fenster ❷. Hier sind zum Beispiel alle Sicherheitsabfragen aktiviert.*

Sie können hier auch festlegen, welches Datum beim Öffnen der Buchungsmaske gezeigt werden soll, das aktuelle Datum oder das letzte Belegdatum.

## 6.2 Ihre Buchungsmasken einrichten

Über **Einstellungen** im Register **Buchungsmaske** können Sie die Buchungsmasken auf Ihre Bedürfnisse einstellen. Sollen die Auswahllisten automatisch geöffnet werden oder möchten Sie das manuell machen?

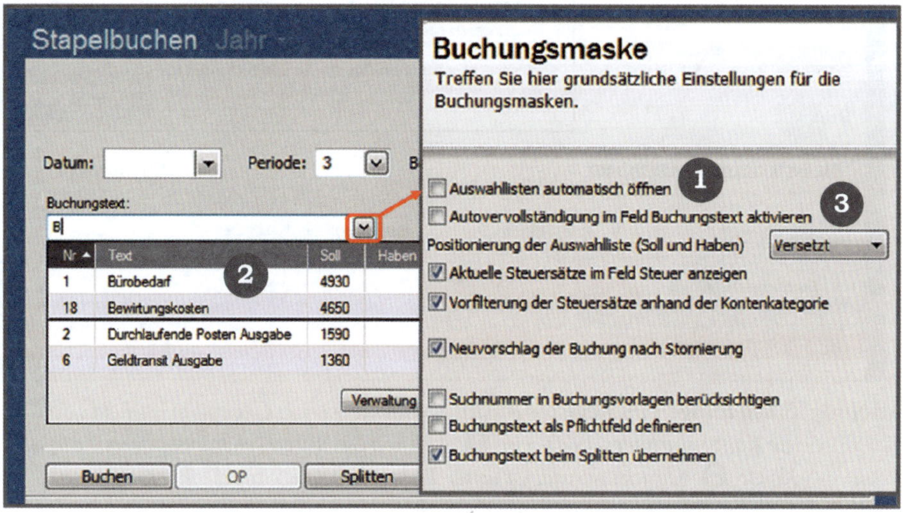


*Abb. 2:* ***Einstellungen im Register Buchungsmaske Teil 1:*** *Deaktivieren Sie hier die Funktion „Auswahllisten automatisch öffnen“* ❶*, können Sie diese Liste* ❷ *nur manuell öffnen. Dann können Sie auch die Einstellung „Autovervollständigen im Feld Buchungstext aktivieren“* ❸ *verändern.*

Über die Funktion „Autovervollständigung im Feld Buchungstext aktivieren“ wird beispielsweise die Auswahl der Buchungsvorlagen automatisch geöffnet. All diese Einstellungen sollten Sie Schritt für Schritt für sich testen, hier sehen Sie nur einen Vorschlag.

Sie können sich auch während des Buchens in der Buchungsmaske die Inhalte der Sachkonten anzeigen lassen. Sowie Sie im Kontenfeld die Nummer eingegeben und mit Enter bestätigt haben, sehen Sie unten den Inhalt des Kontos. Es gibt drei Ansichten zur Auswahl, die **Buchungsliste**, das **Konto Soll** und das **Konto Haben**.

In den Versionen standard und plus müssen Sie hier entscheiden, welche Buchungen Sie sehen möchten, die Buchungen aus dem Stapel oder die aus dem Journal. Sinnvoll wäre es, hier **Stapel** zu wählen, denn die Journalbuchungen sehen Sie im Menü **Ansicht**.

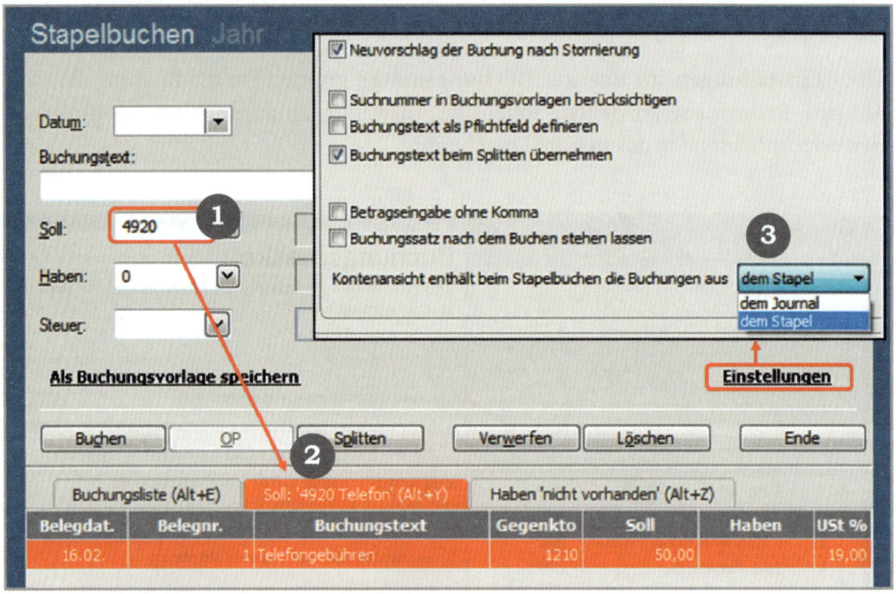


*Abb. 3:* ***Einstellungen im Register Buchungsmaske Teil 2:*** *Geben Sie im Feld „Soll" die Kontonummer „4920" ein* ❶*, können Sie unten sehen, was bereits auf das Konto* ❷ *gebucht wurde. Ist unter* ***Einstellungen*** *„Stapel"* ❸ *ausgewählt, sehen Sie hier nur die Stapelbuchungen.*

Sehr sinnvoll ist auch die Einstellung „Neuvorschlag der Buchung nach Stornierung", die das Programm nach einer Stornierung dazu veranlasst, den alten Buchungssatz in die Buchungsmaske zu übertragen. Sie brauchen dann die Daten nur zu korrigieren, statt neu einzugeben. Alle weiteren Einstellungen sollten Sie für sich ausprobieren, auch hier sehen Sie nur einen Vorschlag.

## 6.3 Besonderheiten bei den Versionen pro und premium

Die Versionen pro und premium bieten Ihnen weitere Funktionen für das Buchen. Sie können zum Beispiel mit **mehreren Stapeln** arbeiten und diese zu unterschiedlichen Zeiten ausbuchen. Das Buchen mit Belegdatum und **Perioden** bietet Ihnen noch mehr Auswertungsmöglichkeiten.

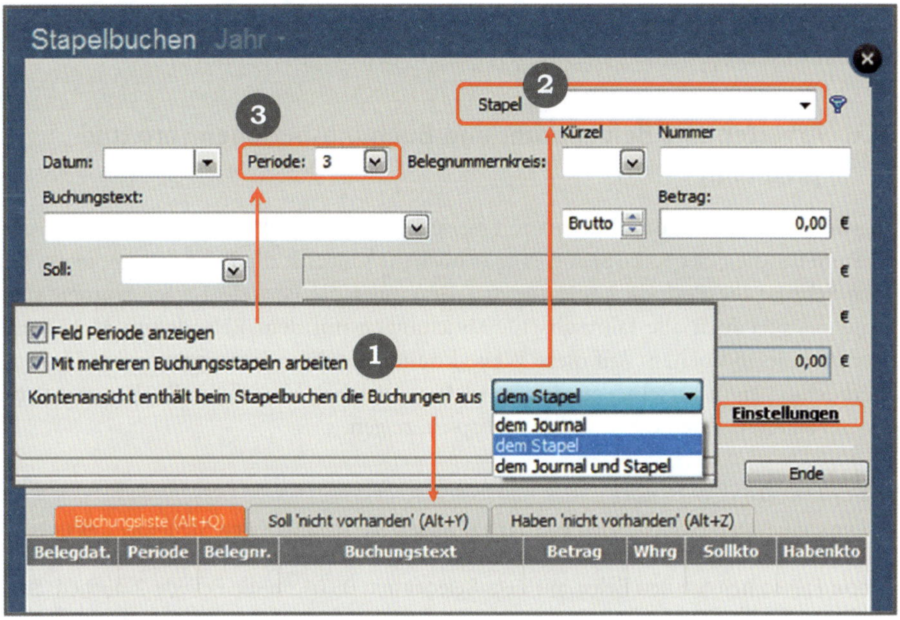


*Abb. 4:* ***Zusätzliche Einstellungen in pro und premium:*** *Wählen Sie hier „Mit mehreren Buchungsstapeln arbeiten“ ❶, erscheint in der Buchungsmaske das Eingabefeld „Stapel“ ❷. Hier können Sie den Stapeln verschiedene Namen geben. Wählen Sie das Feld „Perioden anzeigen“, erscheint auch dieses ❸.*

Auch die Kontenansicht unterhalb der Buchungsmaske können Sie hier auswählen. Bei der Auswahl „Journal und Stapel“ sehen Sie alle Buchungen, die bisher auf dieses Konto gebucht wurden. Wählen Sie hier „Stapel“, sehen Sie nur die Stapelbuchungen und bei der Auswahl „Journal“ sehen Sie nur die Journalbuchungen.

## 6.4 Arbeiten mit mehreren Stapeln (pro und premium)

Möchten Sie mit mehreren Stapeln arbeiten, können Sie in der Buchungsmaske unter **Einstellungen** oder im Menü **Extras → Optionen → Buchen** diese Funktion einstellen.

Erfassen Sie zum Beispiel mehrere Kundenrechnungen und geben dem **Stapel** den Namen „Kundenrechnungen“, so können Sie ihn später getrennt von den anderen Stapeln ausbuchen. Ebenso können Sie Kassenbelege unter dem Namen „Kassenbelege“ erfassen und später als alle anderen Buchungen ausbuchen. Lassen Sie das Feld **Stapel** leer, nennt das Programm den Stapel automatisch „unbekannt“. Die Namen der Stapel verschwinden nach dem Ausbuchen des Stapels, sie dienen Ihnen nur zur Übersicht solange sich die Buchungen noch in den Stapeln befinden.

## 6.5 Arbeiten mit Belegdatum und Buchungsperioden (pro und premium)

Sowie Sie die Funktion „Buchen mit Perioden" eingeschaltet haben, wird das Programm für die Belege, die Sie im Januar buchen, zunächst die Periode 1 anbieten, für den Februar die Periode 2 und für den Dezember die Periode 12. Sie können aber zum Beispiel auch alle Jahresabschlussbuchungen mit dem Belegdatum 31.12. und der Periode 13 buchen. Auf diese Weise können Sie diese getrennt von den Dezemberbuchungen in verschiedenen Listen sehen. Welchen Vorteil das Buchen mit Perioden auch hat, sollen die folgenden Beispiele zeigen.

**Beispiel DATEV-Export**

Angenommen, die Buchungen von Januar haben Sie schon an den Steuerberater übermittelt. Nun finden Sie Ende Februar einen Tankbeleg über 30 Euro vom 05.01. In diesem Fall sollten Sie den Beleg mit dem Belegdatum 05.01. in die Periode 2 buchen. So können Sie die Buchung zusammen mit den Buchungen von Februar (automatisch Periode 2) an den Steuerberater übermitteln. In diesem Fall müssen Sie beim DATEV-Export nicht den Monat Februar, sondern die Periode 2 auswählen und übertragen.

**Beispiel Umsatzsteuer-Voranmeldung**

Angenommen, die Umsatzsteuer-Voranmeldung von Januar ist bereits an das Finanzamt übermittelt. Nun finden Sie Ende Februar einen Tankbeleg über 30 Euro vom 05.01. Der enthaltene Vorsteuerbetrag ist zu gering, um die Voranmeldung von Januar zu korrigieren. In diesem Fall können Sie den Beleg mit dem Belegdatum 05.01. in die Periode 2 buchen. So wird die enthaltene Vorsteuer in der Umsatzsteuer-Voranmeldung von Februar erfasst.

In der Buchungsmaske unter **Einstellungen** können Sie diese Funktion aktivieren und in Ihren Firmenstammdaten hinterlegen Sie, ob Sie mit 12, 13 oder 14 Perioden arbeiten möchten.

## 6.6 Perioden Handels- und Steuerbilanz (pro und premium)

Haben Sie in den Firmenstammdaten die Gewinnermittlungsart „Betriebsvermögensvergleich" gewählt und zusätzlich die Funktion „Handels- und Steuerbilanz", werden automatisch 16 Perioden hinterlegt. Haben Sie dann Ihre Abschlussbuchungen in den entsprechenden Perioden gebucht, können Sie sich später zwei verschiedene Bilanzen ausdrucken. Eine Handels- und eine Steuerbilanz.

Die Handelsbilanz setzt sich aus den Buchungen der Perioden 1 bis 15 zusammen. In der Periode 16 müssen Sie dann das handelsrechtliche Ergebnis korrigieren und daraus ein steuerliches Ergebnis machen. In der Steuerbilanz erscheinen alle Buchungen der Perioden 1 bis16. Mehr dazu im Kapitel 15 „Die wichtigsten Berichte im laufenden Jahr".

## 6.7 Allgemeine Einstellungen

Im Menu **Verwaltung → Konfigurationsassistent → Allgemein** sehen Sie die Vorkonfigurierung von Lexware. Diese können Sie bei Bedarf ändern. Verwenden Sie beim Buchen zum Beispiel keine Debitoren- und Kreditorenkonten, können Sie hier die Funktion „Arbeiten mit offenen Posten" deaktivieren. Dann werden im Programm die dafür vorgesehenen Eingabefelder und Berichte ausgeschaltet. Haben Sie wiederkehrende Buchungen hinterlegt, können Sie hier bestimmen, ob diese Buchungen direkt ins Journal gebucht werden oder erst in den Stapel. Diese Einstellungen können Sie jederzeit wieder rückgängig machen.

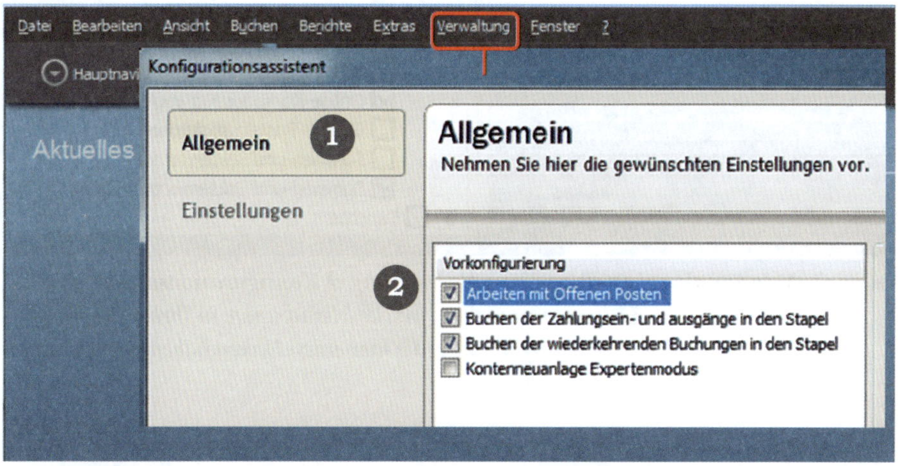


*Abb. 5:* ***Allgemeine Einstellungen:*** *Unter* ***Verwaltung→ Konfigurationsassistent → Allgemein*** ❶ *sehen Sie die Vorkonfiguration* ❷*. Hier ist zum Beispiel die Funktion „Arbeiten mit Offenen Posten" eingeschaltet.*

## 6.8 Auswahl der Menüpunkte

Im Menu **Verwaltung → Konfigurationsassistent → Einstellungen** können Sie sehen, welche Menüpunkte im Lexware buchhalter angezeigt werden und welche nicht. Links auf dem Bild sehen Sie die **Menüpunkte** im Programm und unter **Ein-**

**stellungen → Buchen** sehen Sie, welche Buchungsmasken zur Auswahl stehen. Zum Beispiel sehen Sie hier, dass es „Einnahmen/Ausgaben" und „Einnahmen/Ausgaben in den Stapel" gibt. Diese unterscheiden sich, wie beim Stapelbuchen und Dialogbuchen, nur in der Buchungsart. In diesem Fall wurde nur die Buchungsmaske „Einnahmen/Ausgaben in den Stapel" ausgewählt. Sie können diese Menüpunkte jederzeit ein- und wieder ausschalten.

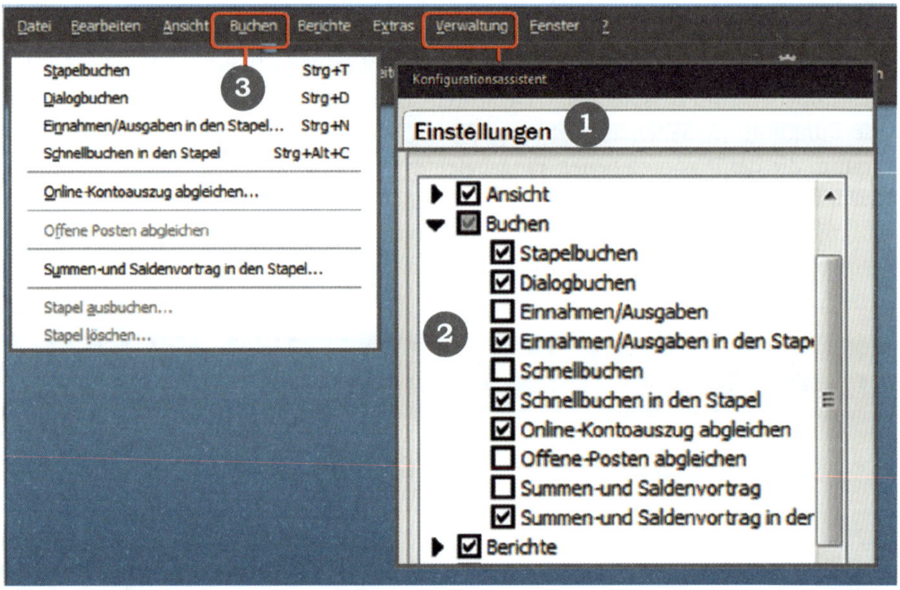


*Abb. 6:* ***Menüpunkte einstellen:*** *Unter* ***Verwaltung → Konfigurationsassistent → Einstellungen*** ❶ *können Sie sehen, welche Menüpunkte in Ihrem Programm aktiviert sind. Die Buchungsmasken, die hier einen Haken haben* ❷ *werden im Menü* ***Buchen*** ❸ *angezeigt.*

# 7. Eröffnungswerte erfassen, im ersten Jahr mit dem buchhalter

**Erledigen Sie zum ersten Mal die Buchführung mit dem Lexware buchhalter, müssen Sie einige Daten manuell erfassen, die schon beim nächsten Jahreswechsel automatisch übernommen werden können. Dazu gehören vor allem die Anfangsbestände der Konten. Zunächst zeigen wir Ihnen den wohl häufigsten Fall, den Start zum 1. Januar. Erst danach erfahren Sie, wie Sie vorgehen, wenn Sie im laufenden Jahr in das Programm einsteigen, weil Ihr Unternehmen gerade erst gegründet wurde oder die Buchführung bisher mit einer anderen Software erledigt wurde.**

| Voraussetzungen für die Übungen | | |
|---|---|---|
| Einstellungen | Überprüfen Sie, ob in den Firmenstammdaten der Haken bei „unterschiedliche Belegnummernkreise" gesetzt ist.<br>Unter Verwaltung – Belegnummern sollte der Belegnummernkreis „EB" für Eröffnungsbilanzwerte angelegt sein. | |
| Hinweise zu den Eingaben | Es wird am 01.01. gebucht, zu diesem Datum sollten noch keine Buchungen vorhanden sein.<br>Die letzte Übung ist nur für Bilanzierende.<br>Da noch keine Debitoren- und Kreditorenkonten angelegt sind, werden die Forderungen und Verbindlichkeiten in der Übung auf Sachkonten gebucht. Ein Beispiel zeigt Ihnen den Vorteil von Debitoren- und Kreditorenkonten. | |

## 7.1 Welche Anfangsbestände werden wann erfasst?

Die Schlussbilanz des Vorjahres ist gleichzeitig die Eröffnungsbilanz des aktuellen Jahres. Und da die Schlussbilanz in der Regel erst einige Monate nach dem 31.12. fertig gestellt wird, gibt es am 01.01. noch keine vollständige Eröffnungsbilanz.
Aus diesem Grund erfasst man am 01.01. lediglich die Anfangssalden der Geldkonten laut Kassenbuch und Kontoauszügen vom 31.12. Alle anderen Anfangsbestände können Sie erst später erfassen, wenn die Schlussbilanz fertig gestellt ist.

**Hinweis für Einnahmen-Überschussrechner**

Eigentlich genügt es im Rahmen der Einnahmen-Überschussrechnung lediglich die Betriebseinnahmen und Betriebsausgaben zu erfassen. Die Eingabe der Anfangsbestände ist nicht erforderlich. Arbeiten Sie allerdings mit einem Buchführungsprogramm, ist es vorteilhaft, die Anfangsbestände Ihrer Bankkonten und ggf. Ihrer Kasse einzugeben. Damit nutzen Sie eine sehr hilfreiche Kontrollfunktion.

**Beispiel**

Erfassen Sie alle Positionen Ihres Kontoauszugs, rechnet das Programm parallel Ihren Kontostand mit. Diesen können Sie dann mit Ihrem Original-Kontoauszug vergleichen. So erkennen Sie auf einen Blick, ob Sie sich vertippt haben oder nicht.

## 7.2 Belegnummernkreis für Anfangsbestände

Anfangsbestände nennt man auch Eröffnungsbilanzwerte, kurz EB-Werte. Wenn Sie für die Anfangsbestände einen eigenen Nummernkreis führen möchten, getrennt von allen anderen Buchungen, empfiehlt es sich den Belegnummerkreis „EB" anzulegen und beim Buchen zu verwenden. Mehr dazu im Kapitel 5.1 „Belegnummernkreise anlegen".

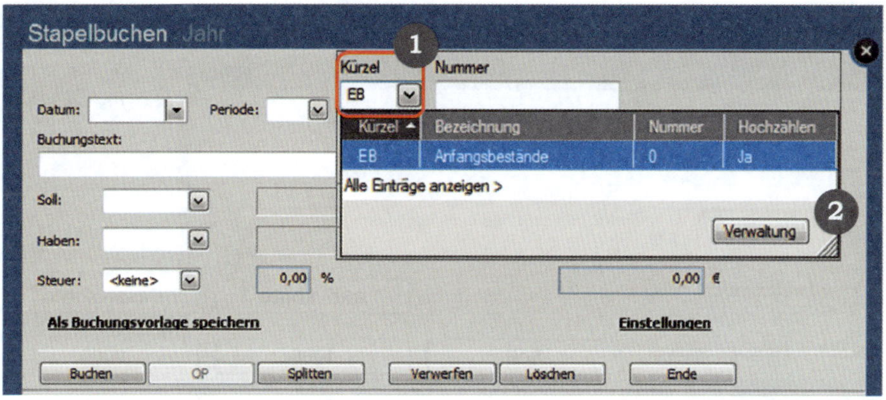


*Abb. 1:* ***Belegnummernkreis für Anfangsbestände:*** *Wählen Sie in der Buchungsmaske unter Belegnummernkreis das Kürzel „EB" ❶ aus. Über* ***Verwaltung*** *❷ können Sie vorhandene Nummernkreise bearbeiten und Neue anlegen.*

## 7.3 Anfangsbestände von Kasse und Bank erfassen

Unter **Buchen → Stapelbuchen** können Sie die Anfangsbestände erfassen. Diese werden über das Konto „9000 Saldenvorträge Sachkonten" erfasst.

**Übung für Bilanzierende und Einnahmen-Überschussrechner**

Die Kontoauszüge und das Kassenbuch liegen Ihnen vor. An diesen Beständen wird sich nichts mehr ändern. Buchen Sie bitte unter **Buchen → Stapelbuchen** den positiven Anfangssaldo der Kasse von + 500 Euro und den negativen Saldo der Bank von - 2.800 Euro.

**Buchen → Stapelbuchen**

| Datum | Beleg | Text | Betrag | SOLL SKR 03/04 | HABEN SKR 03/04 | Steuer |
|---|---|---|---|---|---|---|
| 01.01. | EB 1 | EB-Wert | 500,00 | 1000/1600 | 9000 | keine |
| 01.01. | EB 2 | EB-Wert | 2.800,00 | 9000 | 1200/1800 | keine |

Stimmen Ihre Eingaben, können Sie die Buchungen ins Journal übertragen, unter **Buchen → Stapel ausbuchen.**

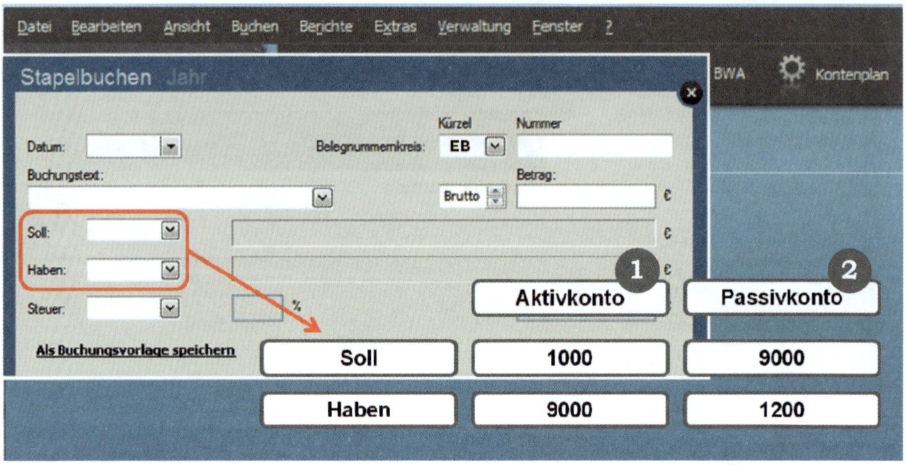


Abb. 2: ***Anfangsbestände erfassen unter Stapelbuchen:*** *Aktivkonten* ❶ *werden im „Soll" und Passivkonten* ❷ *im „Haben" gebucht, das Gegenkonto für die Anfangsbestände von Sachkonten ist „9000".*

## Lösung

In der Buchungsmaske **Einnahmen/Ausgaben in Stapel** sehen Sie zum Beispiel den aktuellen Kontostand, genauso wie unter **Ansicht → Sachkonto**.

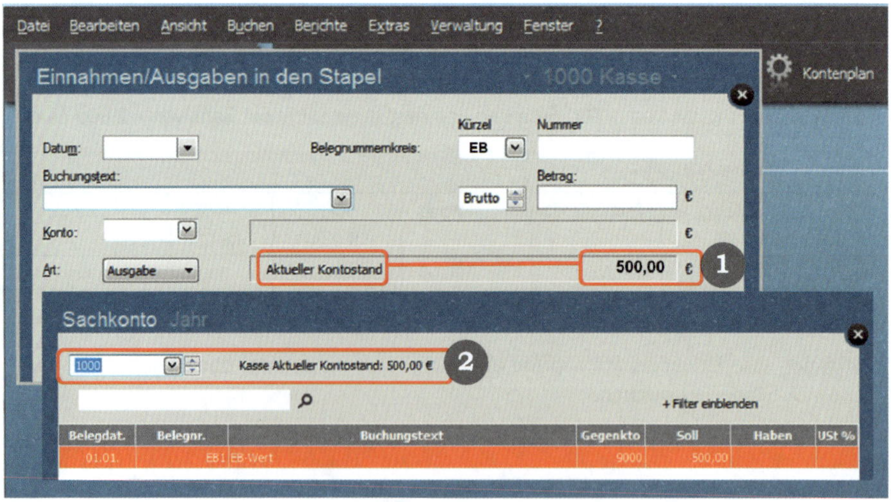


Abb. 3: ***Wo finden Sie den Anfangsbestand?*** *Sowie der Anfangsbestand gebucht wurde, steht er in der Buchungsmaske* ❶. *Auf dem Sachkonto „1000/1600 Kasse"* ❷ *im Menü* ***Ansicht*** *sehen Sie ihn erst, wenn der Stapel ausgebucht wurde.*

## 7.4 Eröffnungsbilanz vervollständigen, wenn die Vorjahresbilanz vorliegt

Angenommen, im März fordert Ihre Bank eine vorläufige Bilanz bzw. Gewinn- und Verlustrechnung des aktuellen Jahres. Die Bilanz des Vorjahres ist noch nicht endgültig fertig gestellt, also ist auch die Eröffnungsbilanz nicht vollständig erfasst. Wie aussagekräftig sind Ihre aktuelle Bilanz und die Gewinn- und Verlustrechnung?

Ohne Anfangsbestände ist eine Bilanz nicht brauchbar, sie zeigt nur die Zugänge und Abgänge des aktuellen Jahres, aber noch nicht die Bestände.

In der Gewinn- und Verlustrechnung dagegen werden nur Aufwendungen und Erlöse des laufenden Jahres erfasst, keine Anfangsbestände. Sie zeigt ein vorläufiges Ergebnis und kann z. B. an die Bank weitergeleitet werden.

Sie haben bereits ein paar Wochen oder Monate im neuen Buchungsjahr gebucht. Inzwischen wurde die Vorjahresbilanz fertig gestellt und erst jetzt können Sie die Eröffnungsbilanz vervollständigen. Die Anfangsbestände von Kasse und Bank haben sich tatsächlich nicht verändert.

| Eröffnungsbilanz | | | |
|---|---|---|---|
| Aktiva | | Passiva | |
| Pkw | 32.000 € | Kapital | 35.650 € |
| Forderungen | 11.900 € | *Bank* | *2.800 €* |
| *Kasse* | *500 €* | Verbindlichkeiten | 5.950 € |
| Summe | 44.400 € | Summe | 44.400 € |

Jetzt müssen Sie also nur noch die fehlenden Anfangsbestände erfassen, in diesem Fall alle außer Kasse und Bank.

**Hinweis für Einnahmen-Überschussrechner**

Bei der Einnahmen-Überschussrechnung gibt es keine Eröffnungsbilanz, nur einen Kontennachweis. Wenn Sie möchten, können Sie die Anfangsbestände von Pkw und Darlehen freiwillig buchen, aber nur, wenn Sie diese Bestände im Programm führen möchten.

**Übung für Bilanzierende**

Erfassen Sie bitte unter **Buchen → Stapelbuchen** die fehlenden Anfangsbestände. Verwenden Sie dazu den Belegnummernkreis „EB- Eröffnungsbilanzwerte“.

| Buchen → Stapelbuchen | | | | | | |
|---|---|---|---|---|---|---|
| Datum | Beleg | Text | Betrag | SOLL SKR 03/04 | HABEN SKR 03/04 | Steuer |
| 01.01. | EB 3 | EB-Wert | 32.000,00 | 0320/0520 | 9000 | keine |
| 01.01. | EB 4 | EB-Wert | 11.900,00 | 1410/1210 | 9000 | keine |
| 01.01. | EB 5 | EB-Wert | 35.650,00 | 9000 | 0880/2010 | keine |
| 01.01. | EB 6 | EB-Wert | 5.950,00 | 9000 | 1610/3310 | keine |

Stimmen Ihre Eingaben, können Sie die Buchungen ins Journal übertragen und unter **Buchen → Stapel ausbuchen.**

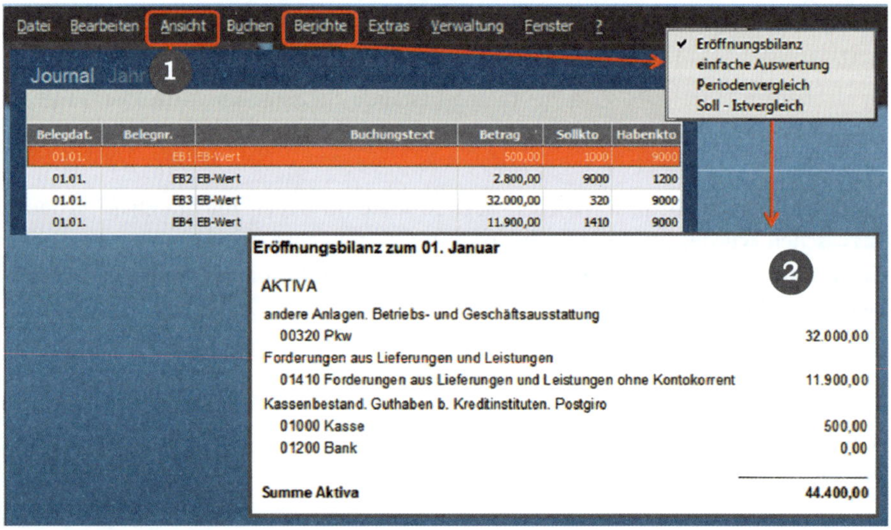


*Abb. 4:* ***Die gebuchten Anfangsbestände:*** *Die einzelnen Buchungen stehen im Journal* ❶ *und die Eröffnungsbilanz erhalten Sie unter* ***Berichte → Auswertungen****, wenn Sie oben rechts „Eröffnungsbilanz“* ❷ *auswählen.*

## Lösung

Unter **Ansicht → Journal** finden Sie Ihre Buchungen. Unter **Berichte → Auswertungen → Bilanz** können Sie die Eröffnungsbilanz ansehen, wenn Sie in der Berichtsauswahl **Eröffnungsbilanz** auswählen statt einfache Auswertung.

### Tipp

Schon im Folgejahr bietet Ihnen das Programm die Möglichkeit, die EB-Werte automatisch zu übernehmen. Bei den Versionen standard und plus über den technischen Jahresabschluss und bei den Versionen pro und premium direkt beim Anlegen eines neuen Buchungsjahres. Mehr dazu in den Kapiteln 16 und 17 „Jahreswechsel (standard und plus) und (pro und premium).

## 7.5 Vorteile von Debitoren und Kreditoren

Bisher wurden in der Eröffnungsbilanz die offenen Forderungen und Verbindlichkeiten jeweils in einer Summe erfasst. In der Praxis handelt es sich dabei aber meistens um mehrere Rechnungen.

Möchten Sie zusätzlich die „Offene-Posten-Verwaltung“ (OP-Verwaltung) des Programms nutzen? Möchten Sie die Forderungen pro Kunde sehen und die Verbindlichkeiten pro Lieferant? Dann müssen Sie für jeden Kunden ein Debitorenkonto anlegen und für jeden Lieferanten ein Kreditorenkonto.

**Beispiel**

Bei den offenen Forderungen von 11.900 € handelt es sich um zwei Rechnungen an unterschiedliche Kunden, für die bereits Debitorenkonten angelegt wurden:

| Name des Kunden | Rechnungsbetrag | Debitorennr. |
|---|---:|---:|
| Sabine Anders, RG 234 | 4.760 Euro | 10100 |
| Braun GmbH, RG 236 | 7.140 Euro | 20200 |
| Summe | 11.900 Euro | |

Und bei den offenen Verbindlichkeiten handelt es sich um zwei Rechnungen von zwei verschiedenen Lieferanten, für die ebenfalls die Kreditorennummern angelegt wurden:

| Name des Lieferanten | Rechnungsbetrag | Kreditorennr. |
|---|---:|---:|
| Haufe-Lexware GmbH & Co. KG, RG 2703 | 2.380 Euro | 71000 |
| Bürohandel Maurer, RG 119 | 3.570 Euro | 72000 |
| Summe | 5.950 Euro | |

Die Anfangsbestände von Debitorenkonten werden über das Konto „9008 Saldenvorträge Debitoren“ erfasst, die der Kreditorenkonten über das Konto „9009 Saldenvorträge Kreditoren“.

**Beispiel**

Die Anfangsbestände der Forderungen und Verbindlichkeiten werden dann nicht mehr in einer Summe erfasst, sondern pro Debitoren- und Kreditorenkonto.

In der Bilanz werden die offenen Forderungen nach wie vor in einer Summe ausgewiesen. Aber Sie erhalten zusätzlich eine Übersicht der Forderungen pro Kunde, wenn Sie in der Druckauswahl der Bilanz unter **Auswertung** die „Personenkontenaufstellung“ auswählen. Zusätzlich sehen Sie in den Offenen-Posten-Listen (OP-Listen), welche Rechnungen welcher Kunden noch nicht bezahlt wurden, also noch offen sind. Das Gleiche gilt für die Kreditoren und Verbindlichkeiten.

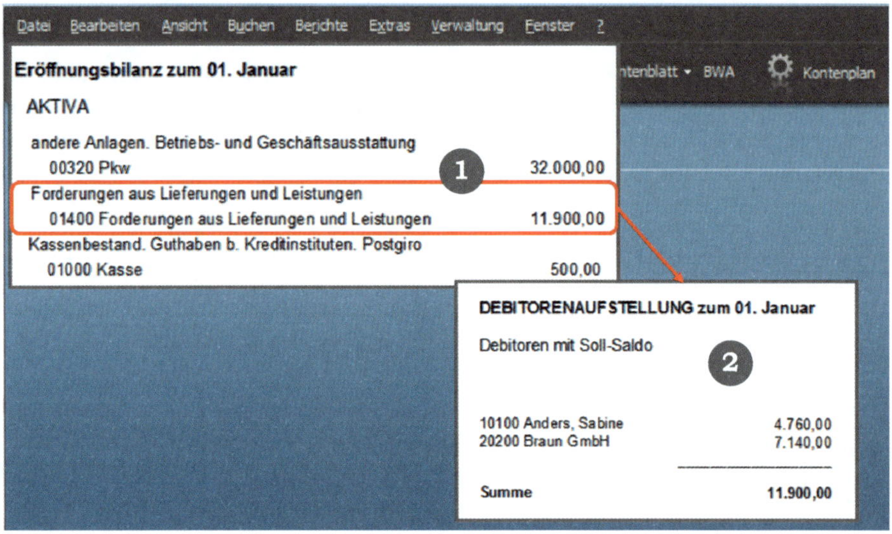


*Abb. 5:* ***Der Vorteil von Debitoren:*** *Verwenden Sie beim Buchen Debitorenkonten, sehen Sie danach in der Bilanz* ❶ *Ihre Forderungen in einer Summe und in einer Debitorenaufstellung* ❷ *die Forderungen pro Kunde.*

Mehr zu Debitoren und Kreditoren in Kapitel 10 „Debitoren anlegen und Kundenrechnungen erfassen“, in Kapitel 11 „Kreditoren anlegen und Eingangsrechnungen erfassen“ und in Kapitel 12 „Kontoauszüge – Zahlungen von Debitoren und an Kreditoren“.

## 7.6 Eröffnungswerte beim Einstieg im laufenden Jahr

Es ist ein Unterschied, ob Sie Ihr Unternehmen gerade erst gegründet haben oder die Firma bereits besteht und die Buchführung zuvor mit einer anderen Software gebucht wurde.

Haben Sie Ihr Unternehmen im März eröffnet und möchten nun mit der Buchführung beginnen, gibt es in der Regel nicht viel zu tun. Der Umfang der ersten Eröffnungsbilanz ist meist sehr gering. Die Erfassung der Anfangsbestände erfolgt genau so wie in den vorherigen Schritten beschrieben.

## 7.7 Bisher wurde mit einer anderen Software gearbeitet

Hat Ihr Steuerberater bisher Ihre Buchführung erledigt oder haben Sie vorher mit einem anderen Programm gearbeitet, müssen Sie nicht alle Buchungen noch einmal erfassen, sondern nur die Summen- und Salden der Konten. D. h., gebucht werden die Anfangsbestände der Aktiv- und Passivkonten sowie die Summen der Konten (Jahresverkehrszahlen). Diese Werte finden Sie zum Beispiel in der letzten Summen- und Saldenliste.

| Summen- und Saldenliste zum 30.06. | | | | | | | |
|---|---|---|---|---|---|---|---|
| | | Eröffnungsbilanz | | Summen | | Salden | |
| Konto SKR 03/04 | Bezeichnung | Aktiva | Passiva | Soll | Haben | Soll | Haben |
| 0880/2010 | Variables Kapital | | 22.500 | | | | 22.500 |
| 1200/1800 | Bank | 22.500 | | | 17.850 | 4.650 | |
| 1576/1406 | Vorsteuer | | | 2.850 | | 2.850 | |
| 3400/5400 | Wareneingang | | | 15.000 | | 15.000 | |
| | | 22.500 | 22.500 | 17.850 | 17.850 | 22.500 | 22.500 |

Im Programm unter **Buchen → Summen- und Saldenvortrag** können Sie diese Summen- und Saldenliste einfach abschreiben. Hier handelt es sich um eine Eingabemaske, während Sie die Werte dort eintragen, wird im Hintergrund gebucht.

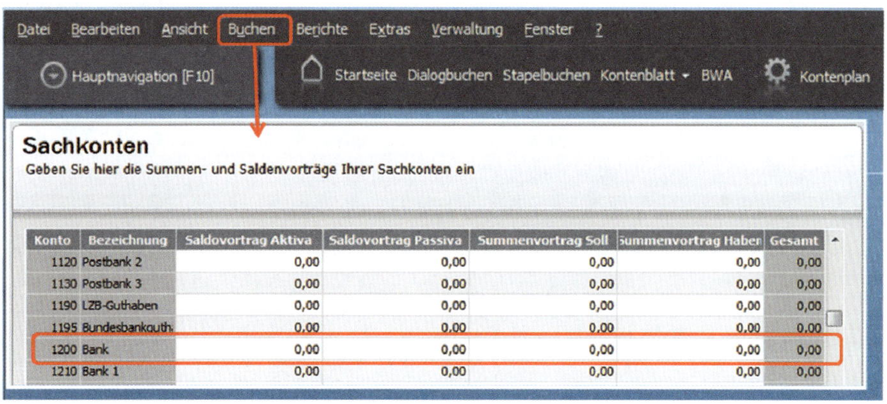


*Abb. 6:* ***Ein Teil der Eingabemaske Summen- und Saldenvortrag:*** *In diese Felder können Sie die Werte Ihrer Summen- und Saldenliste eintragen. Nach dem Klick auf* ***Buchen*** *erfasst das Programm automatisch die richtigen Gegenkonten.*

Natürlich können Sie die Buchungen unter **Buchen → Stapelbuchen** auch manuell erfassen.

**Beispiel**

Hier sehen Sie die entsprechenden Buchungen dazu.

| **Buchen → Stapelbuchen** | | | | | |
|---|---|---|---|---|---|
| Datum | Text | Betrag | SOLL SKR 03/04 | HABEN SKR 03/04 | Steuer |
| Anfangsbestände | | | | | |
| 01.01. | EB-Wert | 22.500,00 | 1200/1800 | 9000 | keine |
| 01.01. | EB-Wert | 22.500,00 | 9000 | 0880/2010 | keine |
| Summen pro Konto | | | | | |
| 30.06. | Summen | 17.850,00 | 9090 | 1200/1800 | keine |
| 30.06. | Summen | 2.850,00 | 1576/1406 | 9090 | keine |
| 30.06. | Summen | 15.000,00 | 3400/5400 | 9090 | keine |

Nachdem diese Buchungen erfasst wurden, sollten Sie im Menü **Berichte** ebenfalls eine Summen- und Saldenliste drucken. Stimmen beide Listen überein, haben Sie richtig gebucht.

# 8. Kassenbelege schnell und effektiv erfassen

**Für die Erfassung von Kassenbelegen ist die Buchungsmaske „Einnahmen/Ausgaben in den Stapel“ zu empfehlen. Hier lernen Sie die Vorteile kennen.**

**Sind Belegnummernkreis, Anfangsbestand und einige Buchungsvorlagen erst einmal erfasst, geht das Buchen ganz schnell. Ihre Eingaben können Sie jederzeit ändern und in verschiedenen Berichten ansehen.**

| Voraussetzungen für die Übungen | | |
|---|---|---|
| Einstellungen | Überprüfen Sie bitte, ob in den Firmenstammdaten der Haken bei „unterschiedliche Belegnummernkreise" gesetzt ist.<br>Unter Verwaltung – Belegnummern sollte der Belegnummernkreis „K" für Kasse angelegt sein. | |
| Hinweise zu den Eingaben | Der Anfangsbestand der Kasse zum 01.01. sollte gebucht sein, die Buchung finden Sie im ersten Beispiel.<br>Gebucht wird im Februar, in diesem Monat sollten im Stapel keine Buchungen vorhanden sein. | |

## 8.1 Buchungsmaske und Belegnummernkreis festlegen

Sie öffnen die Buchungsmaske unter **Buchen → Einnahmen/Ausgaben in den Stapel** und wählen in der Kontenauswahl das Konto **1000/1600 Kasse** aus. Hier müssen Sie nur ein Konto eingeben, denn das Konto **1000/1600 Kasse** bucht die Software im Hintergrund automatisch. Sie steuern durch die Eingabe von **Einnahme oder Ausgabe** wie es gebucht wird.

**Achtung**

In der Kontenauswahl finden Sie alle Konten der Kategorie „Finanzkonto", d.h. nur Finanzkonten können Sie über diese Buchungsmaske buchen. Möchten Sie zum Beispiel ein Verrechnungs- oder Darlehenskonto damit buchen, müssen Sie **vor der ersten Buchung** im Kontenplan für dieses Konto die Kategorie „Finanzkonto" wählen. Mehr dazu im Kapitel 4.5 „Buchungsmaske Einnahmen/Ausgaben in den Stapel".

Für die Erfassung von Kassenbelegen empfiehlt es sich, den Belegnummernkreis „K“ zu verwenden. So können Sie die Kassenbelege getrennt von allen anderen Buchungen nummerieren. Ist dieser Belegnummernkreis noch nicht angelegt, können Sie das bei der Erfassung des ersten Kassenbeleges erledigen.

Nach der Eingabe des Datums klicken Sie im Feld **Belegnummernkreis-Kürzel** auf den Pfeil. Hier sehen Sie alle angelegten Belegnummernkreise und über die Funktion **Verwaltung** können Sie neue Belegnummernkreise anlegen und die bereits Vorhandenen ändern. Mehr dazu im Kapitel 5.1. „Belegnummernkreise anlegen“.

## 8.2 Anfangsbestand kontrollieren

Bevor Sie mit der Erfassung der Kassenbelege beginnen, müssen Sie den Kassenstand im Programm mit Ihrem tatsächlichen Stand vergleichen.

**Beispiel**

Der Anfangsbestand der Kasse wurde bereits im Januar bzw. im vorherigen Kapitel gebucht. Wenn nicht, können Sie das mit folgender Buchungsvorlage nachholen.

| **Buchen → Einnahmen/Ausgaben in den Stapel → 1000/1600 Kasse** | | | | | | |
|---|---|---|---|---|---|---|
| Datum | Belegnr. | Buchungstext | Betrag | Konto SKR 03/04 | Kategorie | Steuer |
| 01.01. | EB 1 | Anfangsbestand | 500,00 | 9000/9000 | Einnahme | keine |

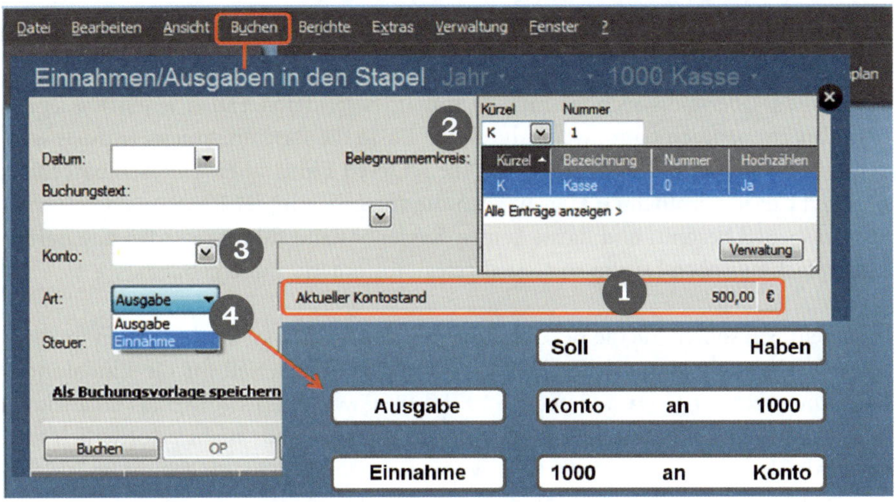


*Abb. 1: **Buchungsmaske für Kassenbelege:** Hier sollten Sie zuerst den Kontostand kontrollieren ❶ und beim Buchen den Belegnummernkreis „K“ verwenden ❷. Sie müssen nur ein Konto eingeben ❸ und über die Auswahl **Einnahme** oder **Ausgabe** ❹ wählen.*

Wer ein Kassenbuch führt, muss darauf achten, dass der Kassenstand niemals negativ wird. Ein Bankkonto kann einen positiven oder negativen Saldo haben, eine Kasse niemals. Was könnten Sie sich herausnehmen, wenn nichts mehr drin ist?

Wenn Geld in der Kasse fehlt, müssen Sie einen entsprechenden Betrag einlegen, bevor Sie die Zahlung tätigen. Entweder heben Sie das Geld vom Geschäftskonto ab und legen es in die Kasse ein oder Sie legen es aus Ihrem privaten Geldbeutel ein. Für diesen Geldeingang erstellen Sie dann einen sogenannten Eigenbeleg. Kommt das Geld vom Geschäftskonto, buchen Sie ihn auf das Konto „1360/1460 Geldtransit”. Wird es privat eingelegt, buchen Sie bei Personenfirmen auf das Konto „1890/2180 Privateinlage” und bei Kapitalgesellschaften auf das Konto „0730/3510 Verbindlichkeiten gegenüber Gesellschaftern“.

**Tipp**

Bei einem Beleg, den Sie unterwegs mit dem privaten Geldbeutel gezahlt haben, haben Sie zwei Möglichkeiten. Entweder tragen Sie den Beleg ein und entnehmen das Geld aus der Kasse oder Sie erfassen zunächst eine Privateinlage/Verbindlichkeit geg. Gesellschafter in Höhe des Rechnungsbetrags und dann erst den Beleg.

## 8.3 Was ist bei Einnahmen-Überschussrechnern zu beachten?

Einnahmen-Überschussrechner müssen nur in besonderen Fällen einen Kassenbericht führen, nämlich dann, wenn durch die Kasse die Bareinnahmen ermittelt werden (Gastronomie, Einzelhandel etc.). Alle anderen Einnahmen-Überschussrechner sind nicht dazu verpflichtet. Hier werden die Ausgaben in der Regel aus dem privaten Geldbeutel bezahlt, und da sie keinen Kassenbestand führen, werden alle Barbelege einfach nur nach Datum sortiert abgelegt, nummeriert und gebucht.

In diesem Fall sollten Sie die Bezeichnung des Kontos „Kasse” umbenennen in „Barbelege”. Alternativ können Sie ein Verrechnungskonto speziell für die Einnahmen-Überschussrechnung verwenden (z.B. 1371/1486), wenn Sie es vorher als Finanzkonto speichern. Dann ist die Erfassung eines Anfangsbestands nicht erforderlich und der Saldo des Kontos darf auch negativ werden. Durch die Umbenennung ist klar, dass Sie keinen Kassenbericht führen, sondern Ihre Barbelege erfassen.

## 8.4 Kassenbelege erfassen

Sie erfassen das Datum, die Belegnummer, den Buchungstext sowie den Bruttobetrag ohne Vorzeichen. Anschließend müssen Sie das entsprechende Konto erfassen und **Einnahme** oder **Ausgabe** wählen.

Im Feld **Konto** erfassen Sie zum Buchen die Kontonummer. Haben Sie in den Firmenstammdaten die „Umsatzsteuerpflicht“ gewählt und ist das Konto „Bürobedarf“ ausgewählt, wird im Feld **Steuer** „VSt. 19%“ erscheinen.

Stimmt der vorgeschlagene Steuersatz mit Ihrem Beleg überein, können Sie auf **Buchen** klicken und schon ist der Beleg erfasst. Automatisch wird im Hintergrund der Nettobetrag auf das Konto „Bürobedarf“ gebucht und die enthaltene Steuer auf das Konto „Abziehbare Vorsteuer 19%“.

## Übung

Buchen Sie den Kassenbeleg „Kauf von Kopierpapier" unter **Einnahmen/Ausgaben in den Stapel → Kasse**. Der Beleg soll auf das Konto „4930/6815 Bürobedarf" gebucht werden. Vergessen Sie nicht, den vorgeschlagenen Steuersatz mit dem auf dem Beleg zu vergleichen.

| **Buchen → Einnahmen/Ausgaben in den Stapel → 1000/1600 Kasse** | | | | | | |
|---|---|---|---|---|---|---|
| Datum | Beleg | Buchungstext | Betrag | Konto SKR 03/04 | Kategorie | Steuer |
| 01.01. | | Anfangsbestand | 500,00 | Kontrolle | | |
| 02.02. | K 1 | Kopierpapier | 35,70 | 4930/6815 | Ausgabe | VSt.19% |
| | | Saldo | 464,30 | Kontrolle | | |

## Lösung

Der vorgeschlagene Steuersatz des Kontos „4930/6815" Bürobedarf stimmt mit dem Beleg überein. Nach dem Klick auf „Buchen" sinkt der Kassenstand.

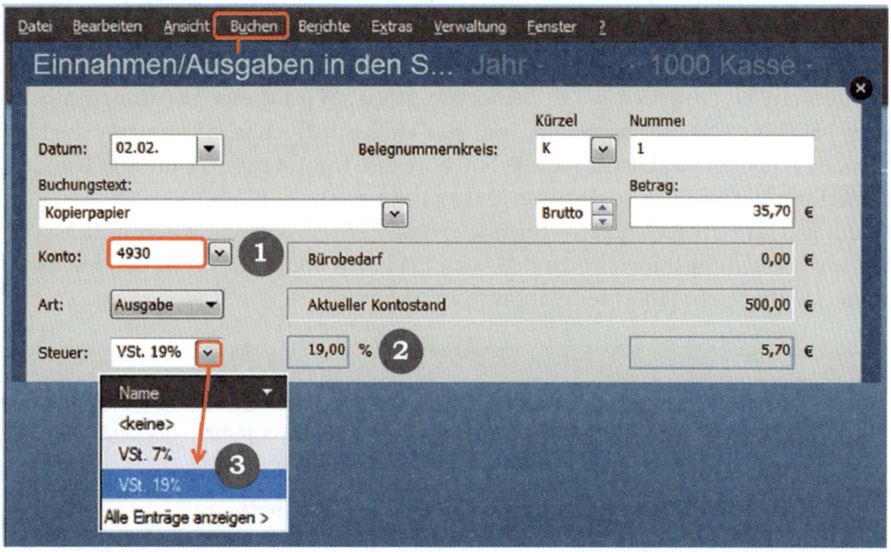


*Abb. 2:* ***Kassenbeleg erfassen:*** *Ist das Konto gewählt* ❶, *müssen Sie nur noch den Steuersatz kontrollieren* ❷ *und ggf. anpassen* ❸.

## 8.5 Kontrolle des Steuersatzes

Geben Sie ein Konto ein, wird in den meisten Fällen auch ein Steuersatz in die Buchungsmaske eingetragen, „USt.“ für Umsatzsteuer und „VSt.“ für Vorsteuer. Dieser Steuersatz ist in den Einstellungen des Kontos hinterlegt und darf nicht in allen Fällen einfach geändert werden. Stimmt also der vorgeschlagene Steuersatz beim Buchen nicht mit Ihrem Beleg überein, ist folgendes zu beachten.

Bei **Einnahmen** müssen Sie unbedingt das Ertragskonto mit dem richtigen Steuersatz wählen oder die entsprechenden Konten für Sonderfälle wie steuerfreie innergemeinschaftliche Lieferungen, Ausfuhrlieferungen und § 13b Fälle (Dienstleistungen für das Ausland und bestimmte inländische Lieferungen und Leistungen). Nur so kann die Software die Umsatzsteuerformulare richtig ausfüllen. Eine Übersicht zu Ertragskonten sowie zu den Sonderfällen finden Sie unter www.iris-thomsen.de/kontenplan/ertragskonten/.

Bei **Ausgaben** können Sie den Steuersatz von zum Beispiel „VSt. 19%“ auf „VSt. 7%“ ändern, wenn es sich um eine inländische Rechnung mit Umsatzsteuer handelt. Beim Einkauf im Ausland müssen Sie spezielle Konten verwenden, Konten bei denen bestimmte Funktionen hinterlegt sind, für das korrekte Ausfüllen der Umsatzsteuerformulare. Das gilt bisher auch für § 13b Fälle. Ab Januar 2015 wird es alternativ einen neuen § 13b Steuersatz geben. Wird dieser zusammen mit einem beliebigen Konto verwendet, müssen Sie beim Buchen den entsprechenden Steuerfall auswählen. Damit hat die Software alle Informationen, um die Umsatzsteuerformulare richtig auszufüllen. Mehr dazu erfahren Sie im Kapitel 9.4 „Einstellungen zur Umsatzsteuer – Eigenschaften“. Eine Übersicht zu Aufwandskonten sowie Buchungshinweise zu den verschiedenen Sonderfällen finden Sie unter www.iris-thomsen.de/kontenplan/aufwandskonten/.

### Übung

Buchen Sie den Kassenbeleg „Barzahlung vom Kunden“ unter **Einnahmen/Ausgaben in den Stapel → Kasse**. Dieser Beleg soll auf das Konto „8400/4400“ gebucht werden. Kontrollieren Sie während der Eingabe die Eigenschaften dieses Kontos.

| **Buchen → Einnahmen/Ausgaben in den Stapel → 1000/1600 Kasse** | | | | | | |
|---|---|---|---|---|---|---|
| Datum | Beleg | Buchungstext | Betrag | Konto SKR 03/04 | Kategorie | Steuer |
| 03.02. | | Anfangsbestand | 464,30 | Kontrolle | | |
| 03.02. | K 2 | Barzahlung Kunde | 1.785,00 | 8400/4400 | Einnahme | USt.19% |
| | | Saldo | 2.249,30 | Kontrolle | | |

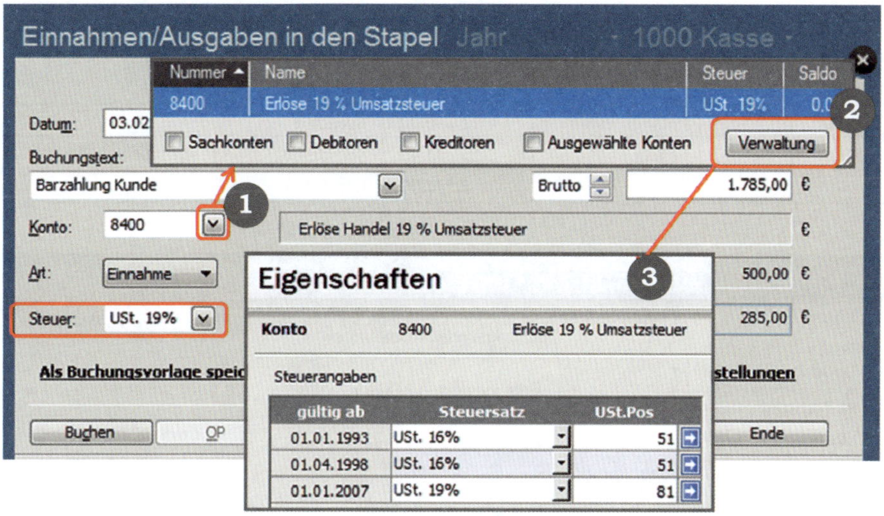


*Abb. 3:* ***Die Eigenschaften des Kontos 8400 ansehen:*** *Klicken Sie neben dem Konto auf den Pfeil ❶ und wählen das Konto „8400/4400“ aus, dann können Sie mit einem Klick auf* ***Verwaltung*** *❷ die Eigenschaften des Kontos ansehen ❸.*

**Lösung**

Im Konto „8400/4400" ist der Steuersatz „USt. 19%" hinterlegt sowie die Umsatzsteuer-Position „81" für den Nettoumsatz in der Umsatzsteuer-Voranmeldung.

## 8.6 Buchungsvorlagen beim Buchen anlegen

Für Belege, die in Ihrem Unternehmen öfter vorkommen, können Sie direkt beim Buchen eine Buchungsvorlage anlegen. Schon bei der nächsten Buchung haben Sie Ihren Nutzen davon. Tankbelege werden sicher häufig vorkommen. Hier lohnt es sich, eine Vorlage anzulegen. Sobald alle Angaben erfasst sind, können Sie das über die Funktion **Als Buchungsvorlage speichern** erledigen. Da der Betrag bei Tankbelegen in der Regel unterschiedlich hoch ist, lässt man das Feld **Betrag** in der Buchungsvorlage einfach frei.

**Übung**

Buchen Sie den Kassenbeleg „Benzin" unter **Einnahmen/Ausgaben in den Stapel → Kasse.** Legen Sie dabei bitte eine Buchungsvorlage für Benzin an und denken Sie daran, den Betrag in der Vorlage auf Null zu setzen.

| Buchen → Einnahmen/Ausgaben in den Stapel → 1000/1600 Kasse | | | | | | |
|---|---|---|---|---|---|---|
| Datum | Beleg | Buchungstext | Betrag | Konto SKR 03/04 | Kategorie | Steuer |
| 04.02. | | Anfangsbestand | 2.249,30 | Kontrolle | | |
| 04.02. | K 3 | Benzin | 71,40 | 4530/6530 | Ausgabe | VSt.19% |
| | | Saldo | 2.177,90 | Kontrolle | | |

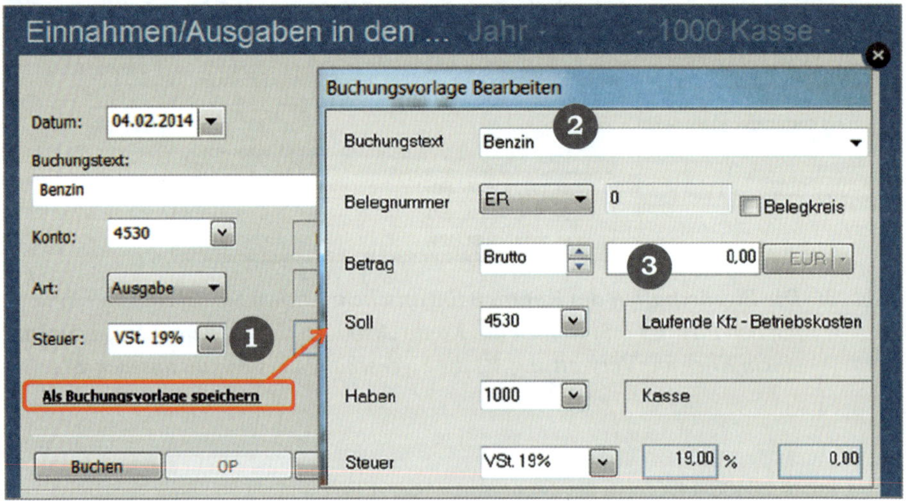


*Abb. 4:* ***Buchungsvorlage während der Eingabe anlegen:*** *Erfassen Sie den Beleg in der Buchungsmaske und klicken Sie kurz vor dem Buchen auf* ***Als Buchungsvorlage speichern*** ❶. *Es öffnet sich dieses Fenster* ❷, *in dem Sie zum Beispiel im Betragsfeld „0 Euro" eintragen können* ❸.

## Lösung

Ist die Buchungsvorlage angelegt und gespeichert, können Sie diese schon bei der Buchung des nächsten Benzinbelegs verwenden.

Falls Sie sich Nummern besser merken können als Texte, haben Sie die Möglichkeit die Buchungsvorlagen über das Feld **Suchnummer** zu nummerieren.

Alle bereits angelegten Buchungsvorlagen sehen Sie rechts neben der Buchungsmaske unter **Buchungsvorlagen anlegen** oder im Menü **Verwaltung → Buchungsvorlagen.** Hier können Sie die Vorlagen bearbeiten oder löschen. Mehr dazu im Kapitel 5.3 „Buchungsvorlagen anlegen".

## 8.7 Buchungsvorlagen verwenden

Möchten Sie nun den nächsten Tankbeleg erfassen, geben Sie im Feld **Buchungstext** den Buchstaben „B“ oder das Wort „Benzin“ ein. Je nach Einstellung der Buchungsmaske wird die Buchungsvorlage sofort angezeigt oder erst durch das Öffnen der Auswahlleiste. Sowie die Vorlage sichtbar ist, wählen Sie sie aus und bestätigen mit „Enter“.

Hierdurch werden der Buchungstext „Benzin“ und das Konto „4530 Laufende Kfz-Kosten“ automatisch in die Buchungsmaske übernommen. Der Text aus der Vorlage ist übrigens nur ein Vorschlag, er kann während der Eingabe jederzeit geändert oder ergänzt werden. Schließlich geben Sie noch den Betrag ein und klicken auf **Buchen.**

**Übung**

Erfassen Sie bitte folgende Kassenbelege unter **Einnahmen/Ausgaben in den Stapel → Kasse.** Für wiederkehrende Buchungen wie das „Benzin" sollten Sie nun die Buchungsvorlagen verwenden. Die Buchungsvorlagen „Barzahlung Kunde" und „Büromaterial" sind schon angelegt, wenn nicht, können Sie das jetzt nachholen. Beachten Sie bitte auch, dass der Steuersatz bei Blumen auf „VSt. 7%" zu ändern ist.

| **Buchen → Einnahmen/Ausgaben in den Stapel → 1000/1600 Kasse** | | | | | | |
|---|---|---|---|---|---|---|
| Datum | Beleg | Buchungstext | Betrag | Konto SKR 03/04 | Kategorie | Steuer |
| 12.02. | | Anfangsbestand | 2.177,90 | Kontrolle | | |
| 12.02. | K 4 | Briefmarken | 40,00 | 4910/6800 | Ausgabe | keine |
| 14.02. | K 5 | Geschenk Blumen | 21,40 | 4630/6610 | Ausgabe | VSt.7% |
| 18.02. | K 6 | Barzahlung Kunde | 238,00 | 8400/4400 | Einnahme | USt.19% |
| 18.02. | K 7 | Benzin | 59,50 | 4530/6530 | Ausgabe | VSt.19% |
| 22.02. | K 8 | Druckerpatrone | 178,50 | 4930/6815 | Ausgabe | VSt.19% |
| 24.02. | K 9 | Übertrag an Bank | 1.000,00 | 1360/1460 | Ausgabe | keine |
| 25.02. | K 10 | Benzin | 47,60 | 4530/6530 | Ausgabe | VSt.19% |
| | | Saldo | 1.068,90 | Kontrolle | | |

Denken Sie daran, vor und nach der Eingabe den Kassenstand zu kontrollieren.

In den Versionen pro und premium können Sie mit mehreren Stapeln arbeiten. Geben Sie hier dem Stapel zum Beispiel den Namen „Kassenbelege“, können Sie ihn getrennt von den anderen Buchungen früher oder später ausbuchen. Mehr dazu im Kapitel 6.4 „Arbeiten mit mehreren Stapel (pro und premium)“.

**Lösung**

Sind alle Belege erfasst und stimmt der Kontostand im Programm mit Ihrem überein, können Sie die Buchungsmaske schließen. Anschließend finden Sie Ihre Buchungen unter **Ansicht → Buchungsstapel.** Hier können Sie Ihre Eingaben ansehen und ggf. ändern oder löschen. Die angelegten Buchungsvorlagen finden Sie unter **Verwaltung → Buchungsvorlagen.**

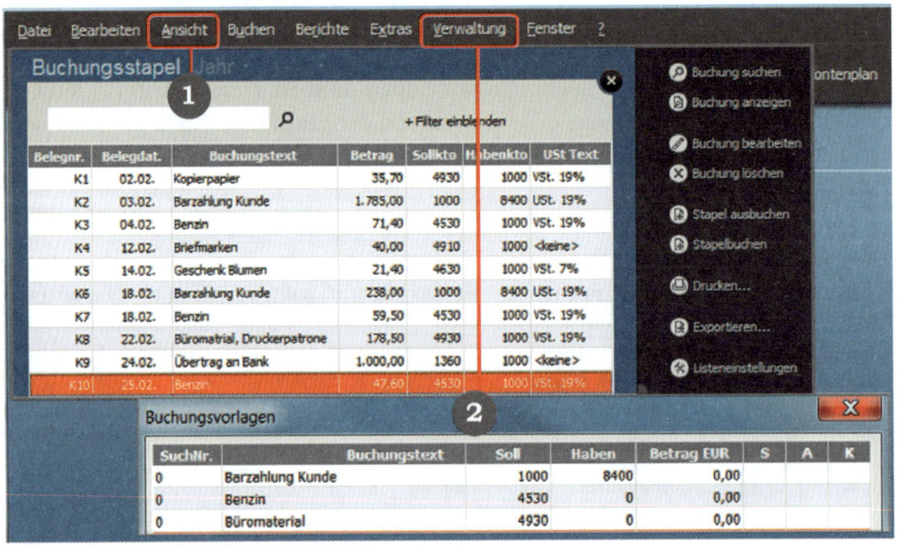


*Abb. 5:* **Die Buchungen und die Buchungsvorlagen ansehen:** *Im Menü* ***Ansicht*** *können Sie den Buchungsstapel* ❶ *öffnen und im Menü* ***Verwaltung*** *können Sie sich alle angelegten Buchungsvorlagen* ❷ *ansehen und bearbeiten.*

## 8.8 Berichte ansehen – Ihre Buchungen sind noch im Stapel

In den Menüs **Ansicht** und **Berichte** können Sie die erfassten Buchungen ansehen. Ändern, löschen oder stornieren können Sie die Buchungen nur im Menü **Ansicht**. Und Ihre Ergebnisse sehen Sie nur im Menü **Berichte**.

Solange sich Ihre Buchungen noch im Stapel befinden, sehen Sie diese im Menü **Ansicht** nur im Buchungsstapel. Im Menü **Berichte** dagegen überall, wenn Sie beim Druck im Auswertungsbereich „Stapel" oder „Alle Buchungen" wählen. Das gilt auch für den Kassenbericht, den Sie unter **Extras → Kassenbuch** ansehen und drucken können.

**Übung für die Versionen plus, pro und premium**

Wenn Sie die Versionen plus, pro oder premium nutzen, sehen Sie sich bitte den Kassenbericht für den Monat Februar am Bildschirm an. Wählen Sie im Auswertungsbereich bitte „Alle Buchungen" und vergessen Sie nicht die Kontonummer der Kasse, in diesem Fall „1000/1600", einzugeben. Wenn Sie die Version standard nutzen sehen Sie sich bitte das Sachkontenblatt Kasse an.

**Lösung**

Unter **Extras → Kassenbuch** öffnen Sie den Kassenbericht. Buchungen, die sich noch im Stapel befinden, sind mit einem „S" gekennzeichnet. Das Sachkonto öffnen Sie im Menü **Berichte.**

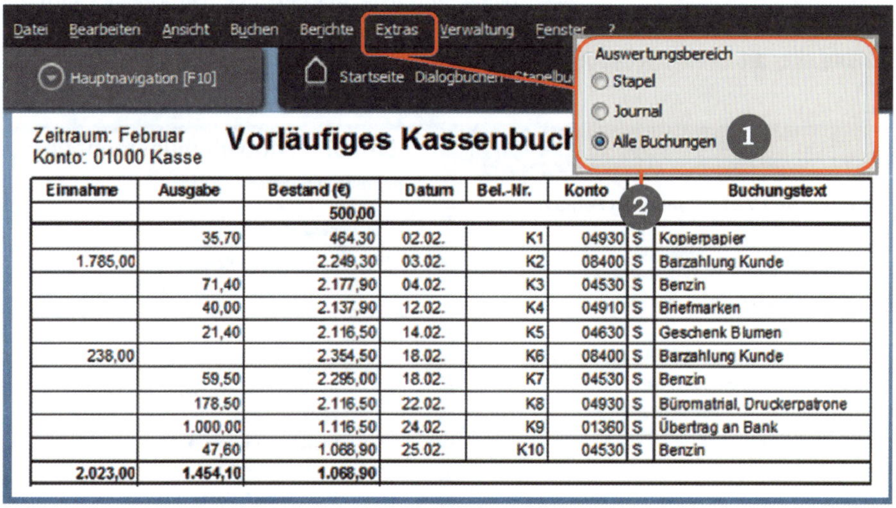


Zeitraum: Februar
Konto: 01000 Kasse

**Vorläufiges Kassenbuch**

| Einnahme | Ausgabe | Bestand (€) | Datum | Bel.-Nr. | Konto | | Buchungstext |
|---|---|---|---|---|---|---|---|
| | | 500,00 | | | | | |
| | 35,70 | 464,30 | 02.02. | K1 | 04930 | S | Kopierpapier |
| 1.785,00 | | 2.249,30 | 03.02. | K2 | 08400 | S | Barzahlung Kunde |
| | 71,40 | 2.177,90 | 04.02. | K3 | 04530 | S | Benzin |
| | 40,00 | 2.137,90 | 12.02. | K4 | 04910 | S | Briefmarken |
| | 21,40 | 2.116,50 | 14.02. | K5 | 04630 | S | Geschenk Blumen |
| 238,00 | | 2.354,50 | 18.02. | K6 | 08400 | S | Barzahlung Kunde |
| | 59,50 | 2.295,00 | 18.02. | K7 | 04530 | S | Benzin |
| | 178,50 | 2.116,50 | 22.02. | K8 | 04930 | S | Büromatrial, Druckerpatrone |
| | 1.000,00 | 1.116,50 | 24.02. | K9 | 01360 | S | Übertrag an Bank |
| | 47,60 | 1.068,90 | 25.02. | K10 | 04530 | S | Benzin |
| 2.023,00 | 1.454,10 | 1.068,90 | | | | | |

*Abb. 6:* ***Der Kassenbericht:*** *Unter* ***Extras → Kassenbuch*** *können Sie sich den Kassenbericht ansehen. Wählen Sie im Auswertungsbereich* ***Alle Buchungen*** *❶, sehen Sie am Kürzel „S" ❷, dass sich noch alle Buchungen im Stapel befinden.*

Stimmen Ihre Eingaben sowie der Kassenstand, sollten Sie den Stapel ausbuchen, bzw. Ihre Buchungen ins Journal übertragen. Erst dann können Sie zum Beispiel den Kassenbericht ohne das Wort „vorläufig" drucken und auf Ihre Belege heften.

## 8.9 Berichte ansehen - Ihre Buchungen sind im Journal

Sowie der Stapel ausgebucht wurde, sehen Sie Ihre Buchungen im Menü **Ansicht** im Journal und auf den Konten. Im Menü Berichte können Sie endgültige Auswertungen drucken, indem Sie im Auswertungsbereich „Journal" wählen.

### Übung für Bilanzierende

Bilanzieren Sie, bzw. wurde in den Firmenstammdaten Betriebsvermögensvergleich gewählt, sehen Sie sich bitte unter **Berichte → Auswertungen → Bilanz** die Gewinn- und Verlustrechnung von Februar an.

### Übung für Einnahmen-Überschussrechner

Sind Sie Einnahmen-Überschussrechner, bzw. wurde dies in den Firmenstammdaten gewählt, sehen Sie sich bitte unter **Berichte → Auswertungen → Einnahmenüberschuss** die Einnahmen-Überschussrechnung von Februar an.

### Lösung

Beim Druck wählen Sie ganz oben rechts **einfache Auswertung**, den Monat **Februar** und im Auswertungsbereich **Journal**, dann erscheinen die Gewinn- und Verlustrechnung oder die Einnahmen-Überschussrechnung ohne das Wort „vorläufig".

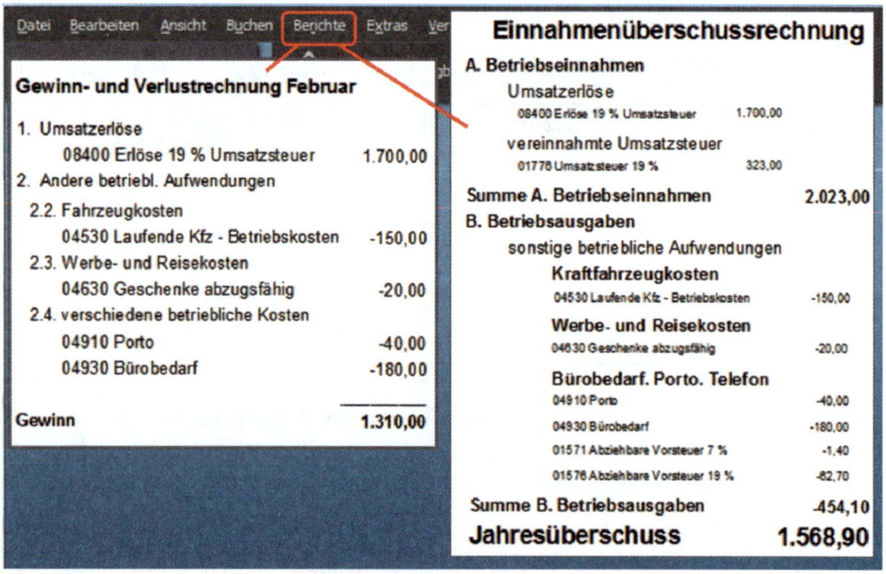


*Abb. 7: Die Gewinn- und Verlustrechnung und die Einnahmen-Überschussrechnung.*

### Weitere Informationen

Video unter www.lexware.de/support

- Das Kassenbuch in Lexware buchhalter plus, pro und premium
- § 13b Umsatzsteuergesetz

# 9. Wie wird der Kontenplan optimal genutzt?

**Der Kontenrahmen bzw. die Konten sind die Grundlage für ein Buchführungsprogramm. Hier ist unter anderem hinterlegt, ob Umsatzsteuer heraus zu rechnen ist oder nicht. Und welche Zahlen in welchen Formularen eingetragen werden.**

**Beim Anlegen der Firma mussten Sie sich für einen der vielen Kontenrahmen entscheiden. Am Beispiel des Standardkontenrahmens SKR 03 erfahren Sie wie die Konten schnell zu finden sind, wie ein Kontenrahmen aufgebaut ist und wie Sie diesen auf Ihre Bedürfnisse einstellen können.**

## 9.1 Konten finden im Kontenplan

Die Konten finden Sie im Kontenplan und in jeder Buchungsmaske. Den Kontenplan öffnen Sie rechts oben am Bildschirm über **Kontenplan** oder unter **Ansicht → Kontenplan**.

Ist der Kontenplan geöffnet, werden Ihnen im unteren Bereich alle Konten gezeigt. Klicken Sie mit der Maus auf das Feld **Nr.**, werden die Konten numerisch sortiert und mit einem Klick auf **Name** werden sie alphabetisch sortiert.

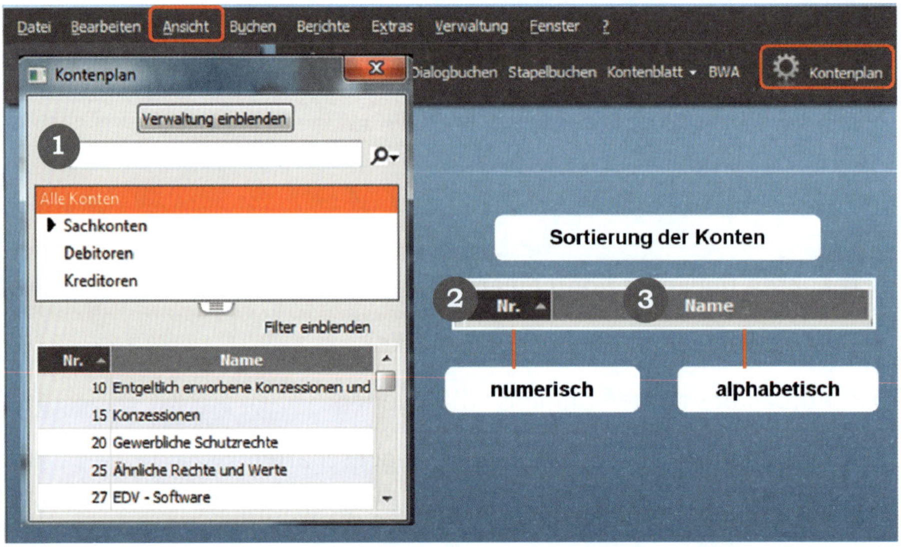


*Abb. 1:* ***Der Kontenplan im Programm:*** *In das Suchfeld ❶ ganz oben können Sie Worte und Zahlen eingeben, um nach Konten zu suchen. Mit einem Klick auf die Felder* ***Nr.*** *❷ oder* ***Name*** *❸ können Sie die Konten sortieren.*

Wenn Sie im Kontenplan zum Beispiel das Konto „Porto" suchen, geben Sie es oben im Suchfeld ein und schon wird das Konto angezeigt. Mit der Eingabe von Zahlen können Sie auch nach Kontonummern suchen.

## 9.2 Konten finden in der Buchungsmaske

Das Programm hilft Ihnen auch während der Eingabe die Konten zu finden. Geben Sie in der Buchungsmaske im Feld **Konto** zum Beispiel Worte oder Teile von Worten ein, öffnet sich ein Fenster. Hier werden zunächst alle Konten angezeigt, die mit dem eingegebenen Wort beginnen und direkt danach alle Konten, die dieses Wort enthalten. Das Gleiche funktioniert auch mit Zahlen, geben Sie einen Teil der Kontonummer ein, wird die Software ebenfalls bei der Suche helfen.

*Abb. 2:* ***Kontensuche in der Buchungsmaske:*** *Geben Sie im Feld „Konto“ das Wort „Büro“ ein* ❶*, öffnet sich ein Fenster* ❷*. Hier werden alle Konten gezeigt, die dieses Wort enthalten.*

Ist das Konto gefunden und wählen Sie es mit einem Doppelklick oder „Enter“ aus, wird es in das Feld **Konto** übertragen.

## 9.3 Aufbau des Kontenrahmens – Kategorien

Im Kontenplan haben Sie ungefähr 1.000 Konten zur Auswahl, wovon Sie in der Praxis vielleicht 30 bis 100 Konten brauchen. Es ist also lohnend, sich einen Überblick zu verschaffen. Mehr zum Thema Kontenplan finden Sie unter www.iris-thomsen.de/kontenplan/.

Ein Kontenplan ist systematisch aufgebaut. Im oberen Fenster finden Sie die Auswahl **Alle Konten** und direkt darunter die drei Bereiche **Sachkonten**, **Debitoren** und **Kreditoren**. Im unteren Kasten sehen Sie nur die Konten der Kategorie, die Sie im oberen Kasten ausgewählt haben. Das macht die Kontenauswahl übersichtlicher.

> **Achtung**
>
> Denken Sie daran, wenn Sie ein weiteres Konto suchen. In diesem Fall sollten Sie oben wieder auf **Alle Konten** klicken, um im unteren Bereich wieder alle Konten zur Auswahl zu haben.

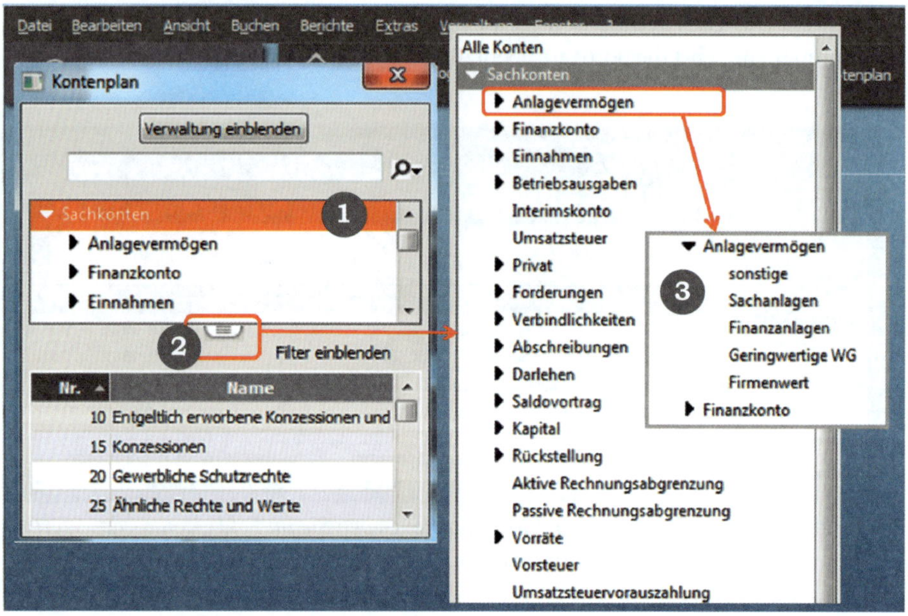


*Abb. 3:* ***Überblick Kontenplan:*** *Mit einem Doppelklick auf* ***Sachkonten*** ❶ *sehen Sie, in welche Kategorien die Sachkonten eingeteilt sind. Ist das Fenster zu klein, können Sie es am unteren Rand* ❷ *größer ziehen. Rechts in der größeren Übersicht sehen Sie die Unterkategorien vom „Anlagevermögen"* ❸.

**Tipp**

Über die Funktion **Verwaltung einblenden** sehen Sie die gleichen Konten und Kategorien in einer größeren Übersicht.

Anhand des Erlöskontos „8400/4400" zeigen wir Ihnen, wie viele Einstellungen hinter einem Konto stecken.

**Beispiel**

Angenommen, folgender Kassenbeleg wurde auf das Konto „8400/4400" gebucht.

| **Buchen → Einnahmen/Ausgaben in den Stapel→ 1000/1600 Kasse** | | | | | | |
|---|---|---|---|---|---|---|
| Datum | Beleg | Buchungstext | Betrag | Konto SKR 03/04 | Kategorie | Steuer |
| 03.02. | K 2 | Barzahlung Kunde | 2.023,00 | 8400/4400 | Einnahme | USt.19% |

## 9.4 Einstellungen zur Umsatzsteuer - Eigenschaften

Öffnen Sie zum Beispiel das Konto „8400/4400“ über die Funktion **Konto bearbeiten**, sehen Sie im Register **Eigenschaften** die Einstellungen zur Umsatzsteuer.

Bei diesem Konto ist der Steuersatz **USt. 19%** hinterlegt. Deshalb erscheint dieser Steuersatz ebenfalls in der Buchungsmaske, wenn Sie das Konto „8400/4400“ eingeben. Nach dem Buchen rechnet das Programm automatisch die enthaltene Umsatzsteuer heraus und erfasst sie getrennt vom Nettobetrag. Auf dem Konto „8400/4400“ wird nur den Nettobetrag von 1.700 Euro erfasst und die Umsatzsteuer auf dem Konto „1776/3806“. Unter **Verwaltung → Steuersätze** sehen Sie, auf welches Konto die herausgerechnete Umsatzsteuer im Hintergrund gebucht wird.

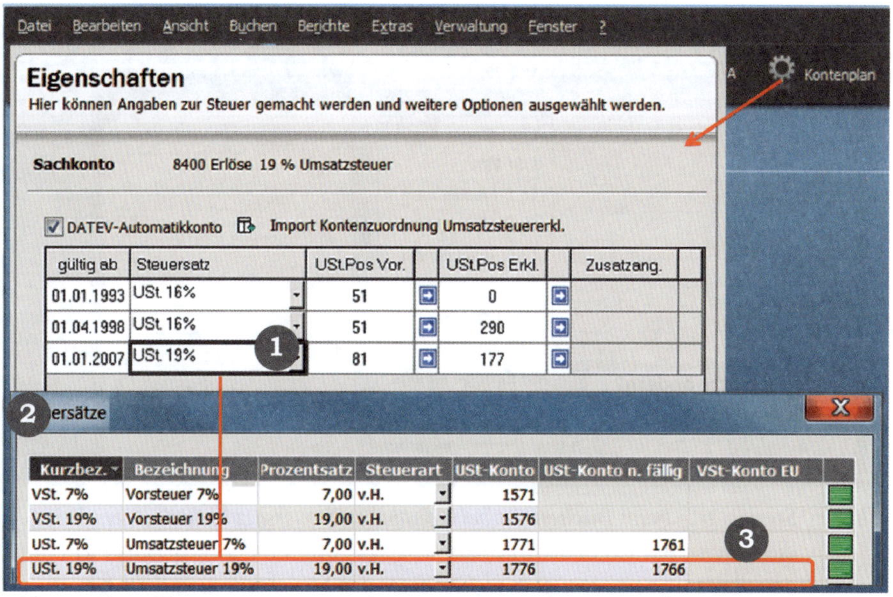


*Abb. 4:* ***Einstellungen zur Umsatzsteuer:*** *Im Konto „8400/4400“ unter Eigenschaften ist der Steuersatz „USt.19%“* ❶ *hinterlegt. Wohin die Steuer im Hintergrund gebucht wird, steht unter* ***Verwaltung → Steuersätze*** ❷. *Beim Steuersatz „USt. 19%“ wird auf das Konto „1776“ gebucht* ❸.

Weiterhin steht in den Konteneinstellungen im Feld **USt. Pos. Vor.** die Zahl „81“, was zeigt, dass dieser Nettobetrag in der Umsatzsteuer-Voranmeldung im Feld „81“ erfasst wird. Im Feld **USt. Pos. Erkl.** steht die Zahl „177“, d.h. dort wird der Nettobetrag in der Umsatzsteuer-Erklärung erfasst.

Die Einstellungen beim Konto „8400/4400“ sind die Voraussetzung für die richtige Verarbeitung Ihrer Buchungen. Das Programm kann so zum einen den Nettobetrag getrennt von der Umsatzsteuer auf die entsprechenden Konten buchen und zum anderen Ihre Umsatzsteuerformulare richtig ausfüllen. Deshalb sollten Sie diese Einstellungen nicht verändern.

**Hinweis zu den Steuersätzen**

Bei den meisten Konten ist ein Steuersatz hinterlegt, der deshalb automatisch in der Buchungsmaske erscheint. Dabei steht „USt.“ für Umsatzsteuer und „VSt.“ für Vorsteuer. Was ist zu tun, wenn der Steuersatz des gewählten Kontos nicht mit Ihrem Beleg übereinstimmt? In diesem Fall müssen Sie unterscheiden, ob es sich um eine Einnahme oder Ausgabe handelt.

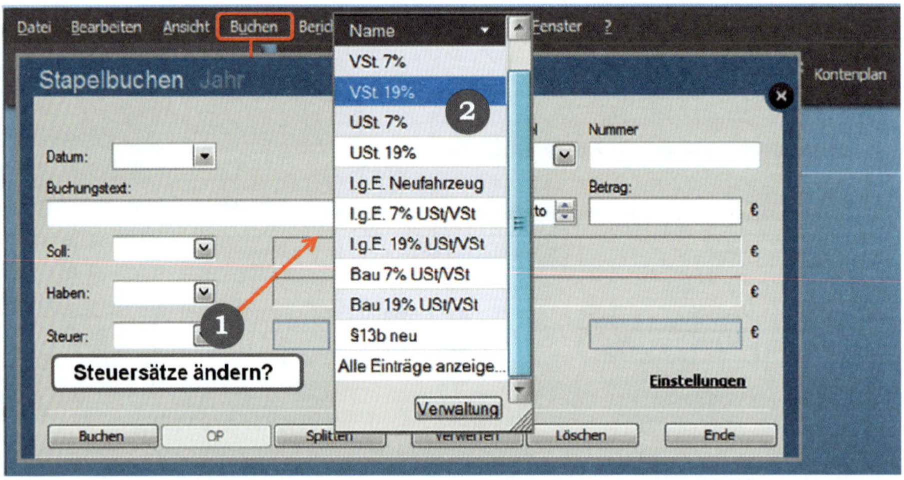


*Abb.5:* ***Steuersätze beim Buchen:*** *Ist bei Konten ein Steuersatz hinterlegt, erscheint dieser beim Buchen in der Buchensmaske* ❶. *Stimmt der Steuersatz nicht mit dem Beleg überein, genügt es nicht immer den Steuersatz zu ändern* ❷. *In bestimmten Fällen muss ein anderes Konto gewählt werden.*

**Bei Einnahmen das richtige Ertragskonto wählen**

Bei Einnahmen wird in der Umsatzsteuer-Voranmeldung nicht nur die Umsatzsteuer eingetragen, sondern auch der Nettoumsatz. Diese Angaben sind beim Ertragskonto hinterlegt. Aus diesem Grund müssen Sie unbedingt das Ertragskonto mit dem richtigen Steuersatz wählen. Möchten Sie einen Erlös mit 7% Umsatzsteuer buchen, verwenden Sie zum Beispiel das Konto „8300/4300 Umsatzerlöse 7% USt“.

Auch für steuerfreie innergemeinschaftliche Lieferungen oder Ausfuhrlieferungen sowie die verschiedenen Lieferungen und Leistungen nach § 13b UStG. gibt es eigene Ertragskonten, die Sie verwenden müssen. Eine Übersicht zu Ertragskonten sowie zu den Sonderfällen finden Sie unter www.iris-thomsen.de/kontenplan/ertragskonten/.

**Bei Ausgaben nur in Sonderfällen das Konto wechseln:**
Handelt es sich um inländische Eingangsrechnungen mit Umsatzsteuer, können Sie in der Buchungsmaske den Vorsteuersatz von zum Beispiel „VSt. 19%" auf „VSt. 7%" ändern, da in der Umsatzsteuer-Voranmeldung nur der Vorsteuerbetrag erfasst wird, nicht der Nettobetrag.

Handelt es sich um Eingangsrechnungen ohne Umsatzsteuer mit dem Hinweis auf innergemeinschaftlichen Erwerb (Einkauf im EU-Ausland), müssen Sie unbedingt die dafür vorgesehenen Konten verwenden. Hier sind besondere Funktionen hinterlegt, während der Nettobetrag eingegeben wird, ermittelt das Programm den Steuerbetrag und trägt die Werte in verschiedene Felder der Umsatzsteuer-Voranmeldung ein.

Das gilt bisher auch für Eingangsrechnungen ohne Umsatzsteuer mit dem Hinweis auf Steuerschuldumkehr nach § 13b UStG (Empfangene Dienstleistungen aus dem Ausland sowie bestimmte Lieferungen und Leistungen aus dem Inland).

Ab Januar 2015 gibt es dafür eine Alternative. Es wird zusätzlich einen speziellen Steuersatz geben. Sowie dieser ausgewählt wird, öffnet sich in der Buchungsmaske ein Auswahlfenster, in dem Sie den entsprechenden §13b-Fall auswählen müssen. D.h. die Erfassung von 13b-Fällen wird flexibler. Sie buchen auf ein beliebiges Konto, erfassen den Steuersatz und wählen den entsprechenden Fall bzw. das gewünschte Feld aus. Mit diesen Angaben kann die Software die Umsatzsteuerformulare ebenfalls richtig ausfüllen, es holt sich die Informationen vom Steuersatz und dem Steuerfall, nicht von den Konteneinstellungen.

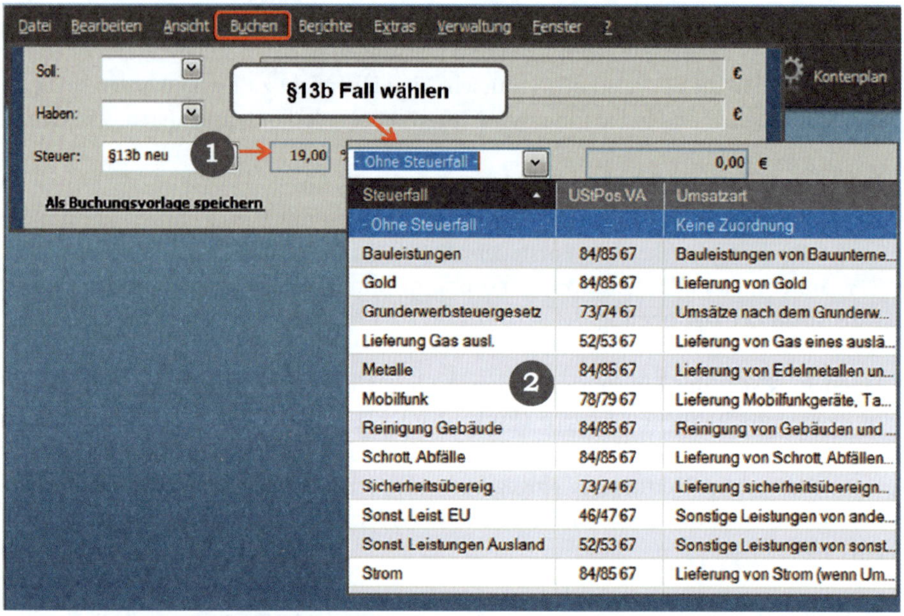


*Abb. 6:* ***Steuersatz für § 13b Fälle:*** *Wird der neue Steuersatz „§13b neu" ❶ verwendet und geben Sie zusätzlich den entsprechenden Steuerfall ❷ an, zum Beispiel „sonstige Leistung EU" für eine empfangene Dienstleistung aus dem EU-Ausland, werden die Umsatzsteuerformulare richtig ausgefüllt.*

Eine Übersicht zu Aufwandskonten sowie Buchungshinweise zu den verschiedenen Sonderfällen finden Sie unter www.iris-thomsen.de/kontenplan/aufwandskonten/.

## 9.5 Einstellungen zur Gewinnermittlung - Auswertung

Ist diese Firma auf die Gewinnermittlungsart „Bilanz" eingestellt, wird der Erlös von 1.700 Euro in der Gewinn- und Verlustrechnung erfasst. Im Register **Auswertung** ist hinterlegt, dass dieses Konto im Bericht unter der Überschrift „Umsatzerlöse" erscheinen wird.

Ist die Software auf „Einnahmen-Überschussrechnung" eingestellt, wird dieses Konto dort ebenfalls unter der Überschrift **Umsatzerlöse** stehen. Außerdem wird der Betrag im Feld „112" des amtlichen Formulars „Anlage EÜR" eingetragen.

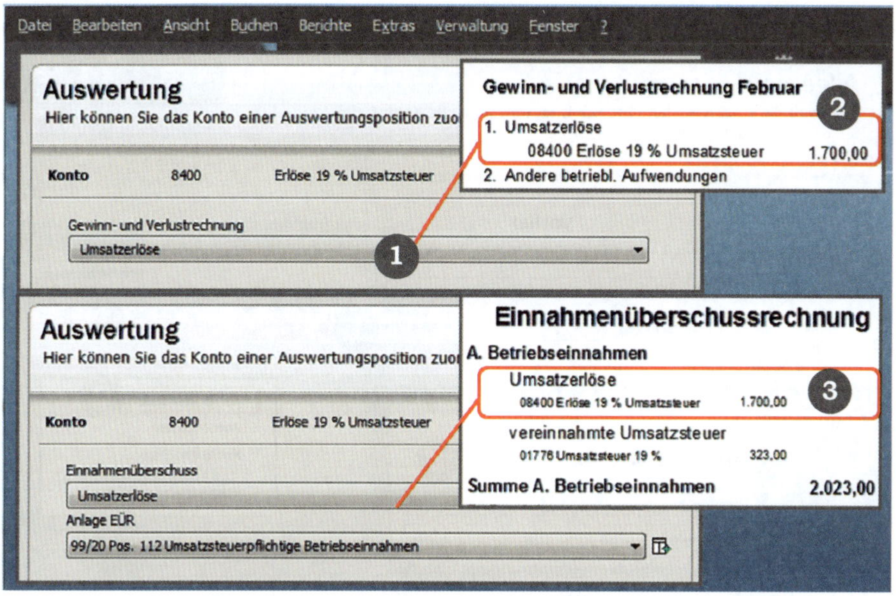


*Abb. 7:* ***Einstellungen zur Gewinnermittlung:*** *Im Konto „8400/4400“ unter Auswertungen ist die Kategorie Umsatzerlöse* ❶ *hinterlegt. Hier sehen Sie, wo das Konto in der Gewinn- und Verlustrechnung* ❷ *und in der Einnahmen-Überschussrechnung* ❸ *erscheinen wird.*

## 9.6 Die Kontenbezeichnung anpassen

Grundsätzlich sind die Konten der Standardkontenrahmen ausreichend und richtig geschlüsselt. Bevor Sie also ein neues Konto anlegen, sollten Sie lieber ein Vorhandenes auswählen und anpassen.

**Beispiel**

Angenommen, Sie möchten die Kontenbezeichnung des Kontos „8400/4400 Erlöse 19 % Umsatzsteuer" ändern und es „ Erlöse Handel 19 % Umsatzsteuer" nennen.

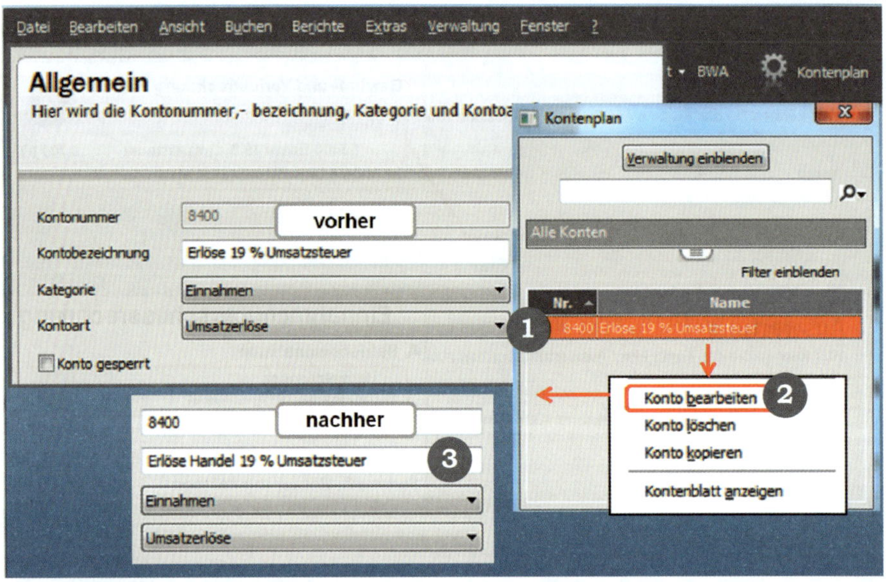


*Abb.8:* ***Eine Kontenbezeichnung ändern:*** *Wählen Sie das Konto „8400" im Kontenplan ❶ aus und öffnen es über die rechte Maustaste und die Funktion* ***Konto bearbeiten*** *❷. Ist das Konto geöffnet, können Sie die neue Kontenbezeichnung eintragen ❸ und Ihre Eingabe speichern. Anschließend steht das Konto mit der neuen Bezeichnung im Kontenplan.*

## Übung

Das Unternehmen verkauft Computer und Software und bietet darüber hinaus Beratung an. Es möchte die Erlöse aus dem Handel getrennt von der Beratung erfassen auf zwei verschiedenen Erlöskonten. Auch beim Wareneinkauf möchte das Unternehmen den Einkauf von Computern und Software, getrennt vom Einkauf der Ersatzteile, erfassen.

Öffnen Sie bitte den Kontenplan und ändern Sie zunächst die Kontenbezeichnungen von folgenden Konten.

| Kontonummer<br>SKR 03/04 | Bezeichnung vorher | Bezeichnung neu |
|---|---|---|
| 8400/4400 | Erlöse 19% Umsatzsteuer | Erlöse Handel 19% USt. |
| 3400/5400 | Wareneingang 19% Vorsteuer | Einkauf Computer + Software 19% Vorsteuer |

## Lösung

Ist der Kontenplan geöffnet, wählen Sie das entsprechende Konto mit der linken Maustaste aus. Über die rechte Maustaste und die Funktion **Konto bearbeiten** öffnet sich das Konto. Sowie Sie die Kontenbezeichnung geändert haben, können Sie die Eingabe speichern.

**Achtung**
Die Kontenbezeichnung können Sie jederzeit ändern. Die Kategorie ist nur solange änderbar, bis auf das Konto gebucht wurde.

## 9.7 Konten neu anlegen durch kopieren

Manchmal ist es aber doch notwendig, ein individuelles Konto anzulegen. In diesem Fall ist es empfehlenswert, ein ähnliches Konto zu kopieren.

Hinter jedem Konto sind sehr viele Einstellungen hinterlegt. Wenn Sie ein vergleichbares Konto kopieren, werden diese Einstellungen als Vorschlag übernommen. Das spart Ihnen nicht nur Arbeit, das verhindert auch Fehler.

Sie suchen das passende Konto aus und wählen über die rechte Maustaste **Konto kopieren**. Es öffnet sich das neue Konto, hier müssen Sie neben der Kontenbezeichnung auch eine neue Kontonummer eingeben. Die Einstellungen müssen Sie dann nur noch überprüfen und mit einem Klick auf **Speichern** ist das neue Konto angelegt.

**Übung**

Das Unternehmen verkauft Computer und Software und bietet darüber hinaus Beratung an. Die Erlöse aus dem Handel werden auf dem Konto 8400/4400 erfasst. Nun fehlt noch das Konto für die Erlöse aus der Beratung. Beim Wareneinkauf wird der Einkauf von Computern und Software auf dem Konto 3400/5400 erfasst. Es fehlt also das Konto für den Einkauf von Ersatzteilen.

Kopieren Sie bitte die Konten 8400/4400 und 3400/5400 und erfassen Sie jeweils die neue Kontonummer sowie die neue Kontenbezeichnung.

| Konto als Kopiervorlage | Neues Konto |
|---|---|
| Kopie vom Konto 8400/4400<br>Erlöse Handel 19% USt | 8402/4402 Erlöse Beratung 19% USt. |
| Kopie vom Konto 3400/5400<br>Einkauf Computer + Software 19% Vorsteuer | 3402/5402 Einkauf Ersatzteile 19% Vorsteuer |

**Lösung**

Konten kopieren Sie über die Funktion **Konto kopieren**. Hier ändern Sie die Kontonummer sowie die Kontenbezeichnung und mit einem Klick auf **Weiter** werden die Konteneinstellungen gezeigt. Diese müssen Sie lediglich überprüfen.

Sind alle Änderungen erledigt, finden Sie die geänderten sowie die neuen Konten im **Kontenplan.**

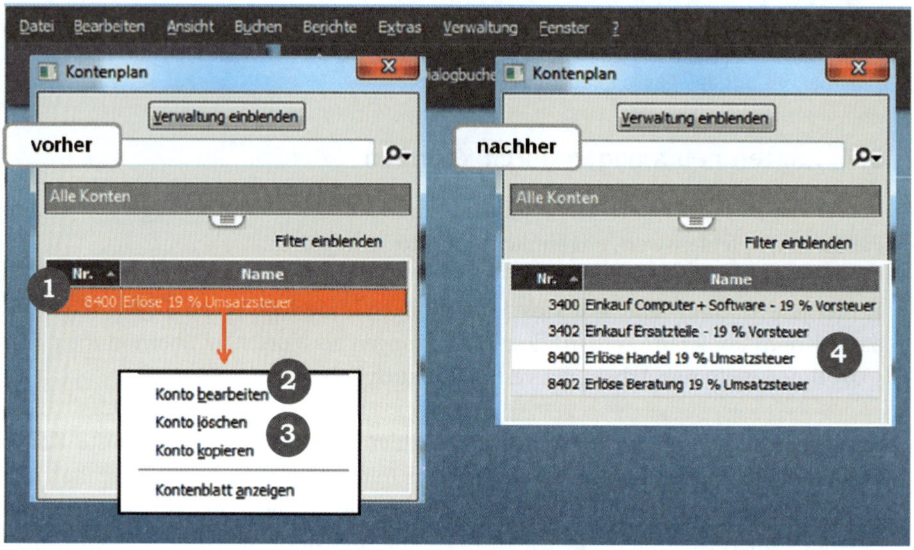


*Abb. 9:* ***Konten ändern und anlegen:*** *Wählen Sie das Konto „8400/4400“ ❶ mit der linken Maustaste aus und klicken Sie auf die rechte Maustaste. Über* ***Konto bearbeiten*** *❷ können Sie die Kontenbezeichnung ändern und über* ***Konto kopieren*** *❸ können Sie ein neues Konto anlegen. Anschließend stehen die neuen Konten ❹ im Kontenplan.*

## 9.8 Die individuelle Kontenübersicht einrichten

Der Lexware buchhalter bietet Ihnen die Möglichkeit die Kontenauswahl zu verringern. Sie können sich nur die Konten anzeigen lassen, die Sie tatsächlich brauchen. Über die Funktion **Verwaltung einblenden** finden Sie zunächst alle Konten. Hier wählen Sie die Konten mit einem Haken aus, die in Ihrem individuellen Kontenplan stehen sollen.

Eine vielleicht einfachere Alternative ist die Funktion **Bebuchte Konten auswählen.** Allerdings setzt das voraus, dass Sie bereits auf Ihre Konten gebucht haben.

Sind die Konten ausgewählt, gelangen Sie über die Funktion **Verwaltung ausblenden** wieder zurück zum Kontenplan. Hier können Sie nun über **Filter einblenden** die individuellen Konten sehen und über die Funktion **Filter ausblenden** wieder alle Konten.

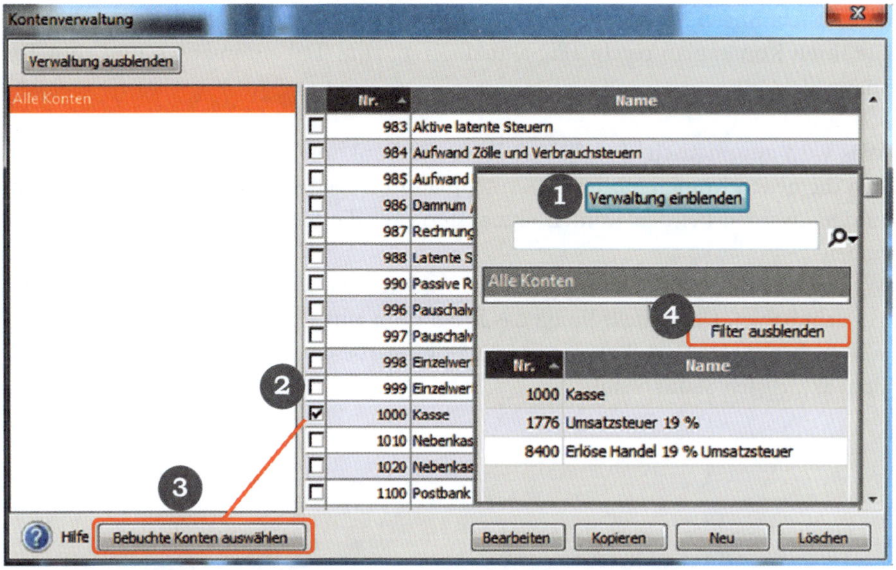


*Abb. 10:* ***Individuelle Kontenübersicht:*** *Über* ***Verwaltung einblenden*** ❶ *öffnet sich dieses Fenster. Hier können Sie Konten manuell auswählen über einen Haken beim Konto* ❷ *oder automatisch über* ***Bebuchte Konten auswählen*** ❸. *Danach können Sie im Kontenplan den Filter ein- oder ausblenden* ❹.

**Achtung**

Diesen Vorgang **Bebuchte Konten auswählen** müssen Sie regelmäßig wiederholen, um den individuellen Kontenplan zu aktualisieren.

Über **Datei → Drucken** können Sie den Kontenplan drucken. Hier haben Sie ebenfalls die Auswahl zwischen dem gesamten Kontenplan oder Ihrem Individuellen.

**Tipp**

Hat Ihr Steuerberater bisher Ihre Buchführung erledigt, sollten Sie sich von ihm die letzte Summen- und Saldenliste oder eine BWA mit Kontennachweis geben lassen. Darin sehen Sie alle Konten, die er für Ihre Buchführung verwendet hat. Gerade am Anfang erspart Ihnen das viel Kontensucherei.

## 9.9 Regelmäßige Kontenaktualisierung

Den Kontenrahmen, den Sie beim Anlegen Ihrer Firma gewählt haben, verwenden Sie auch in den Folgejahren. Aufgrund gesetzlicher Änderungen kommen in der Regel in jedem Jahr neue Konten dazu und hin und wieder werden auch die Kontenbezeichnungen verändert. Über **Verwaltung → Kontenaktualisierung** können Sie Ihren Kontenplan regelmäßig aktualisieren, zum Teil automatisch und zum Teil manuell.

Was wird automatisch aktualisiert? Über die Funktion **Kontenaktualisierung** werden die neuen Konten zu Ihrem Kontenplan hinzugefügt und neue Kontenbezeichnungen werden bei den Konten aktualisiert, auf die Sie bisher noch nicht gebucht haben.
Was müssen Sie manuell erledigen? Alle Änderungen an Konten, auf die Sie bereits gebucht haben. Dafür stellt Ihnen das Programm eine Liste mit allen Änderungshinweisen bereit. Diese sollten Sie regelmäßig bearbeiten, damit Ihr Kontenplan auf dem aktuellsten Stand bleibt.

**Weitere Informationen**

Videos unter www.lexware.de

- Der Kontenplan in Lexware buchhalter plus und pro
- Eigene Konten anlegen
- Kontenaktualisierung und Vorbereitung auf die e-Bilanz

# 10. Debitoren anlegen und Kunden-rechnungen erfassen

**Möchten Sie die offenen Forderungen nicht nur in einer Summe sehen, sondern auch pro Kunde? Dann müssen Sie für jeden Kunden ein Debitorenkonto anlegen und die Rechnungen der verschiedenen Kunden auf die entsprechenden Debitorenkonten buchen. Man spricht hier von der „Offenen Posten-Verwaltung", kurz OP-Verwaltung. Hier erfahren Sie welche Vorbereitungen zu treffen sind, wenn Sie zum ersten Mal mit dem Lexware buchhalter arbeiten und wie einfach doch die regelmäßigen Arbeiten zu erledigen sind.**

| Voraussetzungen für die Übungen | | |
|---|---|---|
| Einstellungen | Überprüfen Sie bitte, ob in den Firmenstammdaten der Haken bei „unterschiedliche Belegnummernkreise" gesetzt ist.<br>Unter Verwaltung – Belegnummern sollten die Belegnummernkreise „EB" für Eröffnungswerte und AR" für Ausgangsrechnungen angelegt sein. | |
| Hinweise zu den Eingaben | Gebucht wird im März, in diesem Monat sollten keine Buchungen im Stapel vorhanden sein. | |

## 10.1 Die Vorteile von Debitorenkonten

Legen Sie für einen Kunden ein eigenes Debitorenkonto vollständig an, können Sie das Programm mit allen Extras nutzen.

Sie sehen nicht nur den Gesamtumsatz, sondern auch den Umsatz pro Kunde. Denn Sie buchen zum Beispiel alle Rechnungen an den Kunden Braun GmbH auf das Debitorenkonto „Braun GmbH". Auf diesem Konto erfassen Sie auch die Geldeingänge. Folglich sehen Sie in der Offenen-Posten-Liste welche Rechnungen dieses Kunden bezahlt und welche noch offen sind.

Liegt Ihnen eine Einzugsermächtigung des Kunden vor, können Sie mit dem Programmmodul „Zahlungsverkehr" das Geld automatisch einziehen. Und wenn Kunden länger nicht zahlen, können Sie ihnen mit dem Programmmodul „Mahnwesen" Zahlungserinnerungen schreiben.

## 10.2 Für welchen Kunden lohnt es sich ein Debitorenkonto anzulegen?

Wie viele Kunden haben Sie? Haben Sie diese Kunden öfter oder nur einmal? Sie müssen entscheiden, für welche Kunden Sie eine Offene-Posten-Übersicht brauchen und für welche Kunden Sie die Module „Zahlungsverkehr" und „Mahnwesen" nutzen möchten.

Haben Sie zum Beispiel sehr viele verschiedene Kunden und möchten Sie auf Zahlungsverkehr und Mahnwesen verzichten, können Sie Ihre Kunden auch in Gruppen einteilen wie zum Beispiel „Debitor A-Diverse", „Debitoren-Großhandel", „Debitoren Endkunden" usw. Damit verringern sich zwar die Anzahl der Debitorenkonten, aber auch die Möglichkeiten in der Software.

## 10.3 Was ist bei der Einnahmen-Überschussrechnung zu beachten?

Einnahmen-Überschussrechner können die Kundenrechnungen freiwillig erfassen, dann ist allerdings folgendes zu beachten:

Ist das Programm auf „Ist-Versteuerung" eingestellt passt alles. Ihre Erlöse erscheinen bei Zahlungseingang in der Einnahmen-Überschussrechnung sowie in der Umsatzsteuer-Voranmeldung. Das gilt auch für den Fall, dass Sie die Rechnung erst nach dem Zahlungseingang erfassen, wie später im Kapitel beschrieben.

Unterliegen Sie dagegen der Soll-Versteuerung und ist das Programm so eingestellt, stimmt nur Ihre Umsatzsteuer-Voranmeldung. Die Einnahmen-Überschussrechnung stimmt erst, wenn Sie die offenen Rechnungen von den Erlösen wieder abziehen. Denn nur die Kundenrechnungen zählen zu den Betriebseinnahmen, die tatsächlich gezahlt wurden.

## 10.4 Debitorenkonten anlegen

Arbeiten Sie mit den Lexware-Programmen Faktura oder Warenwirtschaft, haben Sie dort Ihre Kunden bereits angelegt. Je nach Programmversion können die Daten automatisch oder manuell in den Lexware buchhalter übertragen werden. In diesem Fall können Sie diesen Schritt auslassen.

Um ein Debitorenkonto im Programm anzulegen öffnen Sie den Kontenplan, entweder rechts oben am Bildschirm über **Kontenplan** oder unter **Ansicht → Kontenplan.**

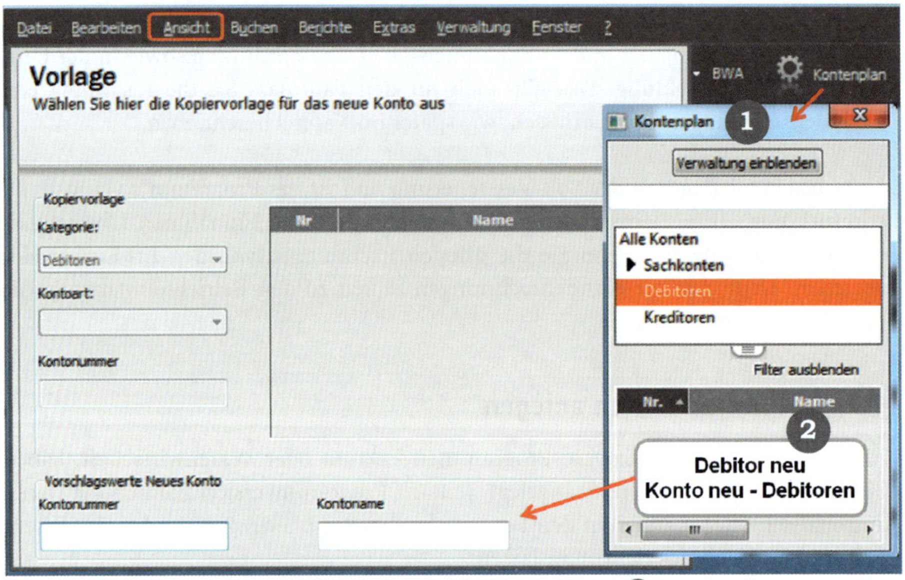


*Abb. 1:* ***Debitorenkonto anlegen Teil 1:*** *Ist der Kontenplan ❶ geöffnet, gehen Sie mit der Maus auf den unteren Bereich ❷ und wählen über die rechte Maustaste „Debitor neu". In den Versionen pro und premium klicken Sie auf „Konto neu" und wählen dann die Kategorie „Debitoren" aus.*

Dann öffnet sich das Fenster zur Eingabe der Kundendaten. Hier geben Sie die Debitorennummer bzw. die **Kontonummer** sowie den **Namen** ein, zum Beispiel 10100 „Anders, Sabine". Mit einem Klick auf **Weiter** öffnet sich ein weiteres Fenster, in dem Sie Ihre Eingaben noch einmal überprüfen können.

**Tipp**

Debitorenkonten sind nicht vier- sondern fünfstellig. Die Nummern können frei gewählt werden, wobei sie in der Praxis häufig mit 10000 oder 20000 beginnen.

Im nächsten Fenster geben Sie die **Kundennummer** sowie den **Kundennamen** ein. Wenn Sie keinen weiteren Kundennummernkreis führen, sollten Sie hier die Debitorennummer wiederholen. Jetzt fehlt nur noch das vereinbarte Zahlungsziel, das unter **Zahlungskonditionen** einzutragen ist. Dieses Eingabefenster sehen Sie im nächsten Abschnitt.

Für die Buchführung bzw. die Offene-Posten-Übersicht sind nun alle Daten erfasst, die Sie brauchen. Sie können also alle weiteren Felder frei lassen und das neue Konto speichern. Möchten Sie für diesen Kunden auch das Modul „Mahnwesen" nutzen, müssen Sie neben dem Kundennamen auch die vollständige Adresse hinterlegen. Mehr dazu im Kapitel 19 „Das Mahnwesen nutzen“.

In den Programmversionen standard und plus kommen Sie nach der Adresseingabe direkt auf das Fenster **Bank**. Im letzten Fenster **Zahlungskonditionen** erfassen Sie das vereinbarte Zahlungsziel.

In den Programmversionen pro und premium wird nach der Adresseingabe das Eingabefenster geschlossen und die Adresse erscheint in einer Tabelle. Von hier aus öffnen Sie über **Weiter** ebenfalls die Fenster **Zahlungskonditionen** und **Bankverbindung**, nur in einer anderen Reihenfolge.

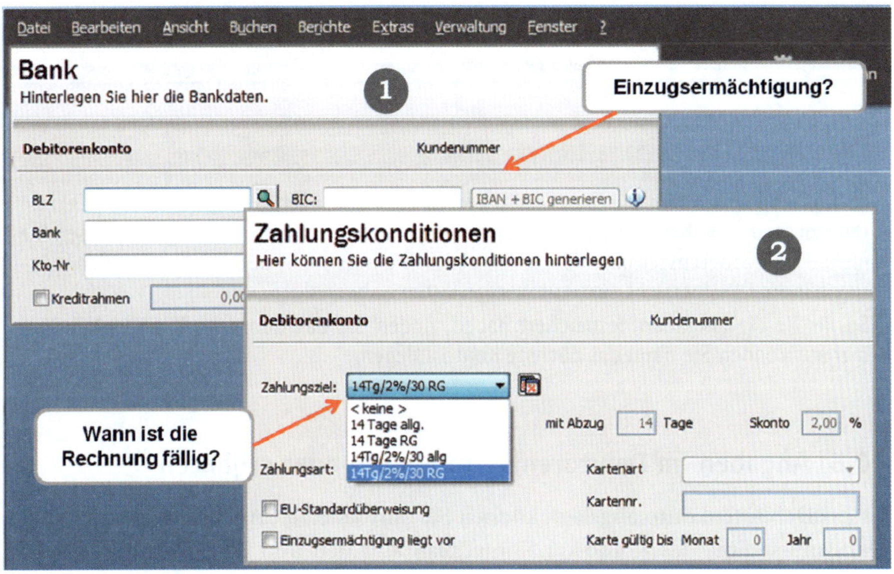


*Abb. 2:* ***Debitorenkonto anlegen Teil 2:*** *Eine Bankverbindung ❶ müssen Sie nur erfassen, wenn Sie das Modul „Zahlungsverkehr“ nutzen um Geld von Ihrem Kunden einzuziehen. Die Zahlungskonditionen ❷ sind wichtig für die OP-Verwaltung und für das Modul „Mahnwesen“.*

Mehr zum Zahlungsverkehr mit dem Programm erfahren Sie im Kapitel 20 „Den Zahlungsverkehr erledigen“.

**Übung**

Legen Sie bitte folgende Kunden im Programm an. Geben Sie nur die Daten ein, die für die Offene-Posten-Übersicht notwendig sind.

| | **Kunde Anders** | **Kunde Braun** |
|---|---|---|
| Kontonummer | 10100 | 20200 |
| Kontoname | Anders, Sabine | Braun GmbH |
| Kundennummer | 10100 | 20200 |
| Name | Anders | |
| Vorname | Sabine | |
| Firma | | Braun GmbH |
| Anrede und Adresse | bitte weglassen | bitte weglassen |
| Bank | bitte weglassen | bitte weglassen |
| Zahlungskonditionen | 14 Tage 2%, 30 RG | 14 Tage 2%, 30 RG |

**Lösung**

Im Kontenplan wählen Sie im unteren Bereich über die rechte Maustaste die Funktion **Debitor neu** bzw. **Konto neu - Debitor.** Um ein Debitorenkonto anzulegen, müssen Sie mehrere Eingabefenster durchlaufen, in denen Sie aber nicht alle Felder ausfüllen müssen. Für die OP-Übersicht sind nur wenige Daten notwendig.

Sowie Sie die Eingaben gespeichert haben, finden Sie das Konto im **Kontenplan**. Von hier aus können Sie dann das nächste Konto anlegen.

## 10.5 Angaben im Debitorenkonto ändern oder ergänzen

Ist das Debitorenkonto angelegt, können Sie dort jederzeit Änderungen vornehmen. Dazu müssen Sie das Konto im Kontenplan aufrufen und über **Konto bearbeiten** öffnen. In den Versionen standard und plus öffnen sich die Eingabefelder genauso wie bei der Neuanlage eines Kontos. In der bekannten Ansicht können Sie Ihre Eingaben überprüfen und auch ändern.

Öffnen Sie in den Versionen pro und premium ein Debitorenkonto über **Konto bearbeiten**, ist die Ansicht etwas anders als bei der Neuanlage. Das liegt daran, dass Sie in diesen Versionen bei einem Debitorenkonto mehrere Adressen hinterlegen können. Wenn Sie nun Daten ändern möchten, müssen Sie vorher im Register **Anschrift** aus einer Tabelle die entsprechende Adresse heraussuchen. Danach gelangen Sie über **Weiter** in die gewohnten Eingabefelder.

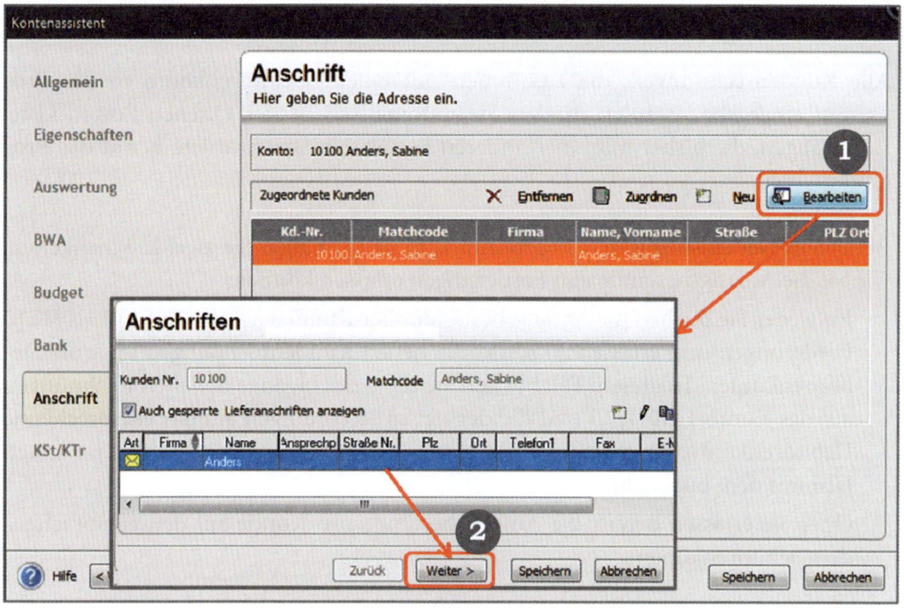


*Abb. 3:* ***Angaben im Debitorenkonto ändern in pro und premium:*** *Ist das Debitorenkonto geöffnet, wählen Sie im Register „Anschrift" die Adresse aus und öffnen mit einem Klick auf „Bearbeiten" ❶ ein weiteres Fenster. Erst über „Weiter" ❷ gelangen Sie zu den bekannten Eingabefeldern.*

**Achtung**

Arbeiten Sie mit den Versionen pro und premium und möchten Sie eine zusammenfassende Meldung mit dem Programm erstellen, müssen Sie im Debitorenkonto die Umsatzsteuer-Identifikationsnummer Ihres Kunden hinterlegen.

## 10.6 Belegnummernkreis für Rechnungen

Wenn Sie Ihre Buchführung zum ersten Mal mit dem Lexware buchhalter erledigen sind weitere Vorbereitungen notwendig, die bereits beim nächsten Jahreswechsel automatisch übernommen werden. Dazu gehören die Belegnummernkreise sowie die Anfangsbestände der Debitorenkonten.

Für die Erfassung von Kundenrechnungen sollten Sie den Belegnummernkreis „KR oder AR – Ausgangsrechnungen" verwenden, so können Sie diese Rechnungen getrennt von den anderen Buchungen nummerieren. Ohne Belegnummernkreise nummeriert die Software alle Buchungen fortlaufend. Ist der Belegnummernkreis noch nicht angelegt, können Sie das bei der Erfassung der ersten Buchung erledigen. Mehr dazu im Kapitel 5.1 „Belegnummernkreise anlegen".

## 10.7 Anfangsbestände von Debitorenkonten erfassen

Alle Kundenrechnungen, die zusammen mit einem Debitorenkonto in das Programm eingegeben werden, finden Sie automatisch in der Offenen-Posten-Liste. Rechnungen, die bisher mit einer anderen Software erfasst wurden, kennt das Programm nicht.

Bei einem Neueinstieg in das Programm zum 01.01. haben Sie zwei Möglichkeiten, wie Sie die Anfangsbestände von Forderungen erfassen können:

- Entweder Sie buchen die Anfangsbestände aller Kunden auf das Konto 1410/1210 Forderungen und erfassen ab sofort die neuen Kundenrechnungen über die Debitorenkonten. In diesem Fall buchen Sie die Geldeingänge der alten Rechnungen auf das Konto 1410/1210 und die der neuen Rechnungen auf das entsprechende Debitorenkonto. Beschrieben im Kapitel 7 „Eröffnungswerte erfassen, im ersten Jahr mit dem buchhalter“.
- Oder Sie erfassen bereits die Anfangsbestände pro Kunde auf den entsprechenden Debitorenkonten.

**Übung**

Die Eröffnungsbilanz ist bereits erfasst und der Anfangsbestand der offenen Forderungen wurde in einer Summe wie folgt gebucht:

| **Buchen → Stapelbuchen** | | | | | |
|---|---|---|---|---|---|
| Datum | Text | Betrag | SOLL SKR 03/04 | HABEN SKR 03/04 | Steuer |
| 01.01. | EB-Wert | 11.900,00 | 1410/1210 | 9000 | keine |

Inzwischen wurden Debitorenkonten angelegt, auf denen Sie später auch die Anfangsbestände erfassen möchten. Aus diesem Grund sollten Sie nun die o .a. Buchung stornieren, wenn Sie diese im Journal finden.

**Lösung**

Im Menü **Ansicht** öffnen Sie das **Journa**l und suchen die Buchung vom 01.01. Ist die Buchung gefunden und ausgewählt, klicken Sie rechts am Bildschirm auf **Buchung stornieren.**

Für die Erfassung der Anfangsbestände auf Debitorenkonten ist die Buchungsmaske **Stapelbuchen** zu empfehlen, diese öffnen Sie im Menü **Buchen**.

*Abb. 4:* ***Anfangsbestände buchen:*** *Ist das Datum erfasst, klicken Sie im Feld „Belegnummernkreis → Kürzel“ auf den Pfeil ❶ und wählen „EB“ aus. Die Anfangsbestände von Debitorenkonten werden über das Konto „9008 Saldenvorträge Debitoren“ ❷ gebucht.*

Über die Funktion **Verwaltung** können Sie neue Nummernkreise anlegen und die Vorhandenen ändern.

## Übung

Bei den offenen Forderungen von 11.900 Euro handelt es sich um zwei Kundenrechnungen von zwei verschiedenen Kunden. Buchen Sie bitte unter **Buchen → Stapelbuchen** die Anfangsbestände mit dem Belegnummernkreis **„EB“**.

| **Buchen → Stapelbuchen** | | | | | | |
|---|---|---|---|---|---|---|
| Datum | Beleg | Text | Betrag | SOLL SKR 03/04 | HABEN SKR 03/04 | Steuer |
| 01.01. | EB 234 | RG 234 | 4.760,00 | 10100 | 9008 | keine |
| 01.01. | EB 236 | RG 236 | 7.140,00 | 20200 | 9008 | keine |

Stimmen Ihre Eingaben, können Sie die Buchungen ins Journal übertragen, d.h. den Stapel ausbuchen unter **Buchen → Stapel ausbuchen**.

## Lösung

Bilanzierende sehen die Anfangsbestände unter **Berichte → Auswertungen → Bilanz** und Einnahmen-Überschussrechner unter **Berichte → OP-Debitoren.**

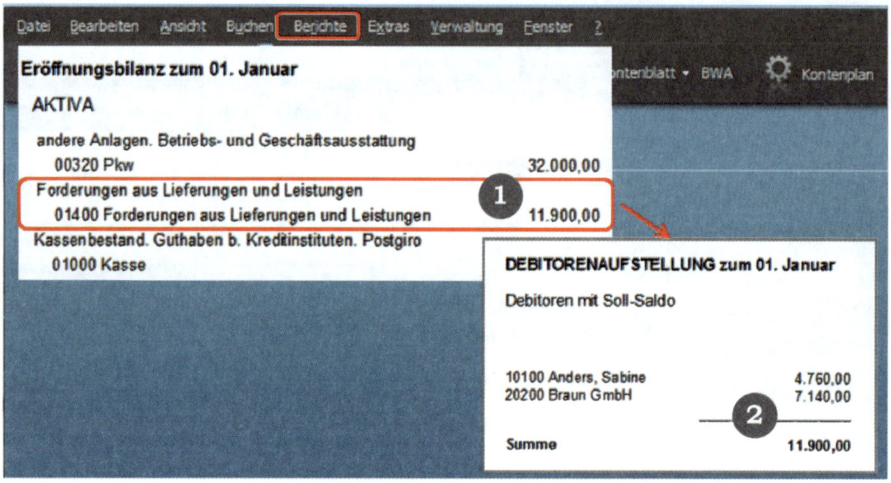


*Abb. 5:* ***Der Vorteil von Debitoren:*** *Hier sehen Sie in der Bilanz* ❶ *die offenen Forderungen in einer Summe. Wählen Sie in der Druckauswahl der Bilanz unter* ***Auswertung*** *die „Debitorenaufstellung"* ❷*, werden Ihnen zusätzlich die Forderungen pro Kunde gezeigt.*

Sind die Anfangsbestände von Debitorenkonten, d.h. Ihre offenen Forderungen, einmal erfasst, kann die Software Ihre Bestände fortführen. Vorausgesetzt, alle Kundenrechnungen und alle Geldeingänge werden auf den entsprechenden Debitorenkonten erfasst. Diese Bestände können schon beim nächsten Jahreswechsel automatisch in das Folgejahr übertragen werden.

## 10.8 Kundenrechnungen erfassen

Erstellen Sie Ihre Kundenrechnungen mit den Programmen Lexware Faktura oder Warenwirtschaft, entfällt das Buchen, denn auch hier können die Buchungen übertragen werden.

Kundenrechnungen werden immer nach dem gleichen Schema eingegeben, das Debitorenkonto wird im **Soll** und das Erlöskonto im **Haben** gebucht und bei Korrekturrechnungen (Gutschriften) drehen Sie die Buchung einfach um.

**Tipp**

Suchen Sie zum Beispiel das Debitorenkonto des Kunden Braun GmbH, können Sie im Feld **Soll** statt Zahlen auch Worte eingeben, in diesen Fall „Braun GmbH". Schon wird das Konto im Kasten angezeigt und kann ausgewählt werden.

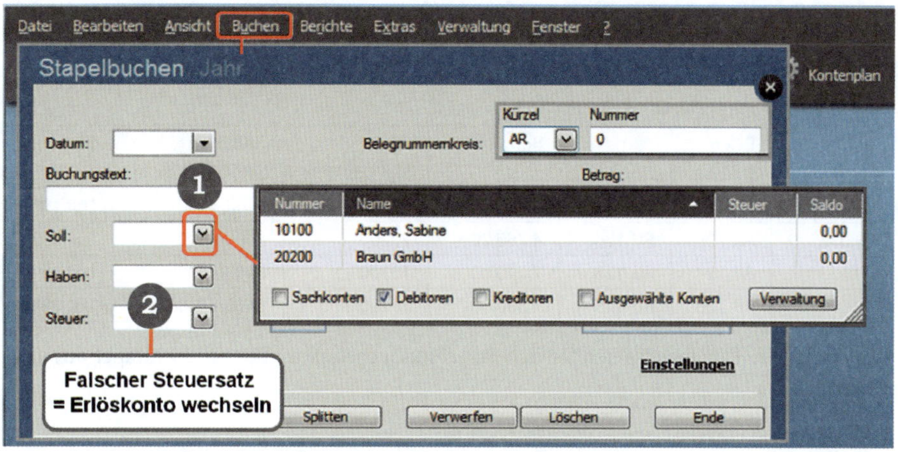


*Abb. 6:* ***Tipps zur Buchungsmaske:*** *Klicken Sie beim Feld „Soll" auf den Pfeil* ❶*, werden alle Konten gezeigt und mit einem Haken bei „Debitoren" nur noch die Debitorenkonten. Sowie Sie ein Erlöskonto im Feld „Haben" eingeben, wird gleichzeitig im Feld „Steuer"* ❷ *ein Steuersatz eingetragen.*

Stimmt der eingetragene Steuersatz nicht mit Ihrem Beleg überein, müssen Sie ein anderes Ertragskonto wählen, eines mit dem passenden Steuersatz oder eines für die entsprechenden Sonderfälle wie steuerfreie innergemeinschaftliche Lieferungen, Ausfuhrlieferungen und § 13b Fälle (Dienstleistungen für das Ausland und bestimmte inländische Lieferungen und Leistungen). Nur so kann die Software die Umsatzsteuerformulare richtig ausfüllen.

**Tipp**

Eine Übersicht zu Ertragskonten sowie zu den Sonderfällen finden Sie unter www.iris-thomsen.de/kontenplan/ertragskonten/.

## 10.9 OP-Debitoren und Debitorenkonten ansehen

Sobald die Kundenrechnungen erfasst sind, können Sie die Offene-Posten-Liste ansehen, sie heißt im Programm **OP-Debitoren.**

## Übung

Buchen Sie bitte folgende Kundenrechnungen unter **Buchen → Stapelbuchen.**

| **Buchen → Stapelbuchen** | | | | | | |
|---|---|---|---|---|---|---|
| Datum | Beleg | Text | Betrag | SOLL SKR 03/04 | HABEN SKR 03/04 | Steuer |
| 02.03. | AR 125 | RG 125 | 5.950,00 | 10100 | 8400/4400 | USt.19% |
| 03.03. | AR 126 | RG 126 | 4.760,00 | 20200 | 8400/4400 | USt.19% |
| 09.03. | AR 127 | RG 127 | 7.140,00 | 10100 | 8400/4400 | USt.19% |
| 10.03. | AR 128 | RG 128 | 2.380,00 | 20200 | 8400/4400 | USt.19% |

Stimmen Ihre Eingaben, sollten Sie den Stapel ausbuchen unter **Buchen → Stapel ausbuchen.**

## Lösung

Unter **Berichte → OP-Debitoren** können Sie sich die OP-Liste ansehen und ausdrucken, unter **Ansicht → OP-Debitoren** erscheint die Liste am Bildschirm.

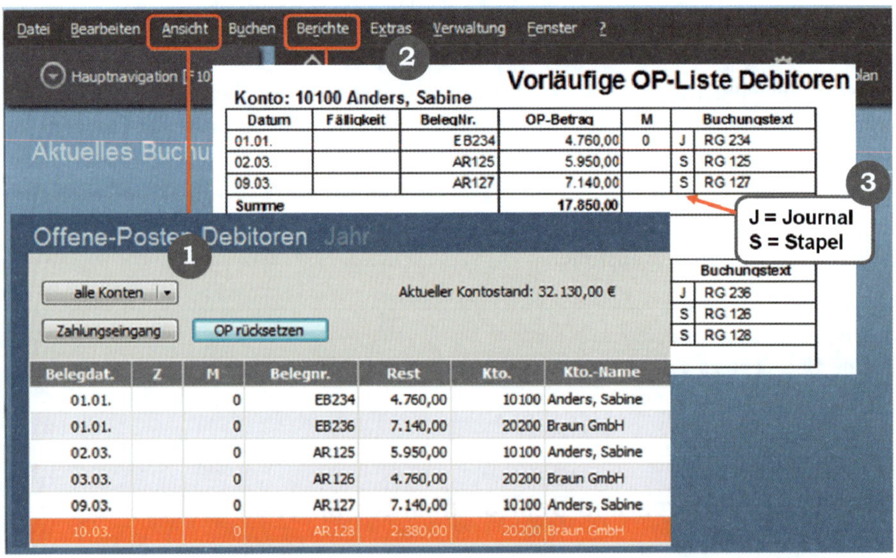


*Abb. 7:* ***Berichte OP-Debitoren:*** *Unter „Ansicht" ❶ sehen Sie die OP-Liste erst, wenn Sie die Buchungen ins Journal übertragen bzw. den Stapel ausgebucht haben. Unter „Berichte" sehen Sie die OP-Liste ❷ jederzeit. Journalbuchungen erkennen Sie in der Liste am „J" und Stapelbuchungen am „S" ❸.*

In den Menüs **Ansicht** und **Berichte** finden Sie zum einen **OP-Debitoren** und zum anderen **Debitorenkonto**. Was ist der Unterschied?

In der Liste **OP-Debitoren** sehen Sie alle offenen Kundenrechnungen. Eine Rechnung bleibt dort solange stehen, bis der Geldeingang gebucht wurde, danach ist sie weg. Diese Liste steht Ihnen immer zur Verfügung, wenn es offene Rechnungen gibt, hier sehen Sie die offenen Rechnungen aus Vorjahren genauso wie die aus dem laufenden Jahr. Auf dem **Debitorenkonto** dagegen sehen Sie die Buchungen des laufenden Jahres, den Anfangsbestand sowie alle Rechnungen und alle Geldeingänge, die auf das Konto gebucht wurden. Die Schlussbestände der Debitorenkonten können Sie beim Jahreswechsel in das Folgejahr übertragen lassen, d.h. die Erfassung der Anfangsbestände erfolgt automatisch. Mehr dazu in Kapitel 16 „Jahreswechsel – standard und plus“ und Kapitel 17 „Jahreswechsel – pro und premium“.

## 10.10 Kundenrechnungen erfassen - erst nach Zahlungseingang

Bei Geschäften im Internet kommt es häufig vor, dass der Kunde vorauszahlt und die Warenlieferung sowie die Berechnung erfolgen erst danach. In diesem Fall wird der Geldeingang zuerst auf das Debitorenkonto gebucht und beim späteren Erfassen der Kundenrechnung ist folgendes zu beachten. Sie erfassen die Rechnung wie vorher beschrieben, doch bevor Sie die Buchung über **Buchen** abschließen, müssen Sie auf das Feld **OP** klicken. Dadurch öffnet sich das **OP-Fenster**, hier wählen Sie den entsprechenden Zahlungseingang aus und klicken dann auf **Buchen**.

**Hinweis zur Ist-Versteuerung**

Unterliegen Sie der Ist-Versteuerung und ist die Software so eingestellt, wird die Kundenrechnung erst bei Geldeingang in den Umsatzsteuerformularen erfasst. In diesem Fall erfolgt der Eintrag zum Tag des Geldeingangs, allerdings erst, wenn die Rechnung eingegeben wurde. Erfassen Sie also einen Geldeingang nicht auf ein Ertragskonto, sondern auf ein Debitorenkonto, müssen Sie später auch die Rechnung erfassen, damit der Fall richtig verbucht werden kann.

**Hinweis zur Soll-Versteuerung**

Unterliegt das Unternehmen der Soll-Versteuerung und ist das Programm so eingestellt, wird die abzuführende Umsatzsteuer bei Rechnungserfassung in die Formulare eingetragen. D.h. die Rechnungen müssen in jedem Fall erfasst werden, wenn auch später. Mehr dazu im Kapitel 12.9. „ Geldeingang oder Zahlung vor Rechnungserfassung“.

**Weitere Informationen**

Videos unter www.lexware.de/support

- Buchen mit offenen Posten
- § 13b Umsatzsteuergesetz
- Ist-Versteuerung und OP-Verwaltung

# 11. Kreditoren anlegen und Eingangsrechnungen erfassen

**Möchten Sie für Ihre eingehenden Rechnungen eine Offene Posten-Verwaltung mit dem Lexware buchhalter führen? In diesem Fall müssen Sie für jeden Lieferanten ein Kreditorenkonto anlegen und die Rechnungen der verschiedenen Lieferanten auf die entsprechenden Kreditorenkonten buchen. Dann sehen Sie die offenen Verbindlichkeiten pro Lieferant oder Handwerker.**

**Arbeiten Sie zum ersten Mal mit dem Programm, sind einige Vorbereitungen zu treffen. Doch die regelmäßigen Arbeiten sind ganz leicht zu erledigen.**

| Voraussetzungen für die Übungen | | |
|---|---|---|
| Einstellungen | Überprüfen Sie bitte, ob in den Firmenstammdaten der Haken bei „unterschiedliche Belegnummernkreise" gesetzt ist.<br>Unter Verwaltung – Belegnummern sollten die Belegnummernkreise „EB" für Eröffnungswerte und „ER" für Eingangsrechnungen angelegt sein. | |
| Hinweise zu den Eingaben | Gebucht wird im April, in diesem Monat sollten keine Buchungen im Stapel vorhanden sein. | |

## 11.1 Die Vorteile von Kreditorenkonten

Für einen Lieferanten, für den Sie ein eigenes Kreditorenkonto anlegen, können Sie im Programm nicht nur eine OP-Verwaltung führen, sondern auch Rechnungen damit bezahlen.

Buchen Sie zum Beispiel alle Rechnungen von der Firma Maurer auf das Kreditorenkonto „Bürohandel Maurer" und erfassen Sie auf diesem Konto auch die Zahlungen, sehen Sie in der Offene-Posten-Liste, welche Rechnungen dieses Lieferanten bezahlt und welche noch offen sind.

Möchten Sie mit dem Lexware buchhalter die Lieferantenrechnungen bezahlen, können Sie das auf Knopfdruck mit dem Programmmodul „Zahlungsverkehr" tun. Mehr dazu im Kapitel 20 „Den Zahlungsverkehr erledigen".

## 11.2 Für welchen Lieferanten lohnt es sich ein Kreditorenkonto anzulegen?

Wie viele Lieferanten haben Sie? Haben Sie diese Lieferanten öfter oder nur einmal? Sie müssen entscheiden für welche Lieferanten Sie eine Offene-Posten-Übersicht brauchen und für welchen Lieferanten Sie das Modul „Zahlungsverkehr" nutzen möchten.

Haben Sie zum Beispiel sehr viele verschiedene Lieferanten und möchten Sie auf Zahlungsverkehr verzichten, können Sie Ihre Lieferanten auch in Gruppen einteilen wie zum Beispiel „Kreditoren A-Diverse", „Kreditoren B-Diverse", „Kreditoren-Großhandel" usw. Damit verringern sich zwar die Anzahl der Kreditorenkonten, aber auch die Möglichkeiten im Programm.

## 11.3 Was ist bei der Einnahmen-Überschussrechnung zu beachten?

Einnahmen-Überschussrechner können die Eingangsrechnungen freiwillig erfassen, dann ist allerdings folgendes zu beachten:

Wenn Sie freiwillig Ihre Eingangsrechnungen erfassen, stimmt in der Regel Ihre Umsatzsteuer-Voranmeldung. Dadurch wird auch die enthaltene Vorsteuer aus den offenen Rechnungen in die Umsatzsteuerformulare eingetragen. Hintergrund: Vorsteuer ist in dem Jahr abzugsfähig, in dem die Rechnung vorliegt. Deshalb müssen Sie am Jahresende alle offenen Lieferantenrechnungen heraussuchen, für die der Vorsteuerabzug im Abschlussjahr möglich ist. Voraussetzung für den Vorsteuerabzug ist erstens, dass eine einwandfreie Rechnung vorliegt und zweitens, dass die Lieferung bzw. Leistung erbracht wurde und die Zahlung erfolgte.

Die Einnahmen-Überschussrechnung stimmt erst, wenn Sie alle offenen Eingangsrechnungen wieder von den Ausgaben abziehen. Denn zu den Betriebsausgaben zählen nur tatsächlich gezahlte Rechnungen.

## 11.4 Kreditorenkonten anlegen

Erledigen Sie Ihre Bestellungen und Wareneinkäufe mit den Lexware Programmen Faktura oder Warenwirtschaft, haben Sie dort Ihre Lieferanten bereits angelegt. Je nach Softwareversion können die Daten automatisch oder manuell in den Lexware buchhalter übertragen werden. In diesem Fall können Sie diesen Schritt auslassen.

Um ein Kreditorenkonto im Programm anzulegen müssen Sie den Kontenplan öffnen, entweder rechts oben am Bildschirm über **Kontenplan** oder unter **Ansicht → Kontenplan.**

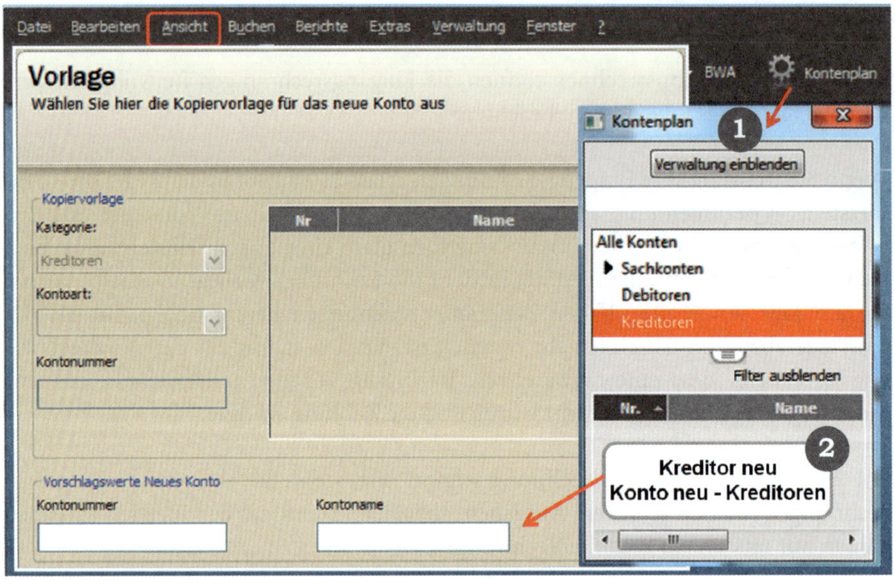


*Abb. 1:* ***Kreditorenkonto anlegen Teil 1:*** *Ist der Kontenplan ❶ geöffnet, gehen Sie mit der Maus auf den unteren Bereich ❷ und wählen über die rechte Maustaste* ***Kreditor neu.*** *In den Versionen pro und premium klicken Sie auf* ***Konto neu*** *und wählen dann die Kategorie* ***Kreditoren*** *aus.*

Jetzt öffnet sich das Eingabefenster für die Lieferantendaten. Hier geben Sie die Kreditorennummer bzw. die Kontonummer sowie den Namen ein, zum Beispiel „72000 Bürohandel Maurer". Mit einem Klick auf **Weiter** öffnet sich ein weiteres Fenster, in dem Sie Ihre Eingaben noch einmal überprüfen können.

**Tipp**

Kreditorenkonten sind nicht vier- sondern fünfstellig. Die Nummern können frei gewählt werden, wobei sie in der Praxis häufig mit 70000 beginnen.

Im dritten Fenster geben Sie die Lieferantennummer sowie den Lieferantennamen ein. Wenn Sie keinen eigenen Nummernkreis führen, sollten Sie hier die Kreditorennummer wiederholen. Jetzt fehlt nur noch das vereinbarte Zahlungsziel, das unter **Zahlungskonditionen** einzutragen ist. Dieses Eingabefenster sehen Sie im nächsten Abschnitt.

Für die Buchführung bzw. die Offene-Posten-Übersicht sind damit alle Daten erfasst, die Sie brauchen. Sie können also alle weiteren Felder frei lassen und das neue Konto speichern.

In den Programmversionen standard und plus kommen Sie nach der Adresseingabe direkt auf das Fenster **Bank**. Im letzten Fenster **Zahlungskonditionen** geben Sie das vereinbarte Zahlungsziel ein.

In den Programmversionen pro und premium wird nach der Adresseingabe das Eingabefenster geschlossen und die Adresse erscheint in einer Tabelle. Von hier aus öffnen Sie über **Weiter** ebenfalls die Fenster **Zahlungskonditionen** und **Bankverbindung**, nur in einer anderen Reihenfolge.

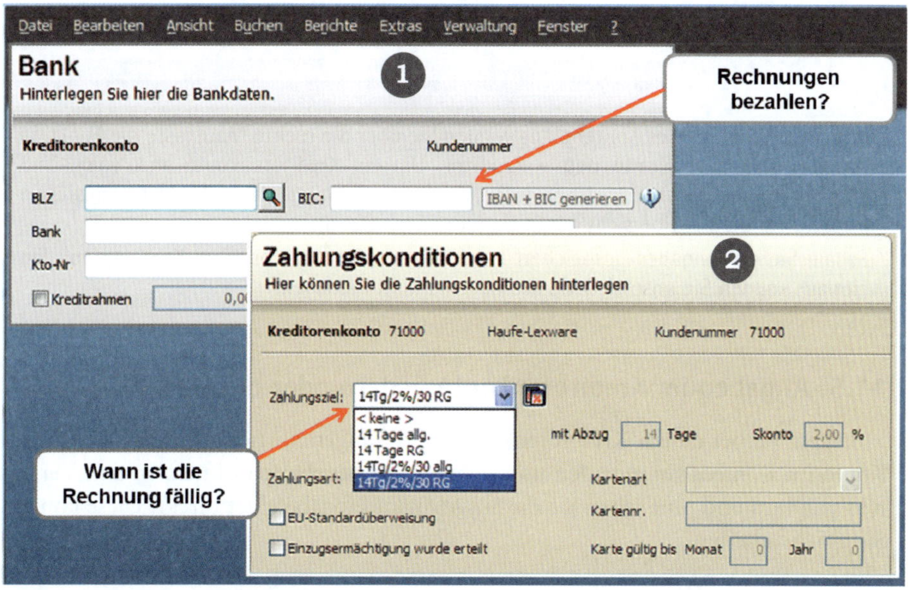


*Abb. 2:* ***Kreditorenkonto anlegen Teil 2:*** *Eine Bankverbindung* ❶ *müssen Sie nur erfassen, wenn Sie das Modul „Zahlungsverkehr“ nutzen und Rechnungen bezahlen möchten. Geben Sie die Zahlungskonditionen* ❷ *ein, kann das Programm auch mögliche Skonti berechnen.*

**Übung**

Legen Sie bitte folgende Lieferanten im Programm an. Geben Sie nur die Daten ein, die für die Offene-Posten-Übersicht notwendig sind.

| | Lieferant Haufe-Lexware | Lieferant Maurer |
|---|---|---|
| Kontonummer | 71000 | 72000 |
| Kontoname | Haufe-Lexware | Bürohandel Maurer |
| Kundennummer | 71000 | 72000 |
| Name | | |
| Vorname | | |
| Firma | Haufe -Lexware | Bürohandel Maurer |
| Anrede und Adresse | bitte weglassen | bitte weglassen |
| Bank | bitte weglassen | bitte weglassen |
| Zahlungskonditionen | 14 Tage 2%, 30 RG | 14 Tage 2%, 30 RG |

**Lösung**

Im unteren Bereich des Kontenplans wählen Sie über die rechte Maustaste die Funktion **Kreditor neu** bzw. **Konto neu - Kreditor.** Um ein Kreditorenkonto anzulegen, sind mehrere Eingabefenster zu durchlaufen, in denen Sie aber nicht alle Felder ausfüllen müssen. Für die OP-Übersicht genügen nur wenige Daten.

Sobald Sie die Eingaben gespeichert haben, finden Sie das Konto im **Kontenplan**. Von hier aus können Sie anschließend das nächste Konto anlegen.

## 11.5 Angaben im Kreditorenkonto ändern oder ergänzen

Möchten Sie bei einem Kreditorenkonto Änderungen vornehmen, müssen Sie das Konto im Kontenplan aufrufen und über **Konto bearbeiten** öffnen. In den Versionen standard und plus sehen Sie die ausgefüllten Eingabefelder direkt. Diese können Sie nun bearbeiten.

Öffnen Sie in den Versionen pro und premium ein Kreditorenkonto über **Konto bearbeiten**, sehen Sie die Eingabefelder noch nicht. Das liegt daran, dass Sie in diesen Versionen bei einem Kreditorenkonto mehrere Adressen hinterlegen können. Wenn Sie nun Daten ändern möchten, müssen Sie vorher im Register **Anschrift** aus einer Tabelle die entsprechende Adresse heraussuchen. Danach kommen Sie in ein weiteres Fenster, in dem Sie über **Weiter** in die gewohnten Eingabefelder gelangen.

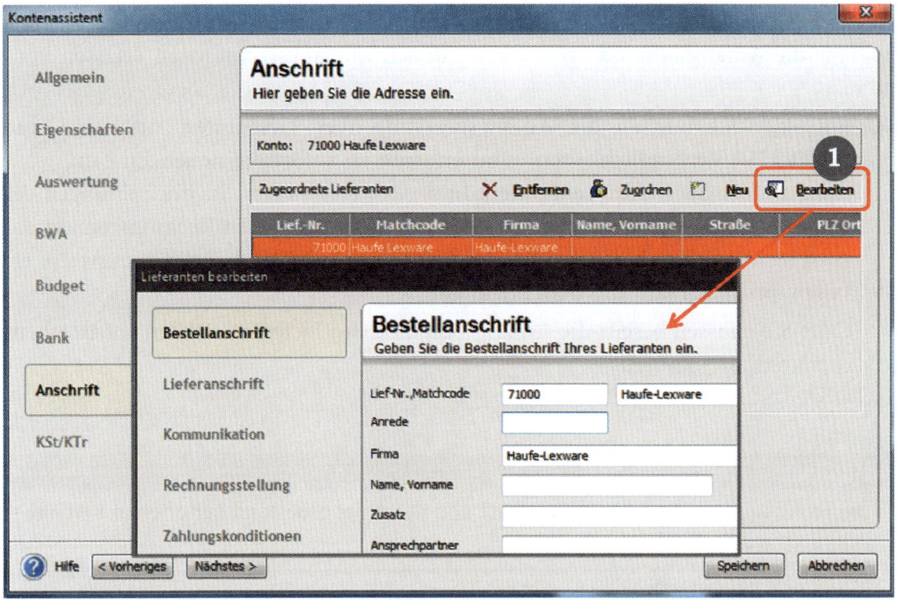


*Abb. 3:* ***Angaben im Kreditorenkonto ändern in pro und premium:*** *Ist das Kreditorenkonto geöffnet, wählen Sie im Register „Anschrift" die Adresse aus und mit einem Klick auf „Bearbeiten" ❶ gelangen Sie zu den bekannten Eingabefeldern.*

## 11.6 Belegnummernkreis für Rechnungen

Wenn Sie Ihre Buchführung zum ersten Mal mit dem Lexware buchhalter erledigen sind weitere Vorbereitungen notwendig, die bereits beim nächsten Jahreswechsel automatisch übernommen werden. Dazu gehören die Belegnummernkreise sowie die Anfangsbestände der Kreditorenkonten.

Für die Erfassung von Eingangsrechnungen sollten Sie den Belegnummernkreis „ER für Eingangsrechnungen" verwenden, so können Sie die Eingangsrechnungen getrennt von den anderen Buchungen nummerieren. Ist der Belegnummernkreis noch nicht angelegt, können Sie das bei der Erfassung der ersten Rechnung erledigen. Mehr dazu im Kapitel 5.1 „Belegnummernkreise anlegen".

## 11.7 Anfangsbestände von Kreditorenkonten erfassen

Alle Eingangsrechnungen, die zusammen mit einem Kreditorenkonto in das Programm eingegeben werden, finden Sie automatisch in der Offenen-Posten-Liste. Rechnungen, die vorher mit einer anderen Software erfasst wurden, nicht.

Bei einem Neueinstieg in das Programm zum 01.01. haben Sie zwei Möglichkeiten, wie Sie die Anfangsbestände von Ihren offenen Eingangsrechnungen erfassen können:

- Entweder Sie buchen die Anfangsbestände aller Lieferanten auf das Konto „1610/3310 Verbindlichkeiten“ und erfassen ab sofort die neuen Eingangsrechnungen über die Kreditorenkonten. In diesem Fall buchen Sie die Zahlungen der alten Rechnungen auf das Konto „1610“ und die der neuen Rechnungen auf das entsprechende Kreditorenkonto. Beschrieben im Kapitel 7 „Eröffnungswerte erfassen, im ersten Jahr mit dem buchhalter“.
- Oder Sie erfassen bereits die Anfangsbestände pro Lieferant auf den entsprechenden Kreditorenkonten.

## Übung

Die Eröffnungswerte sind bereits erfasst und der Anfangsbestand der offenen Verbindlichkeiten wurde wie folgt gebucht:

**Buchen → Stapelbuchen**

| Datum | Text | Betrag | SOLL SKR 03/04 | HABEN SKR 03/04 | Steuer |
|---|---|---|---|---|---|
| 01.01. | EB-Wert | 5.950,00 | 9000 | 1610/3310 | keine |

Da Sie inzwischen Kreditorenkonten angelegt haben, möchten Sie darauf später auch die Anfangsbestände erfassen. Aus diesem Grund sollten Sie nun die oben angegebene Buchung stornieren, wenn Sie diese im Journal finden.

## Lösung

Im Menü **Ansicht** öffnen Sie das **Journa**l und suchen die Buchung vom 01.01. Ist die Buchung gefunden und ausgewählt, klicken Sie rechts am Bildschirm auf **Buchung stornieren.**

Für die Erfassung der Anfangsbestände öffnen Sie die Buchungsmaske **Stapelbuchen** im Menü **Buchen**.

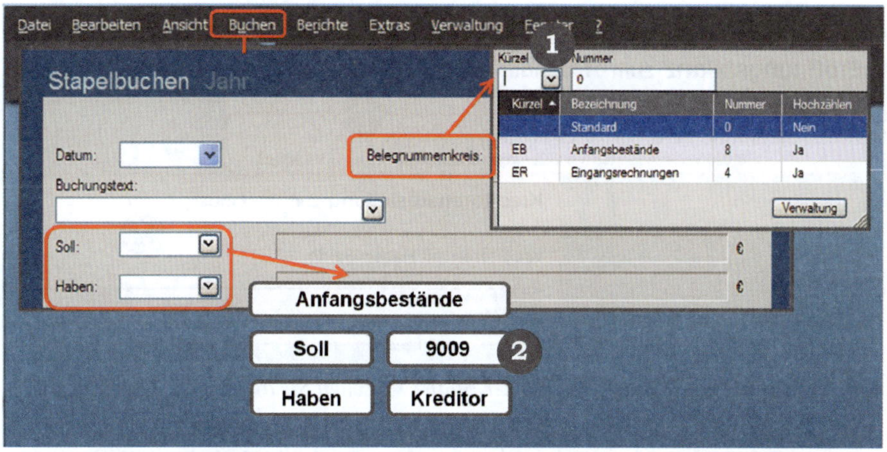


*Abb. 4:* ***Anfangsbestände buchen:*** *Ist das Datum erfasst, klicken Sie im Feld* ***Belegnummernkreis- → Kürzel*** *auf den Pfeil* ❶ *und wählen „EB" aus. Dann sehen Sie alle angelegten Belegnummernkreise. Die Anfangsbestände von Kreditorenkonten werden über das Konto „9009 Saldenvorträge Kreditoren"* ❷ *gebucht.*

Möchten Sie einen neuen Belegnummernkreis anlegen oder einen Vorhandenen ändern, öffnen Sie die Funktion **Verwaltung** oben beim **Belegnummernkreis →Kürzel**.

## Übung

Bei den offenen Verbindlichkeiten von 5.950 Euro handelt es sich um zwei Eingangsrechnungen von zwei verschiedenen Lieferanten. Buchen Sie bitte unter **Buchen → Stapelbuchen** die Anfangsbestände mit dem Belegnummernkreis **„EB"**.

| **Buchen → Stapelbuchen** | | | | | | |
|---|---|---|---|---|---|---|
| Datum | Beleg | Text | Betrag | SOLL SKR 03/04 | HABEN SKR 03/04 | Steuer |
| 01.01. | EB 7 | RG 2703 | 2.380,00 | 9009 | 71000 | keine |
| 01.01. | EB 8 | RG 119 | 3.570,00 | 9009 | 72000 | keine |

Stimmen Ihre Eingaben, können Sie den Stapel ausbuchen unter **Buchen → Stapel ausbuchen**.

## Lösung

Die Anfangsbestände sehen Sie unter **Berichte → Kreditorenkonto** oder **OP-Kreditoren**, Bilanzierende sehen sie auch unter **Berichte → Auswertungen → Bilanz.**

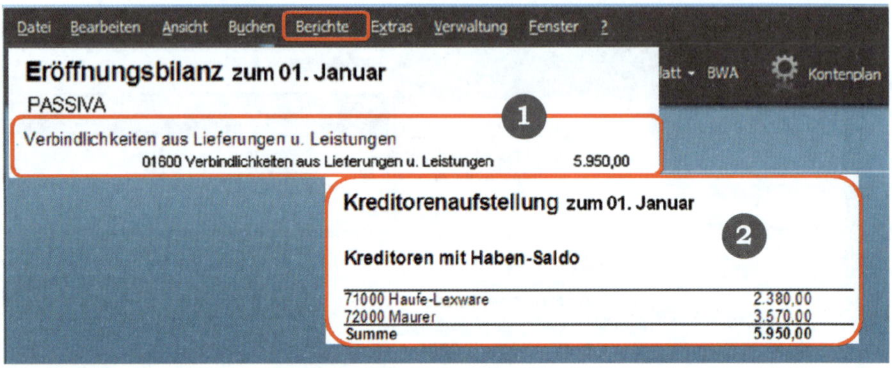


*Abb. 5:* ***Vorteil von Kreditoren:*** *In der Bilanz ❶ sehen Sie die offenen Verbindlichkeiten in einer Summe. Wählen Sie in der Druckauswahl der Bilanz unter* ***Auswertung*** *die „Kreditorenaufstellung" ❷, werden Ihnen die Verbindlichkeiten pro Lieferant gezeigt.*

Sind die Anfangsbestände der Kreditorenkonten, d.h. Ihre offenen Verbindlichkeiten, einmal erfasst, kann die Software Ihre Bestände fortführen. Vorausgesetzt, alle Eingangsrechnungen und alle Zahlungen werden auf den entsprechenden Kreditorenkonten erfasst. Diese Bestände können schon beim nächsten Jahreswechsel automatisch in das Folgejahr übertragen werden.

## 11.8 Eingangsrechnungen erfassen

Erfassen Sie Ihre Eingangsrechnungen in dem Programm Lexware Warenwirtschaft, können die Buchungen übertragen werden.

Eingangsrechnungen werden immer nach dem gleichen Schema eingegeben. Das Aufwandskonto wird im **Soll** und das Kreditorenkonto im **Haben** gebucht und bei Korrekturrechnungen (Gutschriften) drehen Sie die Buchung einfach um.

**Tipp**

Suchen Sie zum Beispiel das Kreditorenkonto der Firma Maurer, können Sie im Kontenfeld statt Zahlen auch Worte eingeben, in diesen Fall „Maurer". Schon wird das Konto im Kasten angezeigt und kann ausgewählt werden.

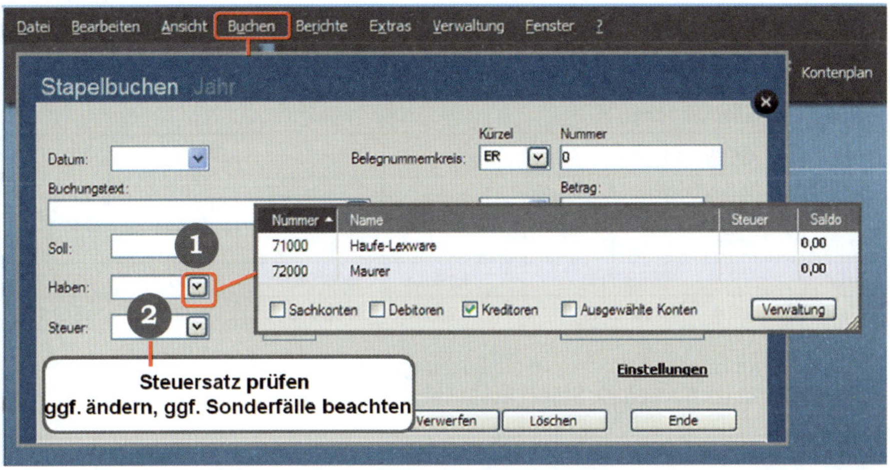


*Abb. 6:* ***Tipps zur Eingabemaske:*** *Klicken Sie neben dem Kontenfeld auf den Pfeil ❶ werden alle Konten gezeigt und mit einem Haken bei „Kreditoren" nur noch die Kreditorenkonten. Bei vielen Konten ist ein Steuersatz hinterlegt, der bei der Konteneingabe gleichzeitig im Feld „Steuer" ❷ eingetragen wird.*

Stimmt der Steuersatz nicht mit Ihrem Beleg überein, können Sie bei inländischen Rechnungen mit Umsatzsteuer in der Buchungsmaske den Vorsteuersatz von zum Beispiel „VSt. 19%" auf „VSt. 7%" ändern.

Beim Einkauf im Ausland müssen Sie spezielle Konten verwenden, Konten bei denen für das korrekte Ausfüllen der Umsatzsteuerformulare bestimmte Funktionen hinterlegt sind. Das gilt bisher auch für § 13b Fälle (Empfangene Dienstleistungen aus dem Ausland sowie bestimmte Lieferungen und Leistungen aus dem Inland). Ab Januar 2015 wird es alternativ einen neuen § 13b Steuersatz geben. Wird dieser zusammen mit einem beliebigen Konto verwendet, müssen Sie beim Buchen den entsprechenden Steuerfall auswählen. Diese Angaben genügen der Software, um die Umsatzsteuerformulare richtig auszufüllen. Mehr dazu erfahren Sie im Kapitel 9.4 „Einstellungen zur Umsatzsteuer – Eigenschaften". Eine Übersicht zu Aufwandskonten sowie Buchungshinweise zu den verschiedenen Sonderfällen finden Sie unter www.iris-thomsen.de/kontenplan/aufwandskonten/.

## 11.9 OP-Kreditoren und Kreditorenkonto ansehen

Sind die Eingangsrechnungen erfasst sind, können Sie die Offene-Posten-Liste ansehen, sie heißt im Programm **OP-Kreditoren**.

## Übung

Buchen Sie bitte folgende Eingangsrechnungen unter **Buchen → Stapelbuchen:**

| **Buchen → Stapelbuchen** | | | | | | |
|---|---|---|---|---|---|---|
| Datum | Beleg | Text | Betrag | SOLL SKR 03/04 | HABEN SKR 03/04 | Steuer |
| 06.04. | ER 1 | RG 2804 | 1.785,00 | 3400/5400 | 71000 | VSt.19% |
| 07.04. | ER 2 | RG 333 | 4.760,00 | 3400/5400 | 72000 | VSt.19% |
| 14.04. | ER 3 | RG 3101 | 1.190,00 | 3400/5400 | 71000 | VSt.19% |
| 15.04. | ER 4 | RG 570 | 5.950,00 | 3400/5400 | 72000 | VSt.19% |

Stimmen Ihre Eingaben, sollten Sie die Buchungen ins Journal übertragen, d.h. den Stapel ausbuchen unter **Buchen → Stapel ausbuchen**.

## Lösung

Über **Berichte → OP-Kreditoren** können Sie die Offene Posten-Liste, OP-Liste, ansehen und drucken. Über **Ansicht → OP-Kreditoren** erscheint die Liste am Bildschirm.

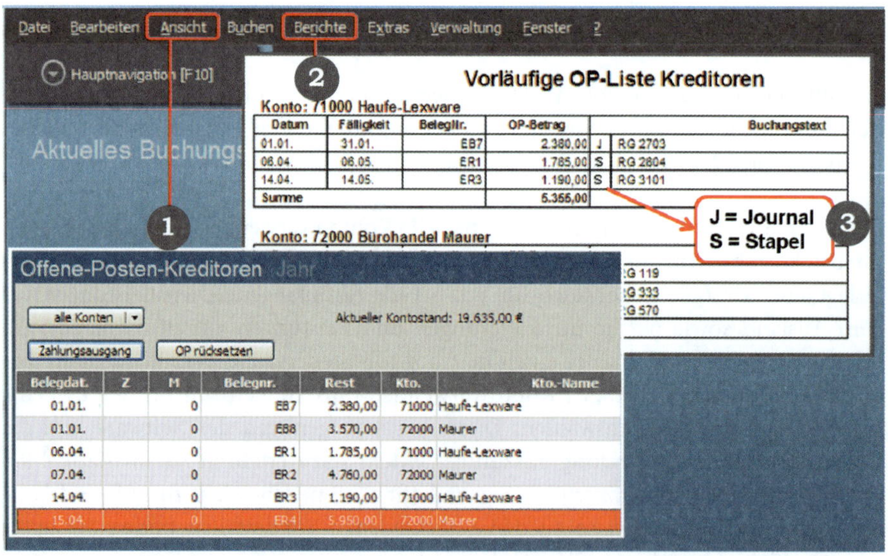


*Abb. 7:* ***Berichte OP-Kreditoren:*** *Unter* ***Ansicht*** ❶ *sehen Sie die OP-Liste erst, wenn Sie die Buchungen ins Journal übertragen bzw. den Stapel ausgebucht haben. Unter* ***Berichte*** *sehen Sie die OP-Liste* ❷ *jederzeit. Journalbuchungen erkennen Sie in der Liste am „J“ und Stapelbuchungen am „S“* ❸ .

In den Menüs **Ansicht** und **Berichte** finden Sie zum einen **OP-Kreditoren**, und zum anderen **Kreditorenkonto.** Was ist der Unterschied?

In der Liste **OP-Kreditoren** sehen Sie alle offenen Rechnungen. Sie bleiben dort solange stehen, bis die Zahlung gebucht wurde, danach sind sie weg. Diese Liste steht Ihnen immer zur Verfügung, wenn es offene Rechnungen gibt, hier sehen Sie die offenen Rechnungen aus Vorjahren genauso wie die aus dem laufenden Jahr. Auf dem **Kreditorenkonto** dagegen sehen Sie die Buchungen des laufenden Jahres, den Anfangsbestand sowie alle Rechnungen und alle Zahlungen, die auf das Konto gebucht wurden. Die Schlussbestände der Kreditorenkonten können Sie beim Jahreswechsel in das Folgejahr übertragen lassen, d.h. die Erfassung der Anfangsbestände erfolgt automatisch. Mehr dazu in Kapitel 16 „Jahreswechsel – standard und plus“ und Kapitel 17 „Jahreswechsel – pro und premium.

## 11.10 Eingangsrechnungen erfassen - erst nach Zahlung

Bei Einkäufen im Internet werden oft Gelder gezahlt, bevor Lieferung und Berechnung erfolgt sind. In diesem Fall wird die Zahlung auf das Kreditorenkonto gebucht und beim späteren Erfassen der Eingangsrechnung ist folgendes zu beachten. Sie erfassen die Rechnung wie vorher beschrieben, doch bevor Sie die Buchung über **Buchen** abschließen, müssen Sie auf das Feld **OP** klicken. Dadurch öffnet sich das **OP-Fenster**, hier wählen Sie die entsprechenden Zahlungen aus und klicken dann auf **Buchen.** Mehr dazu im Kapitel 12.9 „ Geldeingang oder Zahlung vor Rechnungserfassung“.

**Weitere Informationen**

Videos unter www.lexware.de/support

- Buchen mit offenen Posten
- § 13b Umsatzsteuergesetz

# 12. Kontoauszüge erfassen Teil 1 – Ausgleich von OP-Debitoren und Kreditoren

**Haben Sie für Ihre Kunden Debitorenkonten angelegt und deren Rechnungen darauf gebucht? Oder Eingangrechnungen auf Kreditorenkonten gebucht? Das ist der erste Schritt zur Offenen-Posten-Verwaltung. Hier werden die Geldeingänge der Kunden auf die Debitorenkonten gebucht sowie die Zahlungen an Lieferanten auf Kreditorenkonten.**

**Dann erst sehen Sie welche Rechnungen noch offen sind. Außerdem erfahren Sie hier, wie Sie mit Teilzahlungen, Zahlung mehrerer Rechnungen und mit Skontoabzug umgehen.**

| Voraussetzungen für die Übungen | | |
|---|---|---|
| Einstellungen | Überprüfen Sie, ob in den Firmenstammdaten der Haken bei „unterschiedliche Belegnummernkreise" gesetzt ist.<br>Unter Verwaltung – Belegnummern sollte der Belegnummernkreis „B" für Bank angelegt sein. | |
| Hinweise zu den Eingaben | Der Anfangsbestand der Bank zum 01.01. sollte gebucht sein, die Buchung finden Sie im ersten Beispiel.<br>Das Beispiel im Schritt 3 zeigt Debitorenkonten, Kreditorenkonten und Rechnungen, die bereits erfasst sein müssten.<br>Gebucht wird die Übung im Mai, in diesem Monat sollten keine Buchungen im Stapel stehen. | |

## 12.1 Buchungsmaske und Belegnummernkreis festlegen

Die Buchungsmaske öffnen Sie unter **Buchen → Einnahmen/Ausgaben in den Stapel** und wählen in der Kontenauswahl das Konto **1200/1800 Bank** aus. In der Kontenauswahl finden Sie alle Konten der Kategorie „Finanzkonto", d.h. nur Finanzkonten können Sie über diese Buchungsmaske buchen. Mehr dazu im Kapitel 4.5 „Buchungsmaske Einnahmen/Ausgaben in den Stapel".

Für die Erfassung von Kontoauszügen empfiehlt es sich, den Belegnummernkreis „B" zu verwenden. So können Sie die Kontoauszüge getrennt von anderen Buchungen nummerieren. Ist dieser Belegnummernkreis noch nicht angelegt, können Sie das bei der Erfassung des ersten Kontoauszugs erledigen. Mehr dazu im Kapitel 5.1 „Belegnummernkreise anlegen".

## 12.2 Anfangsbestand kontrollieren

Bevor Sie mit der Erfassung der Kontoauszüge beginnen, müssen Sie den Kontostand im Programm mit Ihrem tatsächlichen Saldo Ihres Kontoauszugs vergleichen.

**Beispiel**

Der negative Anfangsbestand der Bank wurde bereits im Januar gebucht. Wenn nicht, können Sie das mit folgender Buchungsvorlage nachholen.

| **Buchen → Einnahmen/Ausgaben in den Stapel → 1200/1800 Bank** | | | | | | |
|---|---|---|---|---|---|---|
| Datum | Belegnr. | Buchungstext | Betrag | Konto SKR 03/04 | Kategorie | Steuer |
| 01.01. | EB 1 | Anfangsbestand | 2.800,00 | 9000/9000 | Ausgabe | keine |

Nach der Eingabe des Datums klicken Sie im Feld **Belegnummernkreis→Kürzel** auf den Pfeil. Hier können Sie über die Funktion **Verwaltung** neue Belegnummernkreise anlegen und die bereits Vorhandenen ändern.

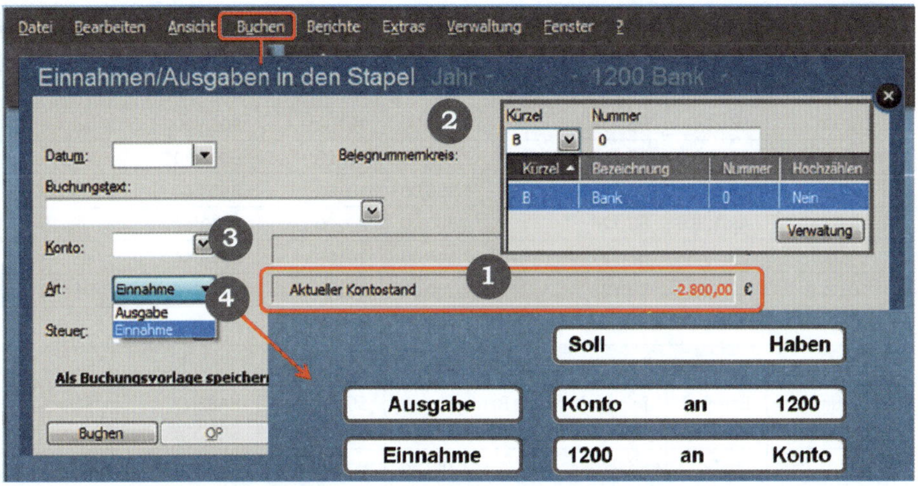


*Abb. 1:* ***Buchungsmaske für Kontoauszüge:*** *Hier sollten Sie zuerst den Kontostand kontrollieren ❶ und beim Buchen den Belegnummernkreis „B“ verwenden ❷. Sie müssen nur ein Konto eingeben ❸ und über die Auswahl* ***Einnahme*** *oder* ***Ausgabe*** *❹ wählen.*

Das Konto **1200/1800 Bank** bucht das Programm im Hintergrund automatisch. Sie steuern über die Eingabe **Einnahme** oder **Ausgabe** wie gebucht wird.

**Tipp**

Zur Kontensuche können Sie Im Feld **Konto** nicht nur Nummern, sondern auch Worte eingeben.

## 12.3 Die offenen Posten ansehen

Welche Rechnungen wurden bisher gebucht, d.h. für welche Rechnungen wird ein Geldeingang erwartet und welche müssen Sie noch bezahlen?

**Beispiel**

Die Debitorenkonten „10100 Anders, Sabine“, „20200 Braun GmbH“ sowie die Kreditorenkonten „71000 Haufe-Lexware“, „72000 Bürohandel Maurer“ wurden bereits angelegt. Auf diesen Konten wurden folgende Rechnungen erfasst und stehen in den OP-Listen der Software, **OP-Debitoren** und **OP-Kreditoren.** Wenn nicht, müssen Sie das jetzt bitte für die folgenden Übungen nachholen.

| Kundenrechnungen Buchen → Stapelbuchen | | | | | | |
|---|---|---|---|---|---|---|
| Datum | Beleg | Text | Betrag | SOLL SKR 03/04 | HABEN SKR 03/04 | Steuer |
| 01.01. | EB 234 | RG 234 | 4.760,00 | 10100 | 9008/9008 | keine |
| 01.01. | EB 236 | RG 236 | 7.140,00 | 20200 | 9008/9008 | keine |
| 02.03. | AR 125 | RG 125 | 5.950,00 | 10100 | 8400/4400 | USt.19% |
| 03.03. | AR 126 | RG 126 | 4.760,00 | 20200 | 8400/4400 | USt.19% |
| 09.03. | AR 127 | RG 127 | 7.140,00 | 10100 | 8400/4400 | USt.19% |
| 10.03. | AR 128 | RG 128 | 2.380,00 | 20200 | 8400/4400 | USt.19% |

| Eingangsrechnungen Buchen → Stapelbuchen | | | | | | |
|---|---|---|---|---|---|---|
| Datum | Beleg | Text | Betrag | SOLL SKR 03/04 | HABEN SKR 03/04 | Steuer |
| 01.01. | EB 7 | RG 2703 | 2.380,00 | 9009/9009 | 71000 | keine |
| 01.01. | EB 8 | RG 119 | 3.570,00 | 9009/9009 | 72000 | keine |
| 06.04. | ER 1 | RG 2804 | 1.785,00 | 3400/5400 | 71000 | VSt.19% |
| 07.04. | ER 2 | RG 333 | 4.760,00 | 3400/5400 | 72000 | VSt.19% |
| 14.04. | ER 3 | RG 3101 | 1.190,00 | 3400/5400 | 71000 | VSt.19% |
| 15.04. | ER 4 | RG 570 | 5.950,00 | 3400/5400 | 72000 | VSt.19% |

**Achtung**

Bevor Sie mit dem OP-Ausgleich beginnen, müssen Sie alle Rechnungen aus dem Stapel ins Journal übertragen, d. h. über **Buchen → Stapel ausbuchen.** Nur dann funktioniert die **OP-Verwaltung.**

## 12.4 Kontoauszug erfassen – Geldeingang/Zahlung über das Feld OP

In der Buchungsmaske erfassen Sie das Datum, die Belegnummer, den Buchungstext sowie den Bruttobetrag ohne Vorzeichen. Anschließend müssen Sie das entsprechende Konto erfassen und **Einnahme** oder **Ausgabe** wählen.

Sowie Sie im Feld **Konto** ein „Debitoren-“ oder „Kreditorenkonto“ eingeben, wird unten in der Buchungsmaske das wichtigste Feld aktiviert, das Feld **OP.** Hier müssen Sie unbedingt drauf klicken, noch vor dem **Buchen.** Nur so kann das Programm die OP-Liste ordentlich führen.

Sie erfassen in der Buchungsmaske den Betrag, das Debitorenkonto und klicken auf das Feld **OP.** Dadurch öffnet sich die Offene-Posten-Liste (OP-Liste) für diesen Kunden. Hier müssen Sie die entsprechende Rechnung auswählen. Stimmen die Beträge von Geldeingang und Rechnung überein, brauchen Sie nur noch auf **Buchen** klicken und schon ist alles erledigt. Der Geldeingang ist gebucht und die offene Rechnung verschwindet aus der OP-Liste.

## Übung

Erfassen Sie bitte folgende Positionen des Kontoauszugs unter **Einnahmen/Ausgaben in den Stapel → 1200/1800 Bank**. Kontrollieren Sie bitte zunächst den Kontostand und buchen Sie mit dem Belegnummernkreis „B". Denken Sie daran, vor dem Buchen auf das Feld **OP** zu klicken.

| **Buchen → Einnahmen/Ausgaben in den Stapel → 1200/1800 Bank** | | | | | | |
|---|---|---|---|---|---|---|
| Datum | Beleg | Buchungstext | Betrag | Konto SKR 03/04 | Kategorie | Steuer |
| 04.05. | | Anfangsbestand | -2.800,00 | Kontrolle – Saldo negativ | | |
| 04.05. | B 5 | Eingang RG 234 | 4.760,00 | 10100 | Einnahme | keine |
| 04.05. | B 5 | Zahlung RG 2703 | 2.380,00 | 71000 | Ausgabe | keine |
| | | Saldo | -420,00 | Kontrolle | | |

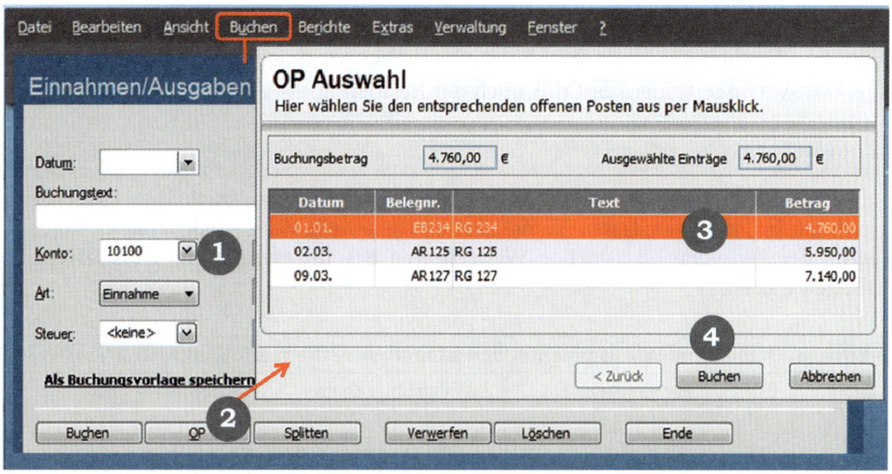


*Abb. 2:* ***Buchung mit OP-Fenster:*** *Sie geben den Betrag von „4.760" ein und im Feld „Konto" das Debitorenkonto „10100"* ❶*. Nun klicken Sie auf das Feld* ***OP*** ❷ *und wählen aus der OP-Liste die richtige Rechnung aus* ❸*. Dann müssen Sie nur noch auf* ***Buchen*** ❹ *klicken.*

### Tipp

Springen Sie in der Buchungsmaske mit der „Entertaste" von Feld zu Feld, gelangen Sie ganz automatisch vor dem **Buchen** auf das Feld **OP**.

**Keine Steuer beim OP-Ausgleich**

Wenn Sie im Feld **Konto** ein „Debitoren-„ oder „Kreditorenkonto“ eingeben, steht gleichzeitig im Feld **Steuer** „<keine>“ und das dürfen Sie auch nicht ändern. Denn bei der Rechnungserfassung wurde die Steuer bereits gebucht. Was hier geschieht, ist lediglich der Ausgleich von Forderungen und Verbindlichkeiten.

> **Achtung**
> Gehen auf Ihrem Bankkonto Erlöse ein, für die Sie zuvor **keine** Rechnung erfasst haben, buchen Sie diese auf das entsprechende Erlöskonto zusammen mit dem Steuersatz „USt. ...". Das Gleiche gilt für Kosten. Nur wenn vorher **keine** Rechnung erfasst wurde, buchen Sie diese auf ein Aufwandskonto zusammen mit dem Steuersatz „VSt. ..."

## 12.5 Teilzahlungen buchen

Was ist zu tun, wenn Sie an den Lieferanten nur einen Teil der Rechnung bezahlt haben? In diesem Fall wählen Sie im OP-Fenster die entsprechende Rechnung aus und klicken auf **Weiter.** Im nächsten Fenster wählen Sie die Funktion **Weiterführen des Differenzbetrages als Offenen Posten.** Erst dann bietet Ihnen das Programm die Funktion **Buchen** an. Nach dem Klick auf **Buchen** wird der Rechnungsbetrag in der OP-Liste verringert, hier steht nur noch der Restbetrag.

**Übung**

Erfassen Sie bitte die nächsten beiden Positionen des Kontoauszugs. Hier handelt es sich um Teilzahlungen, lassen Sie die Restbeträge jeweils stehen, indem Sie nach Auswahl der Rechnung die Funktion **Weiterführen des Differenzbetrages als Offenen Posten** wählen.

| **Buchen → Einnahmen/Ausgaben in den Stapel → 1200/1800 Bank** | | | | | | |
|---|---|---|---|---|---|---|
| Datum | Beleg | Buchungstext | Betrag | Konto SKR 03/04 | Kategorie | Steuer |
| 10.05. | | Anfangsbestand | -420,00 | Kontrolle - Saldo negativ | | |
| 10.05. | B 5 | Teil der RG 119 | 570,00 | 72000 | Ausgabe | keine |
| 10.05. | B 5 | Teil der RG 236 | 2.140,00 | 20200 | Einnahme | keine |
| | | Saldo | 1.150,00 | Kontrolle | | |

**Lösung**

Sie haben an die Firma Bürohandel Maurer 570 Euro überwiesen. Hier handelt es sich um eine Teilzahlung der Rechnung Nr. 119 über 3.570 Euro. In der zweiten Position hat der Kunde Maurer an Sie nur einen Teil der RG 236 bezahlt.

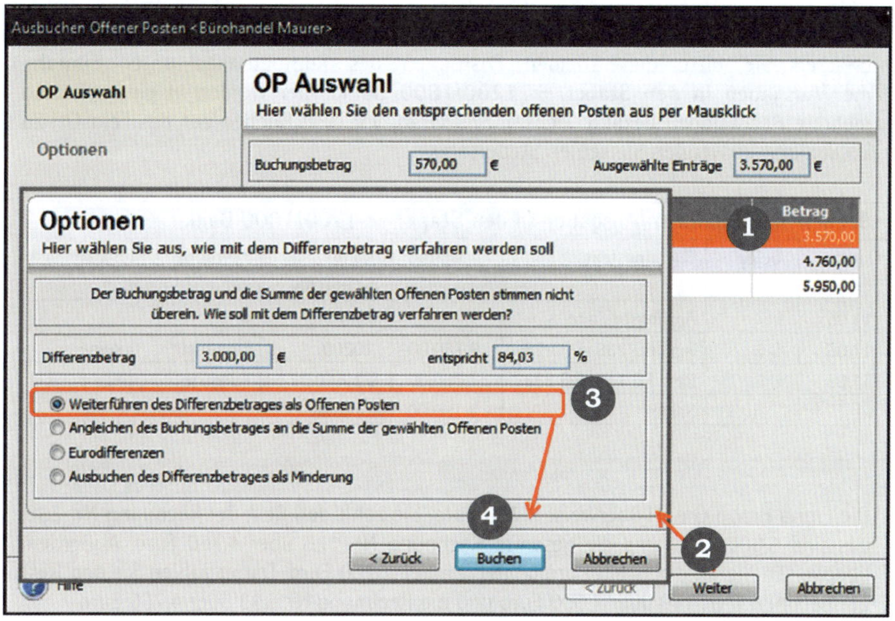


*Abb. 3:* ***Auszug OP-Fenster bei einer Teilzahlung:*** *Sie wählen im OP-Fenster die Rechnung 119 über 3.570 Euro aus* ❶ *und klicken auf* ***Weiter*** ❷. *Im nächsten Fenster wählen Sie den ersten Punkt in der Auswahl* ❸. *Erst dann können Sie auf* ***Buchen*** *klicken* ❹.

In den Versionen pro und premium gibt es den Bericht „OP-Liste mit Historie“, hier sehen Sie dann nicht nur den Restbetrag, sondern auch noch den ursprünglichen Rechnungsbetrag sowie den Teilzahlungsbetrag.

## 12.6 Zahlung mehrerer Rechnungen

Zahlt ein Kunde mit einer Zahlung gleichzeitig mehrere Rechnungen, wählen Sie im OP-Fenster einfach nur zwei Rechnungen aus.

Sie geben im **Betragsfeld** den erhaltenen Betrag ein, im Feld **Konto** das Debitorenkonto und öffnen das OP-Fenster mit einem Klick auf **OP**. Hier klicken Sie mit der Maus nacheinander auf beide Rechnungen. Schon wird Ihnen die Funktion **Buchen** angeboten und Sie können die Buchung abschließen.

**Übung**

Erfassen Sie bitte diese beiden Positionen des Kontoauszugs unter **Einnahmen/Ausgaben in den Stapel → 1200/1800 Bank.** Hier werden in einem Betrag mehrere Rechnungen bezahlt. Denken Sie daran, vor dem Buchen auf das Feld **OP** zu klicken und verwenden Sie keinen Steuersatz.

| **Buchen → Einnahmen/Ausgaben in den Stapel → 1200/1800 Bank** | | | | | | |
|---|---|---|---|---|---|---|
| Datum | Beleg | Buchungstext | Betrag | Konto SKR 03/04 | Kategorie | Steuer |
| 11.05. | | Anfangsbestand | 1.150,00 | Kontrolle – Saldo | | |
| 11.05. | B 5 | Rest RG 236+RG 126 | 9.760,00 | 20200 | Einnahme | keine |
| 11.05. | B 5 | Rest RG 119+RG 333 | 7.760,00 | 72000 | Ausgabe | keine |
| | | Saldo | 3.150,00 | Kontrolle | | |

**Lösung**

Die Firma Braun GmbH überweist 9.760 Euro. Sie zahlt den Rest der Rechnung Nr. 236, das sind 5.000 Euro, und die gesamte Rechnung Nr. 126 über 4.760 Euro. Außerdem überweisen Sie an die Firma Bürohandel Maurer 7.760 Euro. Damit zahlen Sie den Rest der Rechnung Nr. 119 über 3.000 Euro und die Rechnung Nr. 333 über 4.760 Euro.

## 12.7 Zahlungen mit Skontoabzug

Was ist zu tun, wenn der Kunde vom Skontoabzug Gebrauch macht und Ihnen nicht den glatten Rechnungsbetrag überweist, sondern weniger?

Wieder geben Sie die Summe, die Sie erhalten haben, in das Betragsfeld ein, erfassen das Debitorenkonto und klicken auf das Feld **OP**. In diesem Fall wählen Sie im OP-Fenster die entsprechende Rechnung aus und klicken auf **Weiter.**

Im nächsten Fenster sehen Sie oben, dass eine Differenz vorliegt. In diesem Fall wählen Sie die Funktion **Ausbuchen des Differenzbetrages als Minderung** und klicken erneut auf **Weiter.**

Im letzten Fenster müssen Sie das entsprechende Minderungskonto eingeben, erst dann bietet Ihnen das Programm die Funktion **Buchen** an.

**Übung**

Erfassen Sie bitte die letzten beiden Positionen des Kontoauszugs. Hier werden Rechnungen abzüglich Skonto überwiesen. In diesem Fall buchen Sie den Betrag, der auf dem Kontoauszug steht und geben später ein Minderungskonto ein. In diesem Fall sind es die Konten „8736/4736 Gewährte Skonti 19% Umsatzsteuer" und „3736/5736 Erhaltene Skonto 19% Vorsteuer".

| Buchen → Einnahmen/Ausgaben in den Stapel → 1200/1800 Bank | | | | | | |
|---|---|---|---|---|---|---|
| Datum | Beleg | Buchungstext | Betrag | Konto SKR 03/04 | Kategorie | Steuer |
| 18.05. | | Anfangsbestand | 3.150,00 | Kontrolle - Saldo | | |
| 18.05. | B 5 | RG 125 abzüglich 2% Skonto | 5.831,00 | 10100 8736/4736 | Einnahme | keine |
| 18.05. | B 5 | RG 2804 abzüglich 2% Skonto | 1.749,30 | 71000 3736/5736 | Ausgabe | keine |
| | | Saldo | 7.231,70 | Kontrolle | | |

## Lösung

Die Kundin Sabine Anders hat 5.831 Euro überwiesen. Sie hat die Rechnung Nr. 125 über 5.950 Euro abzüglich 2% Skonto gezahlt. Sie haben die Rechnung Nr. 2804 der Firma Haufe-Lexware abzüglich 2% Skonto überwiesen.

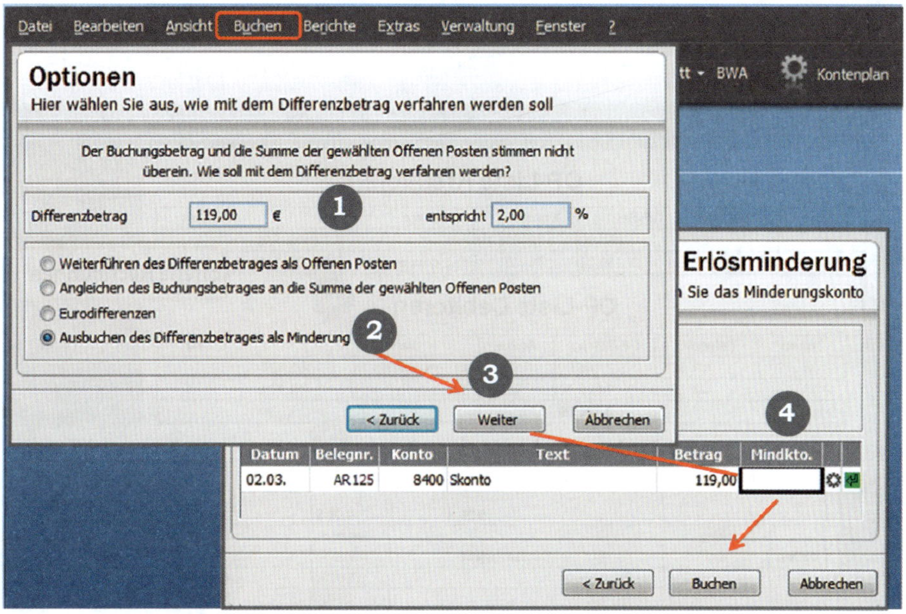


*Abb. 4:* ***Zahlung abzüglich Skonto:*** *Ist die Rechnung in der OP-Liste ausgewählt, öffnet sich ein Fenster* ❶. *Hier wählen Sie die Funktion „Ausbuchen des Differenzbetrages als Minderung"* ❷, *gehen über* ***Weiter*** ❸ *ins letzte Fenster und erfassen das Minderungskonto „8736/4736"* ❹.

Bei diesem Minderungskonto ist der Steuersatz „USt. 19%" hinterlegt, d.h. die Umsatzsteuer aus dem Skontobetrag wird automatisch korrigiert.

## 12.8 OP-Listen ansehen

Sobald die Geldeingänge der Kunden und die Zahlungen an die Lieferanten über den Kontoauszug erfasst sind, können Sie die OP-Listen ansehen.

**Übung**

Sind alle Positionen des Kontoauszugs erfasst und stimmt der Kontostand im Programm mit Ihrem überein, können Sie die Buchungsmaske schließen. Sehen Sie sich bitte anschließend die OP-Listen an.

**Lösung**

Ihre Buchungen finden Sie unter **Ansicht → Buchungsstapel.** Hier können Sie Ihre Eingaben ansehen und ggf. ändern oder löschen. Die Listen **OP-Debitoren** und **OP-Kreditoren** können Sie im Menü **Berichte** drucken, wenn Sie im Auswertungsbereich **Stapel** oder **Alle Buchungen** wählen.

Sowie die Buchungen ins Journal übertragen wurden unter **Buchen → Stapel ausbuchen,** finden Sie die Listen auch im Menü **Ansicht.**

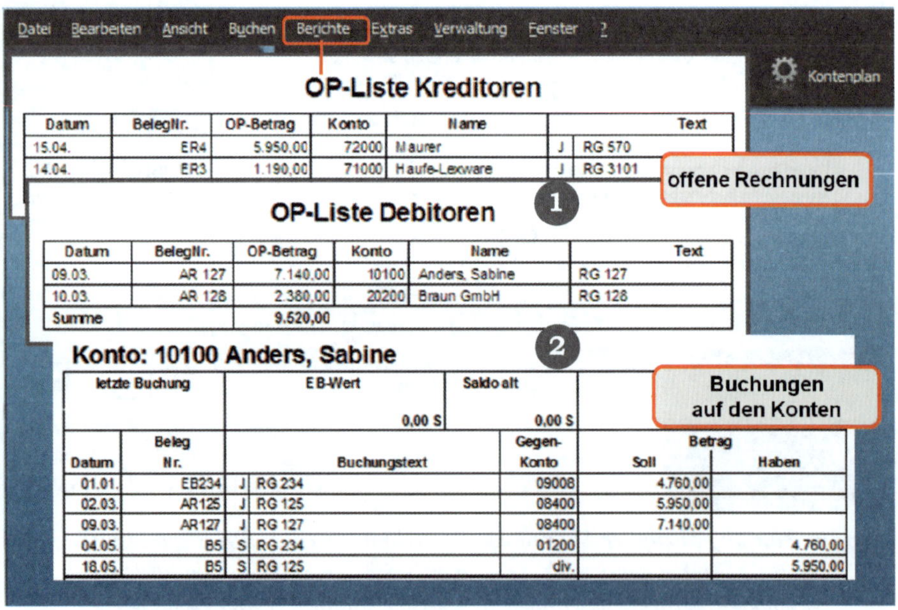


*Abb. 5:* ***Was ist der Unterschied von OP-Debitoren und dem Debitorenkonto?***
*Die Liste „OP-Debitoren" ❶ zeigt Ihnen lediglich die offenen Rechnungen, während Sie auf dem „Debitorenkonto" ❷ alle Buchungen finden.*

In den Listen **OP-Kreditoren** und **OP-Debitoren** sehen Sie alle offenen Rechnungen. Eine Rechnung bleibt dort solange stehen, bis die Zahlung gebucht wurde. Diese Liste steht Ihnen immer zur Verfügung, wenn es offene Rechnungen gibt, hier sehen Sie die offenen Rechnungen aus Vorjahren genauso wie die aus dem laufenden Jahr.

Auf den **Kreditoren**- und **Debitorenkonten** dagegen sehen Sie die Buchungen des laufenden Jahres, den Anfangsbestand sowie alle Rechnungen und alle Zahlungen, die auf das Konto gebucht wurden. Sind die Anfangsbestände auf den Konten erfasst, müssen die Salden der OP-Listen mit den Salden der Konten übereinstimmen.

Möglicherweise finden Sie in einer OP-Liste folgendes Bild, die Rechnung und deren Zahlung sind noch sichtbar. Warum das nicht ausgeglichen ist? Es liegt daran, dass Sie beim Erfassen des Geldeingangs gleich auf **Buchen** geklickt haben, statt vorher über das Feld **OP** zu gehen und dort die passende Rechnung auszuwählen.

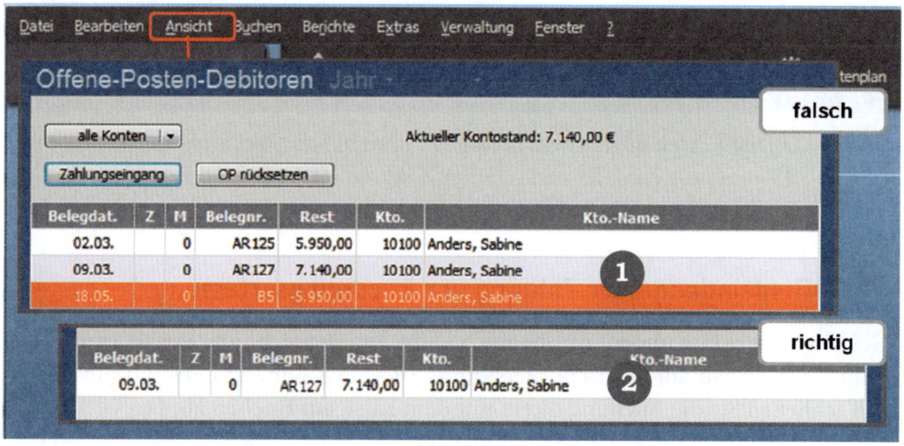


*Abb. 6:* ***Fehlerhafte OP-Liste:*** *Die Rechnung von 5.950 Euro sowie deren Zahlung stehen noch in der „OP-Liste“* ❶. *Bei der Erfassung des Geldeingangs wurde das „OP Fenster“ nicht genutzt. Sonst wäre nur die offene Rechnung von 7.140 Euro zu sehen* ❷.

Möchten Sie diesen Fehler beheben, müssen Sie im Menü **Buchen** unter **Offene Posten abgleichen** die beiden Positionen auswählen und abgleichen. Bei diesem Vorgang bleiben auf dem Debitorenkonto die Buchungen der Rechnung und der Zahlung unberührt. Sie bereinigen lediglich Ihre OP-Liste. Handelt es sich um mehrere unausgeglichene offene Posten, können Sie sich von der Software helfen lassen über die Funktion **Automatik**. Dazu klicken Sie oben auf die Rechnung und unten auf das Feld „Automatik“. Danach können Sie den Vorschlag überprüfen und ebenfalls über die Funktion **Durchführen** abgleichen.

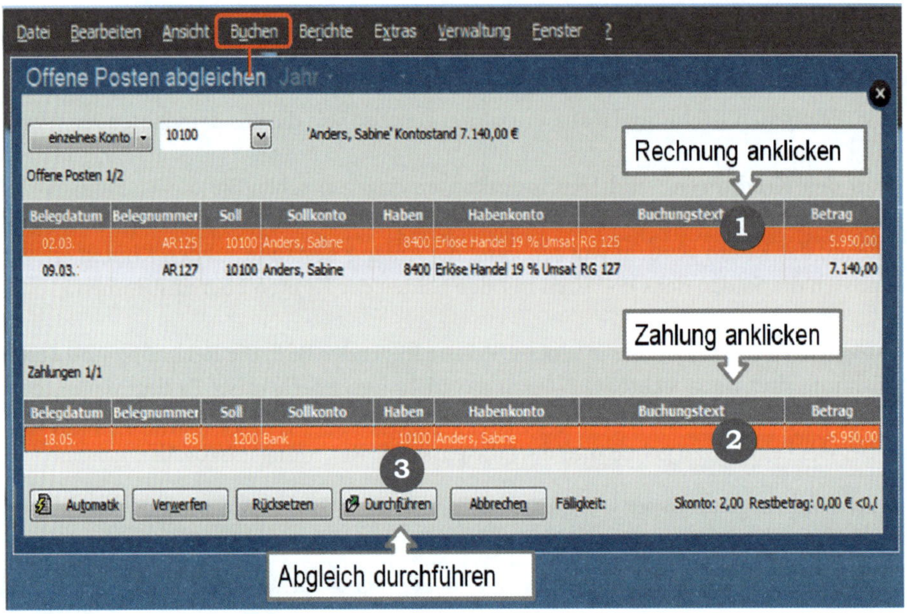


*Abb. 7:* ***Offene Posten abgleichen:*** *Sie klicken oben auf die Rechnung von 5.950 Euro ❶ und unten auf die dazugehörige Zahlung ❷. Anschließend wählen Sie die Funktion* ***Durchführen*** *❸ und schon verschwinden beide Positionen aus der Liste.*

## 12.9 Geldeingang oder Zahlung vor Rechnungserfassung

Geldeingänge von Kunden, für die noch keine Kundenrechnung erfasst wurde, buchen Sie trotzdem auf das Debitorenkonto. Allerdings ohne das Feld **OP**, in diesem Fall schließen Sie die Buchung direkt mit dem Klick auf **Buchen** ab. Das Gleiche gilt auch für Zahlungen, die vom Konto abgehen, ohne dass die Eingangsrechnung erfasst wurde. In diesen Fällen erfolgt die spätere Erfassung der Rechnungen zusammen mit dem Feld **OP**. D.h. beim Erfassen der Rechnungen wählen Sie im **OP Fenster** die entsprechende Zahlung aus. Mehr dazu in den Kapiteln 10.10 „Rechnungserfassung - erst nach Zahlungseingang“ und 11.10 „Rechnungserfassung – erst nach Zahlung“.

**Weitere Informationen**

Videos unter www.lexware.de/support

- Arbeiten mit offenen Posten
- Ist-Versteuerung und OP-Verwaltung

# 13. Kontoauszüge erfassen Teil 2 – manuell und online

**Im ersten Teil dieses Kapitels werden Geldeingänge und Zahlungen erfasst, die nicht mit einem Debitoren- oder Kreditorenkonto zusammenhängen. Hier erfahren Sie, was bei Geldeingängen und Abbuchungen zu beachten ist, und Sie lernen weitere Konten kennen, die in der Praxis öfter vorkommen. Ihre Eingaben können Sie jederzeit ändern und in verschiedenen Berichten ansehen.**

**Im zweiten Teil dieses Kapitels wird die Verbuchung von Online-Kontoauszügen gezeigt. Auch eine Alternative für die Erfassung von Kontoauszügen.**

| Voraussetzungen für die Übungen | | |
|---|---|---|
| Einstellungen | Überprüfen Sie, ob in den Firmenstammdaten der Haken bei „unterschiedliche Belegnummernkreise" gesetzt ist.<br>Unter Verwaltung – Belegnummern sollte der Belegnummernkreis „SPK" für Sparkasse angelegt sein. | |
| Hinweise zu den Eingaben | In diesen Übungen wird ohne Debitoren- und Kreditorenkonten gebucht.<br>Bei Geldeingängen von Kunden und Zahlungen an Lieferanten handelt es sich um Rechnungen von Juni, die zuvor nicht auf Forderungen oder Verbindlichkeiten gebucht wurden. Sie werden direkt auf Ertrags- und Aufwandskonten gebucht.<br>Gebucht wird im Juni, in diesem Monat sollten keine Buchungen im Stapel stehen. | |

## 13.1 Buchungsmaske und Belegnummernkreis festlegen

Sie öffnen die Buchungsmaske unter **Buchen → Einnahmen/Ausgaben in den Stapel** und wählen in der Kontenauswahl zum Beispiel das Konto **1220/1820 Bank** aus.

Beim Öffnen der Buchungsmaske in der Kontenauswahl finden Sie nur Konten der Kategorie „Finanzkonto". Die verschiedenen Kassen- und Bankkonten sind so voreingestellt. Möchten Sie ein Darlehenskonto mit dieser Buchungsmaske buchen, müssen Sie im Kontenplan für dieses Konto die Kategorie „Finanzkonto" statt „Verbindlichkeiten" wählen. Allerdings ist das ist nur möglich, solange noch nicht auf dieses Konto gebucht wurde. Mehr dazu im Kapitel 4.5 „Buchungsmaske Einnahmen/Ausgaben in den Stapel".

Schneller geht die Erfassung in dieser Buchungsmaske, weil Sie nur ein Konto eingeben, das Konto **1220/1820 Bank** bucht die Software im Hintergrund automatisch. Sie steuern über die Auswahl **Einnahme** oder **Ausgabe**, wie gebucht wird. Außerdem sehen Sie immer auf einem Blick den aktuellen Kontostand.

Für die Erfassung von Kontoauszügen empfiehlt es sich, den Belegnummernkreis „B-Bank" oder „SPK-Sparkasse" zu verwenden. So können Sie die Kontoauszüge getrennt von anderen Buchungen nummerieren. Man vergibt in der Regel pro Kontoauszug eine Nummer. Mehr dazu im Kapitel 5.1 „Belegnummernkreise anlegen".

**Übung**

Öffnen Sie bitte die Eingabemaske unter **Einnahmen/Ausgaben in den Stapel → 1220/1820 Bank 2** und legen Sie den Belegnummernkreis „SPK" für Sparkasse an, ohne die Funktion „automatisch Hochzählen".

**Lösung**

Ist die Liste der Belegnummernreis geöffnet, können Sie über die Funktion **Verwaltung** neue Nummernkreise anlegen.

## 13.2 Geldeingänge und die Umsatzsteuer

Sie erfassen das Datum, die Belegnummer, den Buchungstext sowie den Bruttobetrag ohne Vorzeichen. Anschließend müssen Sie das entsprechende Konto erfassen und **Einnahme** oder **Ausgabe** wählen.

Wenn Sie Ihre Kundenrechnungen auf Debitorenkonten erfassen, müssen Sie aufpassen, dass Sie den Geldeingang des Kunden nicht noch einmal auf ein Erlöskonto buchen, sondern auf das entsprechende Debitorenkonto. Der Erlös und die Umsatzsteuer wurden bereits bei der Erfassung der Rechnung gebucht und jetzt ist nur noch die offene Forderung über das Feld **OP** auszubuchen.

Jetzt aber zu den Erlösen, die auf Ihrem Bankkonto eingehen und für die zuvor **keine** Rechnung gebucht wurde. Diese Erlöse buchen Sie hier direkt auf eines der verschiedenen Ertragskonten mit den entsprechenden Steuersätzen. Weitere Ertragskonten finden Sie unter www.iris-thomsen.de/kontenplan/ertragskonten/.

**Achtung**

Bei Ertragskonten schlägt die Software in der Auswahl bereits **Einnahme** vor, bei allen anderen Einnahmen, wie zum Beispiel Privateinlagen oder Darlehen, müssen Sie selbst die Auswahl treffen.

## 13.3 Zahlungen und die Vorsteuer

Gehen von Ihrem Bankkonto Zahlungen für Eingangsrechnungen ab, die Sie zuvor auf Kreditorenkonten gebucht haben, müssen Sie auch die Zahlung auf das entsprechende Kreditorenkonto buchen. Sie öffnen über das Feld **OP** die Liste der offenen Rechnungen, wählen die richtige Rechnung aus und klicken auf **Buchen**.

Von Ihrem Bankkonto abgehende Zahlungen, für die zuvor **keine** Rechnung gebucht wurde, buchen Sie auf Aufwandskonten. Bei den meisten Aufwandskonten ist ein Vorsteuersatz hinterlegt, der automatisch in der Buchungsmaske erscheint. Was ist zu tun, wenn der Steuersatz des gewählten Kontos nicht mit Ihrem Beleg übereinstimmt? Bei normalen Ausgaben genügt es, in der Buchungsmaske den Vorsteuersatz von zum Beispiel „VSt. 19%“ auf „VSt. 7%“ zu ändern, da nur die Vorsteuer in der Umsatzsteuer-Voranmeldung erfasst wird.

Handelt es sich allerdings um Rechnungen ohne Umsatzsteuer mit dem Hinweis auf Steuerschuldumkehr nach § 13b UStG bzw. das Reverse-Charge-Verfahren oder dem Hinweis auf innergemeinschaftlichen Erwerb, müssen Sie unbedingt die dafür vorgesehenen Konten und Steuerschlüssel verwenden. Mehr dazu erfahren Sie im Kapitel 9.4 „Einstellungen zur Umsatzsteuer – Eigenschaften". Eine Übersicht zu Aufwandskonten sowie Buchungshinweise zu den verschiedenen Sonderfällen finden Sie unter www.iris-thomsen.de/kontenplan/aufwandskonten/.

## 13.4 Kontoauszüge buchen – Sonstige Geldeingänge und Zahlungen

Jetzt wird gebucht. Für regelmäßige Geldeingänge oder Zahlungen können Sie direkt beim Buchen eine Buchungsvorlage anlegen. Schon bei der nächsten Buchung können Sie die Vorteile nutzen.

**Übung**

Erfassen Sie bitte die folgende Position auf dem Kontoauszug unter **Einnahmen/Ausgaben in den Stapel → 1220/1820 Bank 2** und verwenden Sie dabei den Belegnummernkreis „SPK" für Sparkasse. Dieses Bankkonto wurde gerade erst eröffnet, daher beträgt der aktuelle Kontostand 0 Euro. Legen Sie bitte für die Haftpflichtversicherung gleichzeitig eine **Buchungsvorlage** an.

| **Buchen → Einnahmen/Ausgaben in den Stapel → 1220/1820 Bank 2** | | | | | | |
|---|---|---|---|---|---|---|
| Datum | Beleg | Buchungstext | Betrag | Konto SKR03/04 | Kategorie | Steuer |
| 02.06. | | Anfangsbestand | 0,00 | Kontrolle | | |
| 02.06. | SPK 1 | Haftpflichtversicherung | 250,00 | 4360/6400 | Ausgabe | keine |
| | | Saldo | -250,00 | Kontrolle | | |

Denken Sie bitte daran, nach der Eingabe den Kontostand zu überprüfen.

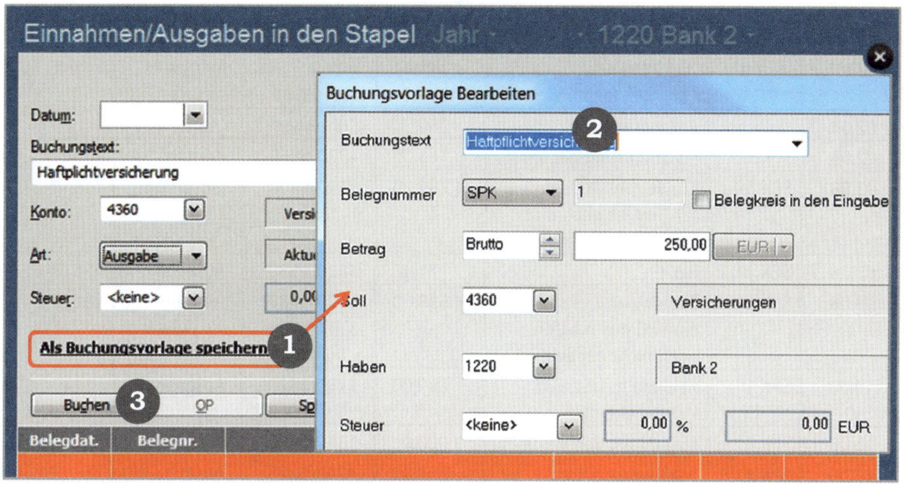


*Abb. 1:* ***Buchungsvorlage anlegen:*** *Sind alle Daten erfasst, klicken Sie auf* ***Als Buchungsvorlage speichern*** *❶. Es öffnet sich ein Fenster ❷, in dem Sie die Daten für die Vorlage überprüfen und speichern können. Ist das Fenster wieder geschlossen, fehlt nur noch der Klick auf* ***Buchen*** *❸.*

Möchten Sie die nächste Abbuchung dieses Versicherungsbetrags erfassen, geben Sie im Feld **Buchungstext** den Buchstaben „h" oder das Wort „vers" ein. Je nach Einstellung der Buchungsmaske wird die Buchungsvorlage sofort angezeigt oder erst durch den Klick auf dem Pfeil. Sowie die Vorlage sichtbar ist, wählen Sie sie aus und bestätigen mit „Enter". Dadurch werden der Buchungstext „Haftpflichtversicherung", das Konto „4360/6400 Versicherungen" und der Betrag von 250 Euro automatisch in die Buchungsmaske übernommen. Mehr dazu im Kapitel 5.3 „Buchungsvorlagen anlegen".

Befinden sich die Buchungen noch im Stapel, sehen Sie diese im Menü **Ansicht** nur im **Buchungsstapel.** Hier können Sie Ihre Eingaben ansehen und ggf. ändern oder löschen. Ihre vorläufigen Ergebnisse sehen Sie nur im Menü **Berichte**, wenn Sie im Auswertungsbereich **Stapel** oder **Alle Buchungen** wählen.

## Übung

Erfassen Sie bitte die weiteren Positionen des folgenden Kontoauszugs unter **Einnahmen/Ausgaben in den Stapel → 1220/1820 Bank 2.** Kontrollieren Sie bitte zunächst den Kontostand und verwenden Sie beim Buchen den Belegnummernkreis „SPK" und die bereits angelegten Buchungsvorlagen. Denken Sie daran, bei der Position „Einzahlung von Kasse" **Einnahme** zu wählen.

| **Buchen → Einnahmen/Ausgaben in den Stapel → 1220/1820 Bank 2** | | | | | | |
|---|---|---|---|---|---|---|
| Datum | Beleg | Buchungstext | Betrag | Konto SKR 03/04 | Kategorie | Steuer |
| 02.06. | | Anfangsbestand | -250,00 | Kontrolle | | |
| 02.06. | SPK 1 | Kontoführungsgebühr | 115,00 | 4970/6855 | Ausgabe | keine |
| 03.06. | SPK 1 | Kunde zahlt RG aus Juni, sie ist noch nicht gebucht. | 1.785,00 | 8400/4400 | Einnahme | USt.19% |
| 07.06. | SPK 1 | Benzin | 71,40 | 4530/6530 | Ausgabe | VSt.19% |
| 08.06. | SPK 1 | Zahlung an Lieferant, eine RG aus Juni, die noch nicht gebucht ist. | 595,00 | 3400/5400 | Ausgabe | VSt.19% |
| 10.06. | SPK 1 | Zahlung lt. USt.-Voranmeldung | 680,00 | 1780/3820 | Ausgabe | keine |
| 15.06. | SPK 1 | Einzahlung von Kasse | 1.000,00 | 1360/1460 | Einnahme | keine |
| 16.06. | SPK 1 | Stadtwerke Strom | 357,00 | 4240/6325 | Ausgabe | VSt.19% |
| 22.06. | SPK 1 | Telefongebühren | 59,50 | 4920/6805 | Ausgabe | VSt.19% |
| 30.06. | SPK 1 | Haftpflichtvers. | 250,00 | 4360/6400 | Ausgabe | keine |
| | | Saldo | 407,10 | Kontrolle | | |

Vergleichen Sie bitte nach der Eingabe den Kontostand im Programm mit dem tatsächlichen Saldo Ihres Kontoauszugs. Stimmen die Werte überein, können Sie den Stapel ausbuchen.

In den Versionen pro und premium können Sie mit mehreren Stapeln arbeiten. Wenn Sie in diesem Beispiel dem Stapel den Namen „Bank oder Sparkasse“ geben, können Sie ihn getrennt von den anderen Buchungen früher oder später ausbuchen. Mehr dazu im Kapitel 6.4 „Arbeiten mit mehreren Stapeln (pro und premium)“.

## Lösung

Sowie die Buchungen ins Journal übertragen wurden über **Buchen → Stapel ausbuchen**, finden Sie diese im Menü **Ansicht** im Journal und auf den Konten.

Im Menü **Berichte** können Sie nun Auswertungen ohne das Wort „vorläufig" sehen, wenn Sie im Auswertungsbereich **Journal** wählen.

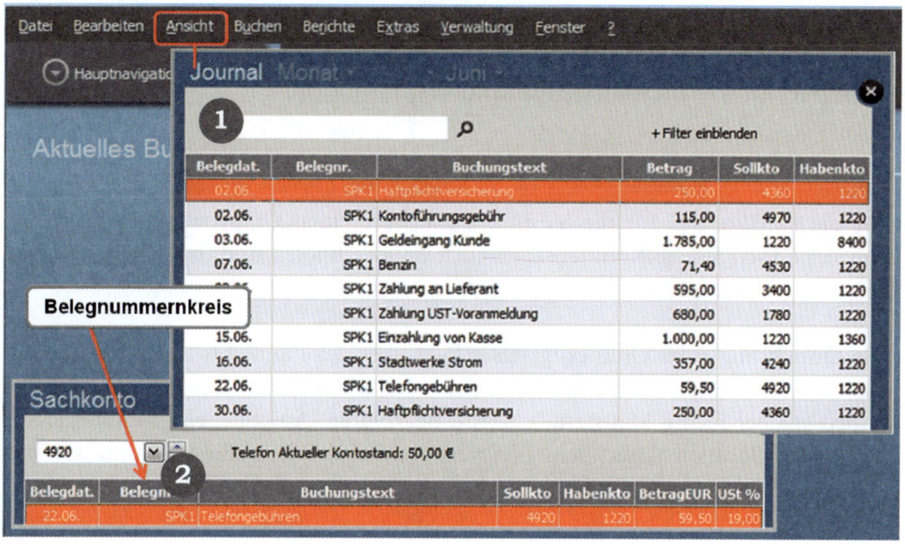


*Abb. 2:* ***Buchungen ansehen:*** *Sowie die Buchungen ins Journal übertragen wurden, finden Sie diese im Menü* ***Ansicht*** *im Journal ❶ und auf den Konten. Auf dem Sachkonto ❷ sehen Sie eine Buchung mit Belegnummernkreis. Sie finden diese Buchung auf dem Kontoauszug „1 der Sparkasse“.*

## 13.5 Die Summen- und Saldenliste als Kontenübersicht

Die Summen- und Saldenliste können Sie im Menü **Berichte** ausdrucken. In dieser Liste sehen Sie alle Konten, auf die bisher gebucht wurde. Mit anderen Worten: Sie sehen hier nur die Konten, die Sie für Ihre Buchführung brauchen.

Die große Kontenauswahl macht das Erledigen der Buchführung manchmal schwierig und so eine Liste kann die Arbeit enorm erleichtern.

**Tipp**

Wurde die Buchführung bisher mit einer anderen Software erledigt, wäre es sinnvoll, sich aus dem vorherigen Programm eine Summen- und Saldenliste zu besorgen. Diese Liste können Sie in der Anfangszeit nutzen um die Konten leichter zu finden.

Arbeiten Sie schon länger mit dem Lexware buchhalter und brauchen Sie die Summen- und Saldenliste nicht mehr, dann können Sie den Kontenplan im Programm individuell einstellen. Dazu sind einige Schritte notwendig. Wählen Sie zunächst im Kontenplan die Funktion **Verwaltung einblenden** und dort die Funktion **Bebuchte Konten auswählen.** Gehen Sie wieder zurück zum Kontenplan über **Verwaltung**

**einblenden.** Dort können Sie jetzt im Wechsel über die Funktion **Filter einblenden** nur Ihre Konten sehen und über **Filter ausblenden** wieder alle Konten. Mehr dazu im Kapitel 9.8 „Die individuelle Kontenübersicht einrichten".

## 13.6 Alternative – Die Kontoauszüge online abholen und verbuchen

Für die Bankkonten, für die Sie in der Software einen Onlinezugang eingerichtet haben, können Sie die Kontoauszüge auch online abholen und in einer besonderen Eingabemaske verbuchen.

Die Einrichtung eines Onlinezugangs erfolgt über das Fibukonto Bank im Kontenplan. Öffnen Sie den Kontenplan, wählen das Konto „1200/1800 Bank" aus und öffnen es über rechte Maustaste - **Konto bearbeiten.** Anschließend hinterlegen Sie im Register **Bank** die tatsächliche Bankverbindung, aktivieren die Funktion „Onlinekonto" und klicken auf „Onlinekonto-Kontakt anlegen/bearbeiten".

Wurde in den Versionen pro und premium bereits die Bankverbindung in der Zentrale unter **Verwaltung → Bankangaben** erfasst, müssen Sie im Kontenplan beim entsprechenden Bankkonto diese Bankverbindung nur noch zuordnen.

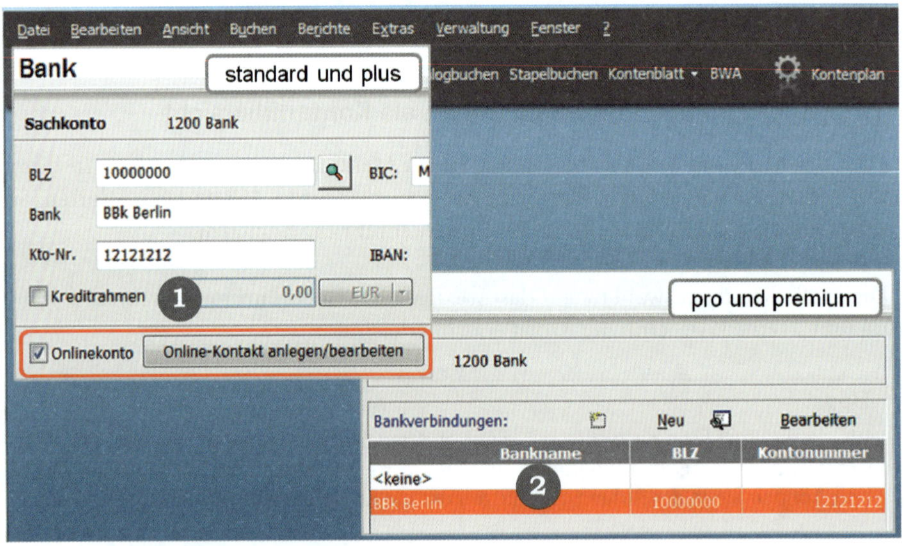


*Abb. 3:* ***Einrichtung Onlinekonto starten:*** *Im Kontenplan im Konto „1200 Bank" können Sie die Funktion* ***Onlinekonto*** ❶ *aktivieren und den Assistenten „Online-Kontakt anlegen/bearbeiten" starten. In den Versionen pro und premium muss die Bankverbindung ggf. nur noch zugeordnet werden* ❷.

Nach dem Klick auf „Online-Kontakt anlegen/bearbeiten“ öffnet sich ein Assistent dem Sie Schritt für Schritt folgen müssen. Die Einrichtung des Onlinezugangs ist in der Programmhilfe sowie in der Online-Hilfe ausführlich beschrieben. Vor allem aber brauchen Sie Daten von Ihrer Bank, deshalb sollten Sie die Einrichtung zu einem Zeitpunkt durchführen, zu dem Berater/innen Ihrer Bank erreichbar sind.

Sowie der Onlinezugang eingerichtet ist, können Sie nicht nur die Kontoauszüge online abrufen, sondern auch Ihr Onlinebanking mit der Software erledigen. Mehr dazu im Kapitel 20 „ Den Zahlungsverkehr erledigen“.

Unter **Extras → Zahlungsverkehr** wählen Sie zuerst die Funktion „Onlinekontoauszug abholen“ und danach das gewünschte Bankkonto. Mit dem Klick auf **Weiter** startet der Onlineabruf. Sowie dieser Vorgang abgeschlossen ist, stehen Ihnen die Daten unter **Buchen → Online-Kontoauszug abgleichen** zur Verfügung.

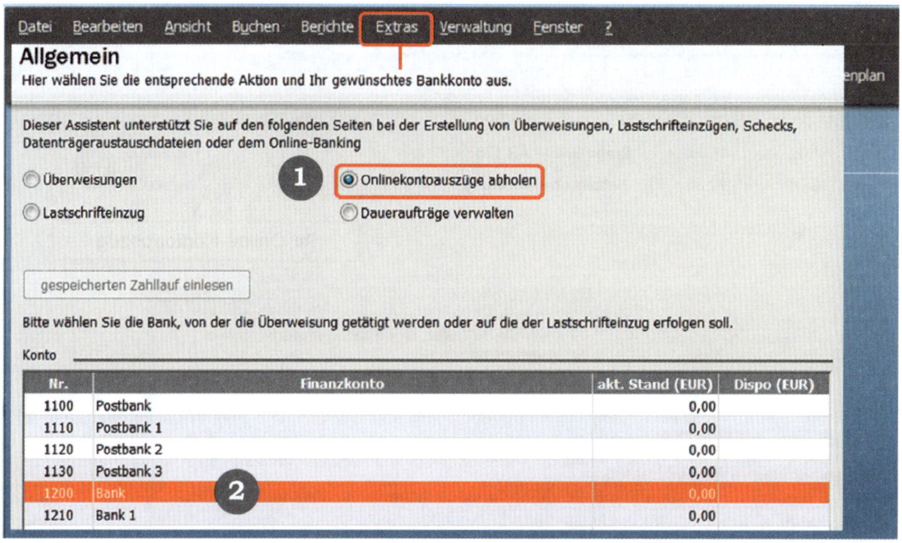


*Abb. 4:* ***Online-Kontoauszüge abholen:*** *Unter* ***Extras → Zahlungsverkehr*** *wählen Sie die Funktion „Onlinekontoauszüge abholen“* ❶ *Anschließend wählen Sie das Konto „1200 Bank“ aus* ❷ *und starten den Abruf.*

### Tipp

Für den Einstieg in die Verbuchung von Online-Kontoauszügen empfiehlt es sich, den Kontoauszug nur für einen kleinen Zeitraum abzurufen. Je weniger Bewegungen auf Ihrem Kontoauszug sind, umso leichter behalten Sie den Überblick in der Buchungsmaske. Sowie Sie ein paar Mal damit gearbeitet haben, ist die Datenmenge nicht mehr wichtig.

## 13.7 Buchungsmaske – Online-Kontoauszug abgleichen

Haben Sie den Onlinezugang für mehrere Bankkonten eingerichtet, müssen Sie unter **Buchen → Online-Kontoauszug abgleichen** zunächst das entsprechende Konto auswählen. Danach öffnet sich das Abgleichfenster.

Hier handelt es sich um eine Buchungsmaske, in der die Buchungen nur vorbereitet werden. Gebucht wird erst, wenn Sie beim Verlassen der Buchungsmaske auf **Buchen** klicken. Auch dann wird noch nicht sofort gebucht, vorher werden Ihnen alle Buchungen in einer Liste gezeigt, die Sie bestätigen müssen.

In der oberen Hälfte des Fensters sehen Sie die eingespielten Daten Ihres Kontoauszugs. Sie sehen, was aktuell auf Ihrem Bankkonto passiert ist, die verschiedenen Geldeingänge und Zahlungen. In der unteren Hälfte des Fensters finden Sie mehrere Register und Funktionen, die Sie für die verschiedenen Möglichkeiten der Verbuchung brauchen.

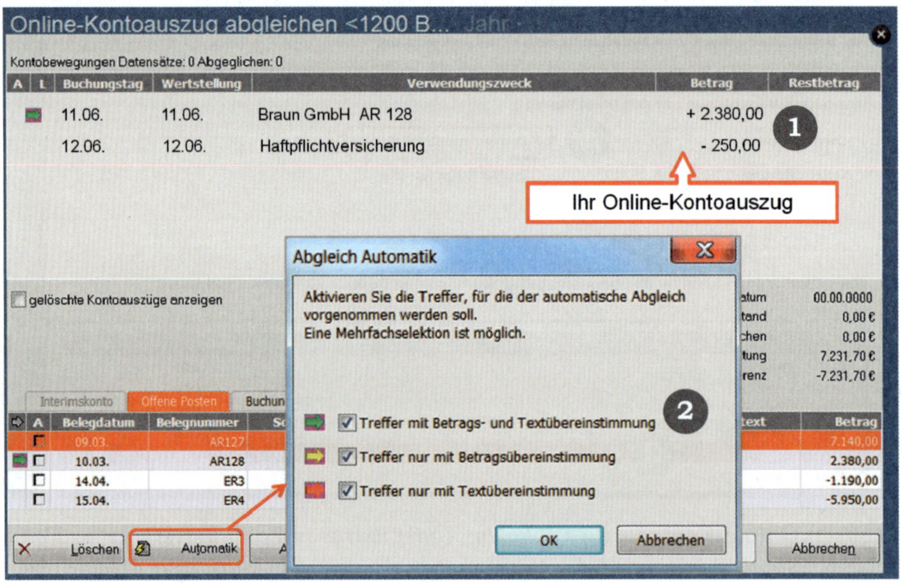


*Abb. 5:* ***Online- Kontenabgleich:*** *Im oberen Bereich sehen Sie die Daten Ihres Kontoauszugs.* ❶. *Nach dem Klick auf* ***Automatik*** *werden der Geldeingang oben und der offene Posten unten automatisch abgeglichen. Die grünen Pfeile zeigen, dass Text und Betrag übereinstimmen* ❷. *Sind Sie mit dem Abgleich einverstanden, ist die Buchung vorbereitet.*

Das Ziel ist es, jede Position Ihres Online-Kontoauszugs entweder einem offenen Posten, einer Buchungsvorlage oder einem Interimskonto zuzuordnen und die verbleibenden Positionen manuell zu verbuchen. Dazu klicken Sie zum Beispiel oben einen Geldeingang an und unten im Register „offene Posten“ die offene Kundenrechnung. Mit einem Klick auf die Funktion **Abgleich** werden beide Zeilen mit einem Haken versehen, damit ist die Buchung vorbereitet.

Über die Funktion **Automatik** macht Ihnen die Software Vorschläge für den Abgleich. Mit dem Klick auf **Automatik** öffnet sich das Auswahlfenster, in dem Sie hinterlegen, in welchen Fällen die Software abgleichen soll. Nur bei Übereinstimmung von Betrag plus Text? Oder auch schon bei Übereinstimmung entweder von Text oder Betrag? Sowie die Wahl getroffen ist, wird die Software abgleichen und die gefundenen Lösungen mit den verschiedenen Pfeilen markieren.

Diese automatischen Abgleiche können Sie überprüfen. Klicken Sie dazu oben die Zahlung an, dann sehen Sie unten die gefundene Position. Sind Sie mit dem Vorschlag einverstanden, müssen Sie zunächst nichts mehr tun, gefällt Ihnen der Vorschlag nicht, können Sie über die Funktion **Verwerfen** den Abgleich zurücksetzen, Haken und Pfeil werden entfernt.

Sie haben also die Wahl, entweder ordnen Sie die Positionen Schritt für Schritt selbst zu über **Abgleich** oder Sie nutzen die **Automatik** und kontrollieren danach die Zuordnungen. Probieren Sie aus, was Ihnen leichter fällt.

Über den Klick auf **Buchen** werden nur die abgeglichenen Positionen in die Buchungsliste übertragen. Alle anderen Positionen bleiben stehen und sind auch beim nächsten Öffnen der Buchungsmaske noch sichtbar. Beim Verlassen der Buchungsmaske über **Abbrechen** wird weder gebucht noch werden die bisher vorgenommen Abgleiche gespeichert.

**Tipp**

Sie können selbst bestimmen, ob Sie alle Positionen Ihres Kontoauszugs auf einmal buchen oder in Etappen. Angenommen, Sie haben Ihren Online-Kontoauszug abgerufen und es stehen nun oben 10 Positionen, davon zwei Geldeingänge Ihrer Kunden. Es ist möglich, nur diese beiden Geldeingänge mit den offenen Posten abzugleichen und zu verbuchen. So werden beim nächsten Öffnen in der Buchungsmaske nur noch 8 Positionen stehen.

Bevor Sie allerdings den nächsten Kontoauszug online abrufen, sollten alle Positionen aus dem oberen Fenster verarbeitet sein. D.h. der obere Bereich sollte leer sein. Wichtig ist auch die Saldenkontrolle. Erst wenn der Saldo Ihres Bankkontos mit dem Banksaldo im Programm übereinstimmt, kann es weitergehen. Liegen Differenzen vor, muss gesucht werden.

## 13.8 Abgleich mit offenen Posten

Zahlt ein Kunde eine offene Rechnung, markieren Sie den Geldeingang oben im Fenster aus den Daten Ihres Online-Kontoauszugs, klicken unten im Fenster im Register „Offene Posten" die passende Rechnung an und bereiten über die Funktion **Abgleich** die Buchung vor.

Angenommen, Sie haben alle Geldeingänge und Zahlungen mit den offenen Posten abgeglichen und haben nun keine Zeit mehr, die restlichen Positionen zu verbuchen. In diesem Fall klicken Sie zunächst auf **Buchen**.

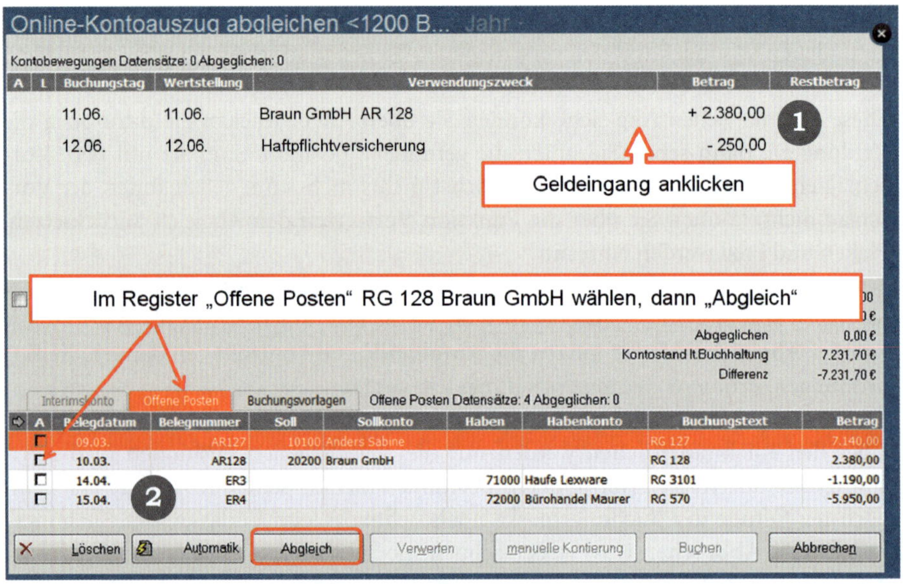


*Abb.6:* ***Abgleich von offenen Posten:*** *Zuerst markieren Sie oben den tatsächlichen Geldeingang vom Kunden Braun GmbH ❶. Anschließend öffnen Sie das Register „offene Posten" und markieren die passende Rechnung ❷. Ist beides markiert, können Sie mit einem Klick auf* ***Abgleich*** *die Buchung vorbereiten.*

Gab es Geldeingänge und Zahlungen, die die offenen Posten nicht in voller Höhe ausgeglichen haben wegen Teilzahlung oder Abzug von Nachlässen, öffnen sich nach dem Klick auf **Buchen** die entsprechenden OP-Fenster. Hier müssen Sie angeben, ob der Differenzbetrag als offener Posten fortgeführt werden soll oder ob die Minderung auszubuchen ist. Mehr zu den OP-Fenstern im Kapitel 12.4 „Kontoauszug erfassen – Geldeingang/Zahlung über das Feld OP".

Sind alle offenen Posten verbucht, wird die Buchungsliste gezeigt. In dieser Liste können Sie bestimmen, welche Buchungen tatsächlich zu buchen sind. Sie können die Belegnummern und die Buchungstexte ändern. Sind alle Daten korrekt, können Sie die Buchung abschließen. Dann allerdings wird direkt in das Journal gebucht, d.h. nachträgliche Änderungen sind möglich, aber sichtbar.

## 13.9 Abgleich mit Buchungsvorlagen

Werden Gelder vom Kontoauszug abgebucht, für die eine Buchungsvorlage angelegt ist, markieren Sie oben im Fenster die Abbuchung sowie unten im Register „Buchungsvorlagen" die entsprechende Vorlage. Nach dem Klick auf **Abgleich** wird die Buchung vorbereitet. Alternativ können Sie über die Funktion **Automatik** die Zuordnungen vom Programm vornehmen lassen, die danach nur noch zu kontrollieren sind.

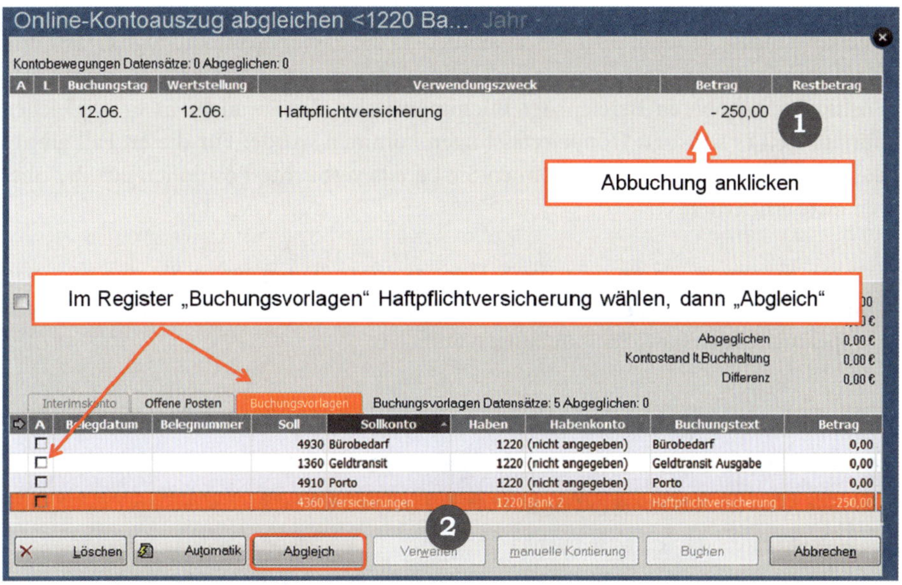


*Abb.7:* ***Abgleich von Buchungsvorlagen:*** *Zuerst markieren Sie oben die Abbuchung der Versicherung* ❶ *und unten im Register „Buchungsvorlagen" die passende Vorlage.* ❷ *Ist beides markiert bereiten Sie mit einem Klick auf* ***Abgleich*** *die Buchung vor. Mit dem Klick auf* ***Buchen*** *wird die Buchungsliste erstellt.*

Das Datum übernimmt das Programm automatisch, genauso wie den Buchungstext und den Betrag. Nach dem Klick auf **Buchen** können Sie die Belegnummer und den

Buchungstext ändern. Stimmen andere Daten nicht, müssen Sie die Buchung aus der Liste entfernen und nur die korrekten Buchungen abschließen. Danach können Sie die Buchungsmaske wieder öffnen und den Abgleich wiederholen.

## 13.10 Restliche Positionen verbuchen

Im Register „Interimskonto“ finden Sie nur dann Buchungen für einen möglichen Abgleich, wenn Sie zuvor Rechnungen mit der Software bezahlt und ausgebucht haben. Mehr dazu im Kapitel 20 „Den Zahlungsverkehr erledigen“.

Alle übrigen Geldeingänge und Zahlungen auf Ihrem Online-Kontoauszug müssen Sie über die Funktion **manuelle Kontierung** manuell erfassen. Sie geben wie in allen anderen Buchungsmasken die Kontonummer selbst ein. Den Buchungstext können Sie erst später in der Buchungsliste kurz vor der endgültigen Verbuchung anpassen.

Angenommen, Sie haben eine Position Ihres Online-Kontoauszugs in einer anderen Buchungsmaske gebucht oder Sie haben bereits die Papier-Kontoauszüge erfasst und für diesen Zeitraum noch einmal die Online-Kontoauszüge abgeholt. Es stehen also Positionen im oberen Bereich der Buchungsmaske, die Sie nicht mehr abgleichen dürfen, weil es sonst zu Doppelerfassungen kommen würde. Für diesen Fall gibt es die Funktion **Löschen**. Damit können Sie bereits verbuchte Positionen aus der oberen Liste erntfernen.

Denken Sie immer daran, erst die Salden zu kontrollieren bevor Sie den nächsten Online-Kontoauszug abrufen. Durch die Saldenkontrolle würden Ihnen mögliche Doppelbuchungen bzw. Fehlbuchungen auffallen.

**Weitere Informationen**

Videos unter www.lexware.de/support

- Onlinebanking in Lexware buchhalter
- Online Kontoauszug verbuchen in Lexware buchhalter

# 14. Splittbuchungen und die Nettobetragserfassung

**Splittbuchungen erleichtern das Buchen. Sie können Positionen Ihres Kontoauszugs oder einer Rechnung auf verschiedene Konten buchen. Manche Splittbuchungen können sogar als Buchungsvorlage angelegt werden.**

**Außerdem lernen Sie hier die Möglichkeit der Nettobetragserfassung kennen.**

| Voraussetzungen für die Übungen | | |
|---|---|---|
| Einstellungen | Überprüfen Sie bitte, ob in den Firmenstammdaten der Haken bei „unterschiedliche Belegnummernkreise" gesetzt ist.<br>Unter Verwaltung – Belegnummern sollten die Belegnummernkreise „AR" für Ausgangsrechnungen und „ER" für Eingangsrechnungen angelegt sein. | |
| Hinweise zu den Eingaben | Die Rechnungen werden in der Übung auf die Sachkonten Forderungen und Verbindlichkeiten gebucht. Sie können diese aber auch auf Debitoren- und Kreditorenkonten buchen, wenn diese angelegt sind.<br>Gebucht wird im Oktober, in diesem Monat sollten noch keine Buchungen im Stapel stehen. | |

## 14.1 Splittbuchungen bei Geldeingängen und Zahlungen

Bei manchen Positionen des Kontoauszugs kommt es vor, dass Sie den Betrag aufteilen und die verschiedenen Teilbeträge auf zwei oder mehrere Konten buchen müssen. In diesem Fall bietet sich die Funktion **Splitten** an.

**Beispiel**

Die Abschlussgebühren der Bank werden in einer Summe abgebucht. Der Betrag setzt sich aus zwei Positionen zusammen, der Kontoführungsgebühr und Zinsen.

In diesem Fall geben Sie in der Eingabemaske den Buchungstext sowie den Gesamtbetrag ein. Die Felder **Konto** und **Steuer** lassen Sie leer und klicken auf **Splitten.**

Dadurch öffnet sich das **Splittfenster**. Hier buchen Sie nun nacheinander die Teilbeträge und klicken jeweils auf Übernehmen. Erst wenn die Summe der Teilbeträge mit dem Gesamtbetrag übereinstimmt, können Sie auf **Schließen** klicken und gelangen zurück zur Buchungsmaske. Das Feld **Konto** ist nun gesperrt und mit einem Klick auf **Buchen** können Sie die Eingabe abschließen.

**Übung**

Erfassen Sie bitte die folgende Position auf dem Kontoauszug unter **Buchen → Einnahmen/Ausgaben in den Stapel → 1100/1700 Postbank** und nutzen Sie dafür die Funktion **Splitten.** Legen Sie weiterhin bitte den Belegnummernkreis „PB" für Postbank an. Dazu klicken Sie im Feld **Belegnummernkreis → Kürzel** auf den Pfeil und dann auf **Verwaltung.** Dieses Bankkonto wurde gerade erst eröffnet, daher beträgt der aktuelle Kontostand 0 Euro.

| **Buchen → Einnahmen/Ausgaben in den Stapel → 1110/1700 Postbank** | | | | | | |
|---|---|---|---|---|---|---|
| Datum | Beleg | Buchungstext | Betrag | Konto SKR 03/04 | Kategorie | Steuer |
| 01.10. | | Anfangsbestand | 0,00 | Kontrolle | | |
| 02.10. | PB 1 | Abschluss Bank<br>Kontoführungsgebühr<br>Zinsen | 115,00<br>15,00<br>100,00 | <br>4970/6855<br>2110/7310 | <br>Ausgabe<br>Ausgabe | <br>keine<br>keine |
| | | Saldo | -115,00 | Kontrolle | | |

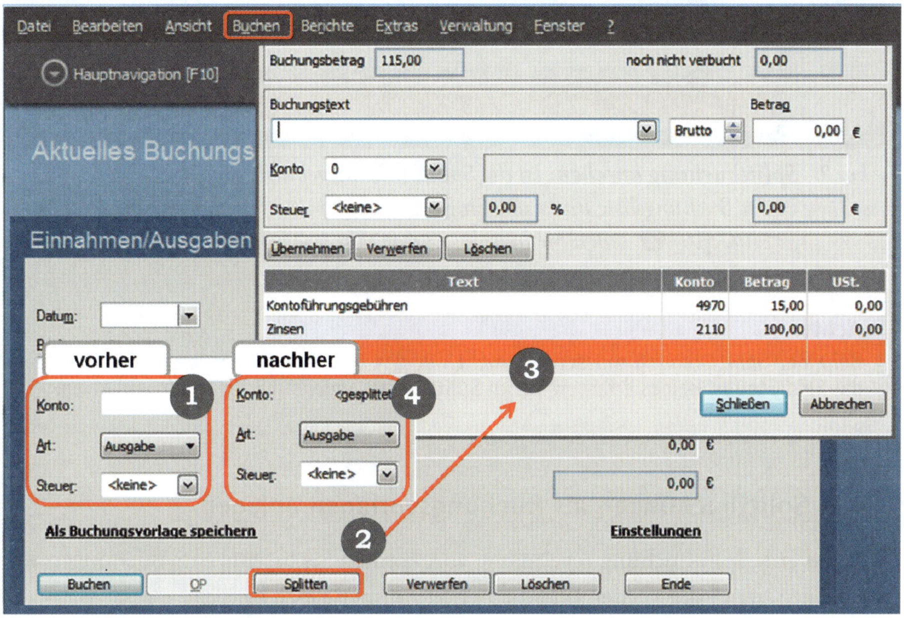


*Abb. 1:* ***Splittbuchung:*** *Ist der Gesamtbetrag von 115 Euro erfasst und das Feld Konto leer ❶, klicken Sie auf* ***Splitten*** *❷. Im Splittfenster buchen Sie 15 Euro auf das Konto „4970/6855" und 100 Euro auf „2110/7310" ❸. Über* ***Schließen*** *kommen Sie zurück in die Eingabemaske ❹, wo Sie die Buchung abschließen.*

## Lösung

Ist das Splittfenster geschlossen, dürfen Sie nicht vergessen auf **Buchen** zu klicken. Erst dann wird die Buchung abgeschlossen. In der Buchungsliste unten sehen Sie nun die Buchung.

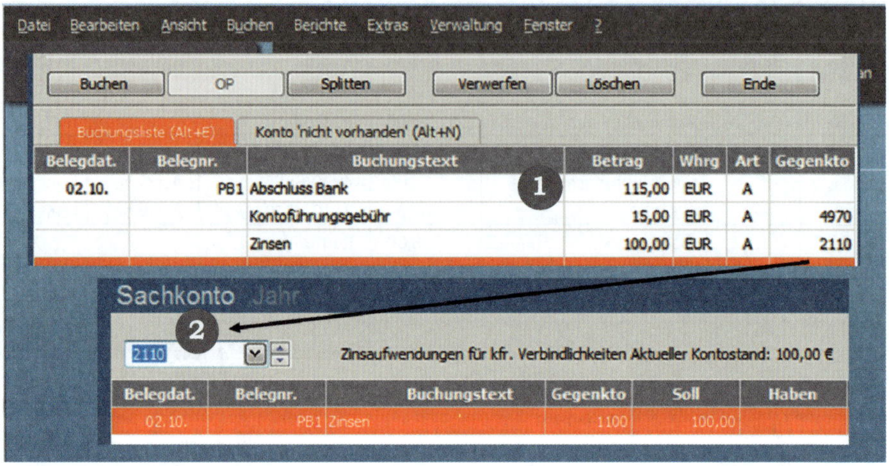


*Abb. 2:* ***Splittbuchung ansehen:*** *Ist die Splittbuchung gebucht, finden Sie diese in der Buchungsliste unter der Eingabemaske* ❶. *Auf dem Sachkonto „2110/7310"* ❷ *sehen Sie hier die Zinsen von 100 Euro.*

**Achtung**

Bei einer Splittbuchung müssen Sie nicht nur das Feld **Konto** leer lassen, sondern auch das Feld **Steuer**. Beides erfassen Sie im Splittfenster individuell für jeden Teilbetrag.

## 14.2 Splittbuchungen als Buchungsvorlagen anlegen

Kommt eine Splittbuchung regelmäßig vor, können Sie hierfür eine Buchungsvorlage anlegen, wenn die Konten und die Beträge immer gleich bleiben.

**Beispiel**

Die Mieten für ein Büro und eine Garage werden in einer Summe an den Vermieter überwiesen. Diese Abbuchung wiederholt sich monatlich, deshalb lohnt es sich, eine Buchungsvorlage anzulegen.

In diesem Fall erfassen Sie die Splittbuchung und klicken kurz vor dem Buchen auf **Als Buchungsvorlage speichern**. Es öffnet sich ein weiteres Fenster, in dem Sie die Vorlage bearbeiten und speichern. Erst wenn das Fenster wieder geschlossen ist, können Sie die Buchung mit einem Klick auf **Buchen** abschließen.

## Übung

Erfassen Sie bitte die folgende Position auf dem Kontoauszug unter **Buchen → Einnahmen/Ausgaben in den Stapel → 1100/1700 Postbank.** Legen Sie bitte für diese Splittbuchung gleichzeitig eine **Buchungsvorlage** an.

| **Buchen → Einnahmen/Ausgaben in den Stapel → 1100/1700 Postbank** | | | | | | |
|---|---|---|---|---|---|---|
| Datum | Beleg | Buchungstext | Betrag | Konto SKR 03/04 | Kategorie | Steuer |
| 04.10. | | Anfangsbestand | -115,00 | Kontrolle | | |
| 04.10. | PB 1 | Mieten<br>für Büro<br>für Garage | 1.100,00<br>1.000,00<br>100,00 | <br>4210/6310<br>4550/6550 | <br>Ausgabe<br>Ausgabe | <br>keine<br>keine |
| | | Saldo | -1.215,00 | Kontrolle | | |

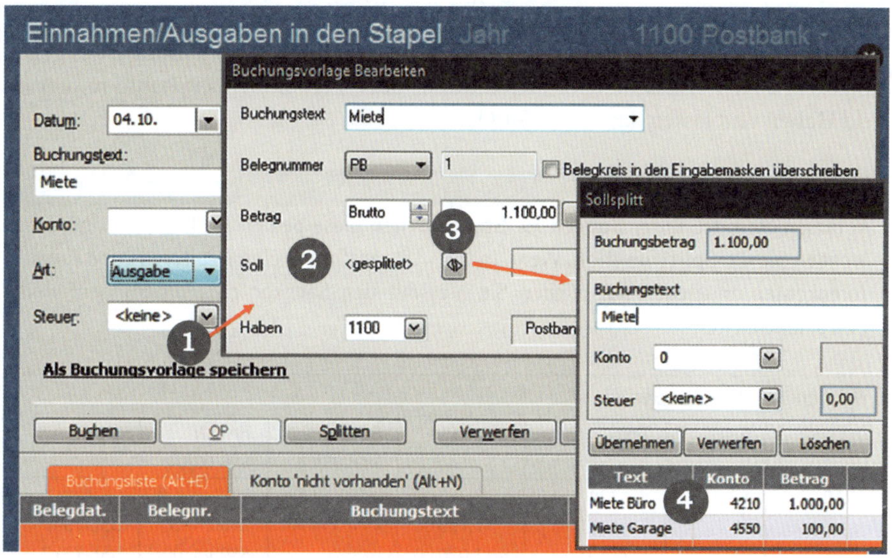


*Abb. 3:* ***Buchungsvorlage anlegen:*** *Ist die Splittbuchung erfasst, klicken Sie auf* ***Als Buchungsvorlage speichern*** ❶. *Die Buchungsvorlage öffnet sich und Sie sehen, dass das Konto „Soll" gesplittet ist* ❷, *mit einem Klick auf das* ***Splittzeichen*** ❸ *sehen Sie die einzelnen Konten* ❹.

## Lösung

Ist die Buchungsvorlage gespeichert, gelangen Sie zurück zur Buchungsmaske. Hier müssen Sie nun die Buchung abschließen.

## 14.3 Splittbuchungen bei Rechnungen

Splittbuchungen können auch für die Erfassung von Rechnungen nützlich sein. Nämlich immer dann, wenn Sie die Positionen einer Rechnung auf verschiedene Konten buchen möchten oder müssen.

**Beispiel**

Verkaufen Sie Ihrem Kunden Waren mit unterschiedlichen Umsatzsteuersätzen, müssen Sie die „Umsätze 19%" getrennt von den „Umsätzen 7%" erfassen.

Kaufen Sie Waren ein, können Sie diese auf verschiedenen Aufwandskonten buchen.

Bei einer Kundenrechnung geben Sie im Feld **Soll** immer das Debitoren- oder Forderungskonto ein. Das Feld **Haben**, in dem Sie normalerweise die Erlöskonten erfassen, lassen Sie leer. Nun klicken Sie auf **Splitten** und buchen im **Splittfenster** die Teilbeträge auf die entsprechenden Konten. Bei einer Eingangsrechnung ist es genau umgekehrt. Hier erfassen Sie das Kreditoren- oder Verbindlichkeitskonto immer im Feld **Haben** und lassen das Konto **Soll** leer.

**Übung**

Erfassen Sie bitte unter **Buchen → Stapelbuchen** diese beiden Rechnungen und verwenden Sie die **Splittfunktion**. Wenn in Ihrer Übungsfirma keine Debitoren- und Kreditorenkonten angelegt sind, buchen Sie hier mit den Sachkonten „Forderungen" und „Verbindlichkeiten".

| **Buchen → Stapelbuchen** | | | | | | |
|---|---|---|---|---|---|---|
| Datum | Beleg | Text | Betrag | SOLL<br>SKR 03/04 | HABEN<br>SKR 03/04 | Steuer |
| 05.10. | AR 129 | RG 129<br>Erlöse 19 %<br>Erlöse 7% | 2.260,00<br>1.190,00<br>1.070,00 | 1410/1210<br>oder 20200 | <br>8400/4400<br>8300/4300 | <br>USt. 19%<br>USt. 7% |
| 05.10. | ER 5 | RG 410<br>Büromaterial<br>Fachbücher | 464,00<br>357,00<br>107,00 | <br>4930/6815<br>4940/6820 | 1610/3310<br>oder<br>72000 | <br>VSt. 19%<br>VSt. 7% |

*Abb. 4:* ***Splittbuchung bei Rechnungen:*** *Bei Kundenrechnungen ❶ splitten Sie das Konto „Haben" ❷ und lassen es deshalb leer bevor Sie das Splittfenster öffnen. Bei Eingangsrechnungen ❸ splitten Sie das Konto „Soll" ❹.*

**Lösung**

Erst nachdem Sie das Splittfenster geschlossen haben, können Sie die Buchungen abschließen. Danach sehen Sie die Buchungen in der Buchungsliste unter der Eingabemaske. Stimmen Ihre Eingaben, können Sie die Buchungen ins Journal übertragen, d.h. den Stapel ausbuchen unter **Buchen → Stapel ausbuchen.**

## 14.4 Buchungen mit Nettobetragserfassung

Grundsätzlich ist das Programm im Betragsfeld auf die Funktion **Brutto** eingestellt, Sie geben den Betrag inkl. Umsatzsteuer zusammen mit dem Steuersatz ein und das Programm rechnet die Steuer aus dem Betrag heraus.

Sie können aber auch Nettobeträge erfassen. Dazu wählen Sie vor dem Betragsfeld die Funktion **Netto** und geben den Betrag ohne Umsatzsteuer zusammen mit dem Steuersatz ein. Dann rechnet das Programm den Steuerbetrag dazu. Diese Netto-Funktion ist besonders für Splittbuchungen hilfreich.

**Beispiel**

In Rechnungen vom Großmarkt sind die Einzelbeträge oft nur mit Nettobeträgen ausgewiesen und die Umsatzsteuer in einem Betrag. In diesem Fall erspart Ihnen die Nettobetragserfassung viel Rechnerei.

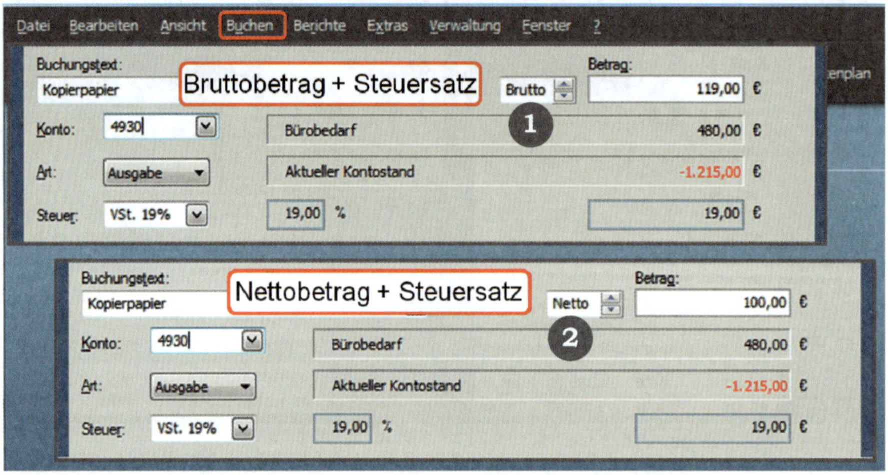


*Abb. 5:* ***Brutto- und Nettobetragserfassung:*** *Belassen Sie es bei der Einstellung „Brutto“ ❶ in der Eingabemaske, wird die Steuer aus dem Betrag herausgerechnet. Stellen Sie um auf „Netto“ ❷ rechnet das Programm die Steuer dazu.*

Diese Funktion steht Ihnen auch im Splittfenster zur Verfügung.

# 15. Die wichtigsten Berichte ansehen und online übermitteln

**Der Lexware buchhalter bietet sehr viele verschiedene Berichte, und diese in verschiedenen Ausführungen. Hier zeigen wir Ihnen die wichtigsten Berichte, die Sie im laufenden Jahr brauchen. Sie können die Berichte drucken, exportieren oder online an das Finanzamt übermitteln. Hier erfahren Sie, welche Möglichkeiten Ihnen zur Verfügung stehen und worauf Sie bei den Berichtseinstellungen achten müssen.**

| Voraussetzungen für die Übungen | | |
|---|---|---|
| Hinweise zu den Eingaben | Um die Bilder in diesem Kapitel besser nachvollziehen zu können, sollten Sie die Übung im Schritt 1 erfassen.<br>Es wird im Juli gebucht, in diesem Monat sollten keine Buchungen vorhanden sein.<br>Sie können aber auch die Übung überspringen und mit Ihrem Datenbestand arbeiten. | |

## 15.1 Buchungen am Bildschirm ansehen

Möchten Sie oder Ihr Steuerberater die Buchführung kontrollieren, sind vor allem die einzelnen Buchungen wichtig. Diese finden Sie unter **Ansicht** und **Berichte**, entweder im **Buchungsstapel** oder im **Journal** sowie auf den entsprechenden **Konten**. In diesem Schritt lernen Sie die Möglichkeiten im Menü **Ansicht** kennen.

Um Buchungen zeigen zu können, muss erst einmal gebucht werden. Haben Sie bereits einige Buchungen erfasst, sind also Daten vorhanden, dann können Sie die folgende Übung überspringen. In dieser Übung werden zur besseren Übersicht nur sehr wenige Belege gebucht, gerade so viele, wie Sie für die Berichte brauchen.

### Übung

Erfassen Sie bitte folgende Buchungen unter **Buchen → Einnahmen/Ausgaben in den Stapel**. Wählen Sie in der Kontenauswahl das Konto „1010/1610 Nebenkasse".

| **Buchen → Einnahmen/Ausgaben in den Stapel → 1010/1610 Nebenkasse** | | | | | | |
|---|---|---|---|---|---|---|
| Datum | Beleg | Buchungstext | Betrag | Konto SKR 03/04 | Kategorie | Steuer |
| 01.07. | | Anfangsbestand | 0,00 | Kontrolle | | |
| 06.07. | K 11 | Geldeingang Kunde | 4.760,00 | 8400/4400 | Einnahme | USt.19% |
| 08.07. | K 12 | Geldeingang Kunde | 1.190,00 | 8300/4400 | Einnahme | USt.7% |
| 12.07. | K 13 | Zahlung an Lieferant | 3.570,00 | 3400/5400 | Ausgabe | VSt.19% |
| 14.07. | K 14 | Porto | 40,00 | 4910/6800 | Ausgabe | keine |
| 14.07. | K 15 | Fachliteratur | 107,00 | 4940/6820 | Ausgabe | VSt.7% |
| | | Saldo | 2.233,00 | Kontrolle | | |

Stimmt der Kontostand im Programm mit Ihrem überein, können Sie die Buchungsmaske verlassen. Übertragen Sie aber bitte die Buchungen noch nicht ins Journal.

### Lösung

Solange die Buchungen noch im Stapel sind, können Sie diese im Menü **Ansicht** nur im **Buchungsstapel** ansehen. Neben dem Buchungsstapel stehen Ihnen viele Funktionen zur Verfügung Stimmen Ihre Eingaben, können Sie den **Stapel ausbuchen**, auch diese Funktion steht Ihnen hier direkt zur Verfügung.

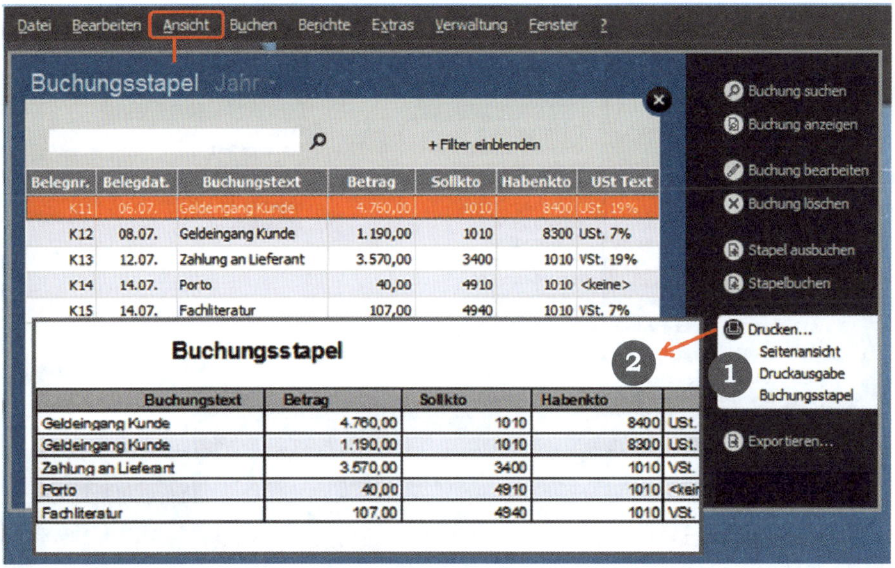


*Abb. 1:* ***Buchungsstapel:*** *Im Buchungsstapel stehen Ihnen unter anderem die Funktionen* ***Drucken → Seitenansicht oder Druckausgabe*** ❶ *zur Verfügung. Damit können Sie den Buchungsstapel ausdrucken, hier sehen Sie einen Ausschnitt des Berichts* ❷.

Wird der Stapel ausgebucht, verschwinden die Buchungen aus dem **Buchungsstapel** und sind nur noch im **Journal** zu finden. Und sowie die Buchungen im Journal stehen, können Sie diese im Menü **Ansicht** auch in den Konten und den Offene-Posten-Listen „OP-Debitoren" und „OP-Kreditoren" sehen.

Nicht nur in den Buchungsmasken, sondern auch im Menü **Ansicht** können Sie auf Ihre Buchungen zugreifen. Sie können sie nicht nur ansehen oder korrigieren, sondern auch drucken oder exportieren und zwar in einer individuellen Darstellung. Über die Funktion **Listeneinstellungen bzw. Einstellungen** können Sie die angezeigten Listen auf Ihre Bedürfnisse einstellen.

Hier ist das **Journal** am Bildschirm geöffnet. Wenn Sie rechts die Funktion **Listeneinstellungen/Einstellungen** wählen, öffnet sich ein Auswahlfenster. Hier können Sie zum einen die gewünschten Spalten auswählen und zum anderen die Reihenfolge der ausgewählten Spalten ändern. Dazu markieren Sie, was bewegt werden soll und verschieben die Spalten mittels der Pfeile.

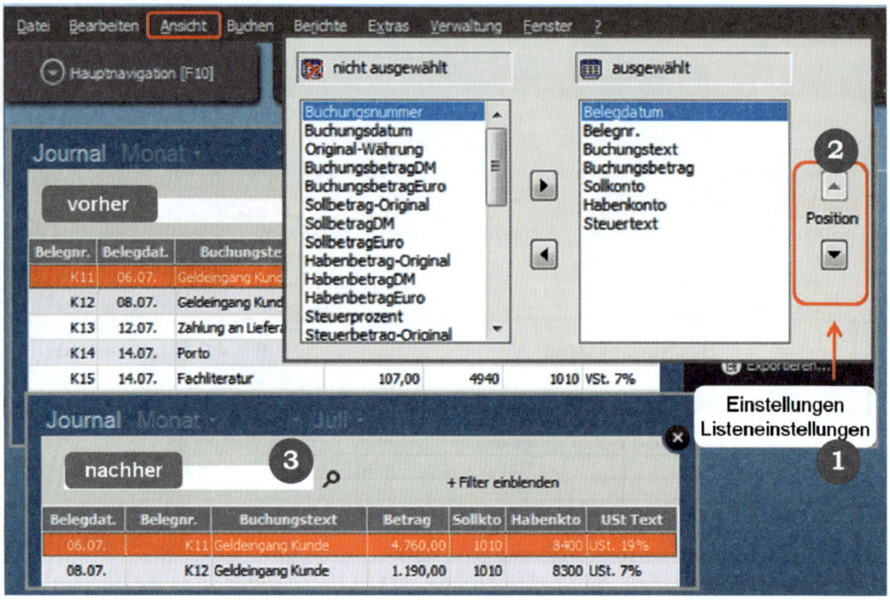


*Abb. 2:* ***Bildschirmansicht verändern:*** *Klicken Sie im Journal auf* ***Einstellungen*** ❶ *öffnet sich ein Fenster. Hier können Sie über die Pfeile* ❷ *die Reihenfolge der Spalten verändern. Danach wird nicht mehr die Belegnummer zuerst gezeigt, sondern das Belegdatum* ❸.

Im nächsten Schritt geht es um die Möglichkeiten im Menü **Berichte**. Dort finden Sie nicht nur Ihre einzelnen Buchungen, sondern auch die Buchführungsübersicht „Summen- und Saldenliste" sowie Ihre Ergebnisse.

## 15.2 Berichte drucken oder exportieren – die richtigen Einstellungen

Im Menü **Berichte** ist es egal, ob sich die Buchungen noch im Buchungsstapel befinden oder schon im Journal stehen. Hier sehen Sie alle Buchungen auf den Konten und in allen Berichten, wenn Sie die richtigen Einstellungen vornehmen.

Bevor Sie einen Bericht öffnen können, öffnet sich ein Einstellungsfenster. Wählen Sie den Bericht **Sachkonto**, stellen Sie oben links ein, ob Sie den Bericht drucken oder zum Beispiel als PDF exportieren möchten. Direkt darunter im **Auswertungsbereich** entscheiden Sie, welche Buchungen gezeigt werden sollen, nur **Stapel**buchungen, nur **Journal**buchungen oder **alle Buchungen.**

*Abb. 3:* ***Die Druckauswahl für Sachkonten:*** *Oben links ist eingestellt, dass die Sachkonten gedruckt* ❶ *werden sollen und direkt darunter im Auswertungsbereich ist* ***Alle Buchungen*** ❷ *gewählt. Nun muss nur noch der Zeitraum* ❸ *eingegeben werden sowie unten das gewünschte Formular* ❹ *.*

**Tipp**

Bei der Auswahl **Stapel** oder **Alle Buchungen** wird das Wort „vorläufig" über den Berichten stehen. Dieses Wort verschwindet erst, wenn Sie die Auswahl **Journal** anklicken.

Sie entscheiden, ob nur ein Monat, ein Quartal oder das ganze Wirtschaftsjahr gezeigt wird. Direkt darunter können Sie entweder alle Konten oder nur einzelne Konten auswählen. Setzen Sie einen Haken bei **Neue Seite je Konto** wenn Sie jedes Konto auf eigenen Seiten ausdrucken möchten. Und schließlich können Sie ganz unten eine der angebotenen Formatvorlagen auswählen. Welche Formatvorlage hier die Beste ist, können nur Sie entscheiden. Sehen Sie sich Ihre Konten einfach in verschiedenen Vorlagen am Bildschirm an und suchen Sie sich eine aus.

## 15.3 Berichtseinstellungen (standard und plus)

Wählen Sie in den Versionen standard und plus beim Zeitraum zum Beispiel den Monat Juli aus, werden Sie auch nur die Buchungen von Juli sehen. In manchen Berichten gibt es jedoch die Funktion **kumulierte Werte**. Aktivieren Sie diese, werden Ihnen alle Monate bis einschließlich Juli gezeigt.

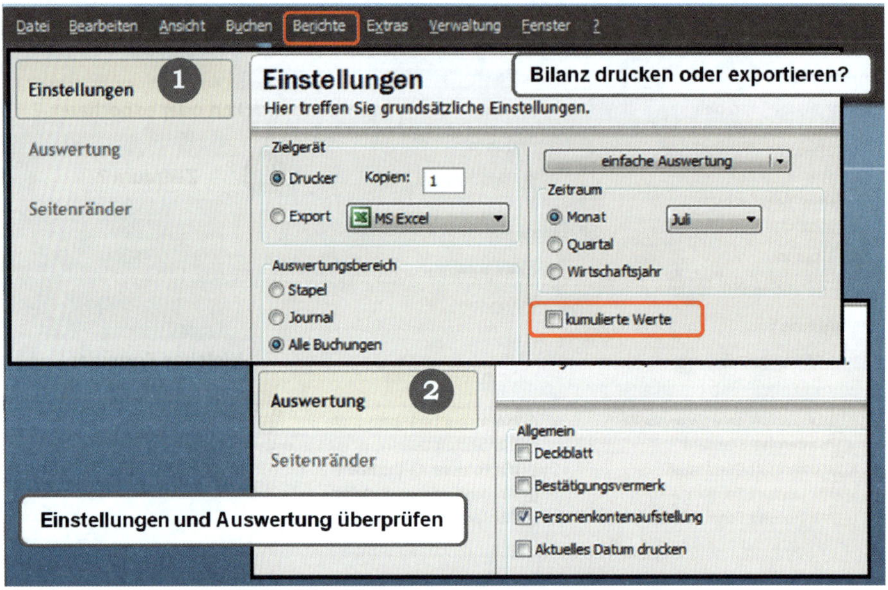


*Abb. 4:* ***Berichtseinstellungen standard und plus:*** *Bei einigen Berichten müssen Sie nicht nur im Register* ***Einstellungen*** ❶ *Ihre Auswahl treffen, sondern auch im Register* ***Auswertung*** ❷. *Mit der Funktion* ***kumulierte Werte*** *werden Ihnen die Zahlen bis einschließlich Juli gezeigt.*

Im Register **Auswertung** können Sie zum Beispiel ein Deckblatt auswählen sowie viele weitere Anlagen zum Bericht.

## 15.4 Berichtseinstellungen (pro und premium)

In den Versionen pro und premium wählen Sie den gewünschten Zeitraum direkt aus, zum Beispiel den Monat Juli oder den Monatsbereich von Januar bis Juli. Beachten Sie auch die vielen Einstellungen rechts im Bereich Auswahl.

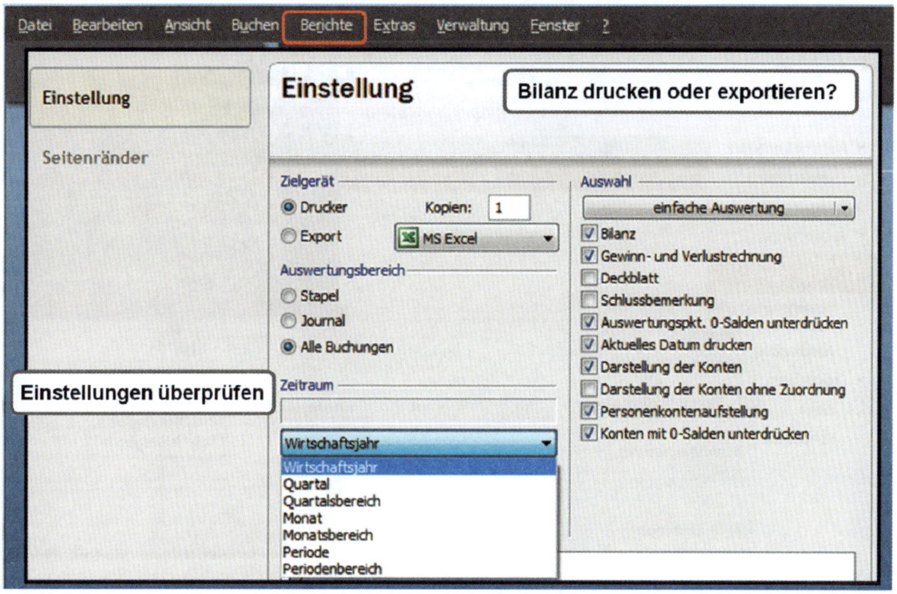


*Abb. 5:* ***Berichtseinstellungen pro und premium:*** *Hier wählen Sie zunächst den Zeitraum aus und dann entsprechend Monat, Monatsbereich, Quartal oder Wirtschaftsjahr.*

**Achtung**

Hier haben Sie die Einstellungen bzw. Auswahlmöglichkeiten für Sachkonten und Bilanzen gesehen. Das Programm bietet für jede Berichtsart eigene Einstellungen, deshalb müssen Sie immer genau hinschauen. Fehlt eine Zahl im Bericht, sollten Sie Ihre Einstellungen noch einmal überprüfen.

Das Schöne beim Export von Berichten ist, dass Sie die Berichte als Datei per E-Mail versenden oder die Daten für weitere Auswertungen zum Beispiel in Excel verwenden können. Im Menü **Berichte** unter **Berichtszentrale** sieht man sehr gut, welchen Bericht man in welchem Format exportieren kann.

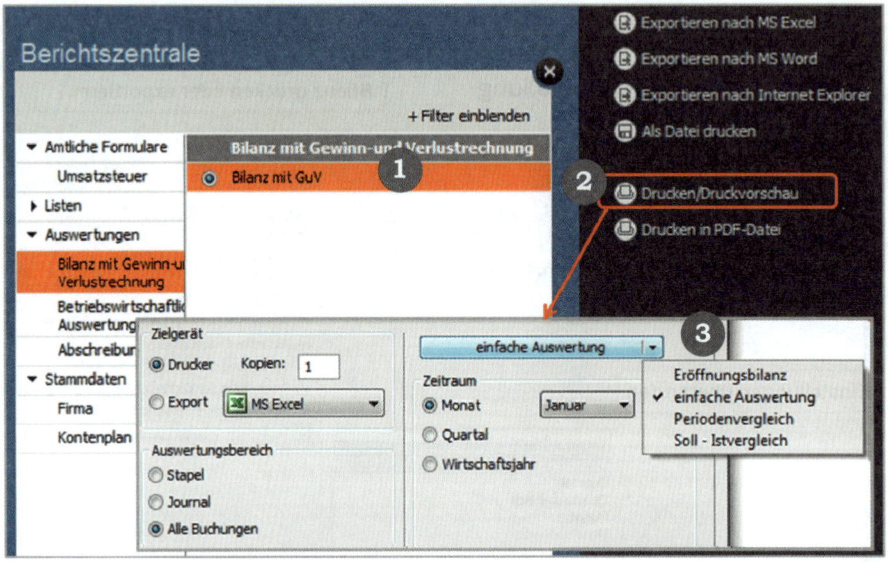


*Abb. 6:* ***Die Berichtszentrale:*** *Klicken Sie links ❶ auf den Bericht Bilanz, sehen Sie rechts sofort, welche Möglichkeiten Sie haben. Mit einem Klick auf* ***Drucken*** *❷ öffnen sich die Berichtseinstellungen, die Sie dann anpassen müssen. Die aktuelle Bilanz erhalten Sie über* ***einfache Auswertung*** *❸.*

**Achtung**

Möchten Sie dem Steuerberater Ihre gesamten Buchführungsdaten übermitteln, damit er mit seinem Buchführungsprogramm den Jahresabschluss durchführt, sollten Sie nicht den Berichtexport verwenden. Dazu bietet der Lexware buchhalter den „DATEV-Export" im Menü **Datei**. Die damit exportierten Daten kann der Steuerberater direkt in sein Programm einspielen.

## 15.5 Die Werte in der Umsatzsteuer-Voranmeldung

Die ausgefüllte Umsatzsteuer-Voranmeldung, können Sie im Menü **Berichte → Auswertungen** ansehen und online übertragen. Das gilt auch für den Antrag auf Dauerfristverlängerung und die jährliche Umsatzsteuererklärung.

In der Umsatzsteuer-Voranmeldung werden der Nettoumsatz, die Umsatzsteuer sowie die Vorsteuer automatisch eingetragen. Woher nimmt die Software die Zahlen?

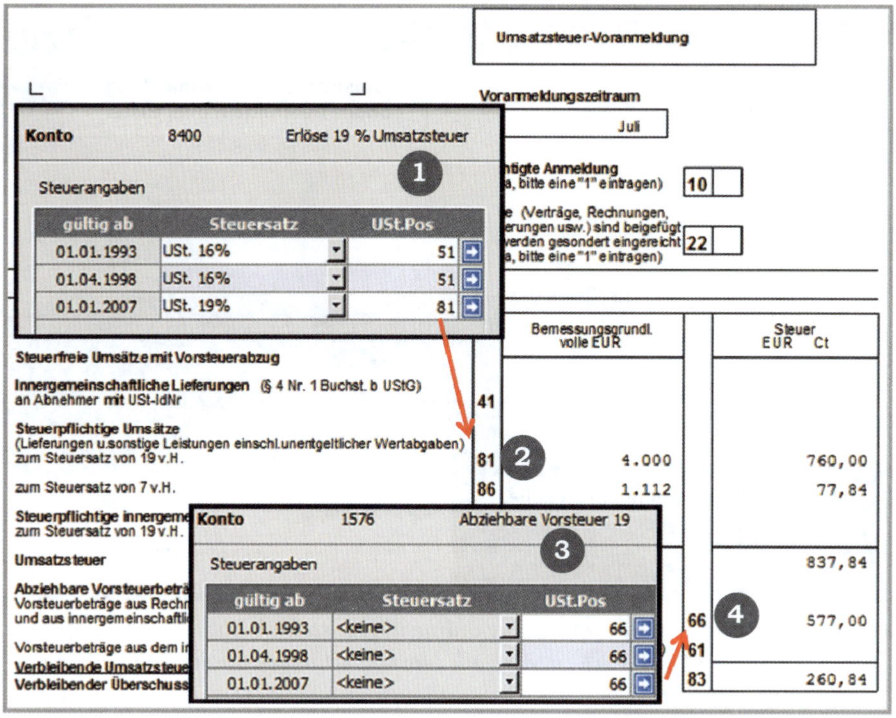

*Abb. 7:* ***Konteneinstellungen für die Umsatzsteuer-Voranmeldung:*** *Beim Konto „8400/4400" ❶ ist hinterlegt, dass der Nettoumsatz im Formular im Feld „81" ❷ eingetragen wird. Im Konto „1576/1406" ❸ ist das Feld „66" ❹ hinterlegt.*

Der Nettoumsatz wird vom Erlöskonto übertragen und die Vorsteuer von den Vorsteuerkonten. Das ist so bei den Erlöskonten und den Vorsteuerkonten unter **Eigenschaften** hinterlegt. Nur den Umsatzsteuerbetrag ermittelt das Programm selbst und trägt ihn ein.

## 15.6 Die Umsatzsteuer-Berichte mit ELSTER übermitteln

Stimmen die Werte in Ihrer Umsatzsteuer-Voranmeldung, können Sie diese unter **Berichte → Auswertungen** online an das Finanzamt übermitteln. Wählen Sie dazu in den Berichtseinstellungen ELSTER statt Drucker oder Export. Achten Sie darauf, dass Sie zuvor alle Stapelbuchungen in das Journal übertragen haben, denn nur Journalbuchungen werden online übermittelt. Mit einem Klick auf **Ausgabe** gelangen Sie in das ELSTER-Modul. Hier müssen Sie die Einstellungen überprüfen, zum Beispiel den Abgabemonat. Alles Weitere geht ganz automatisch. Nach der Versendung wird ein Übertragungsprotokoll erstellt, das Sie unbedingt ausdrucken sollten, über rechte Maustaste „Drucken".

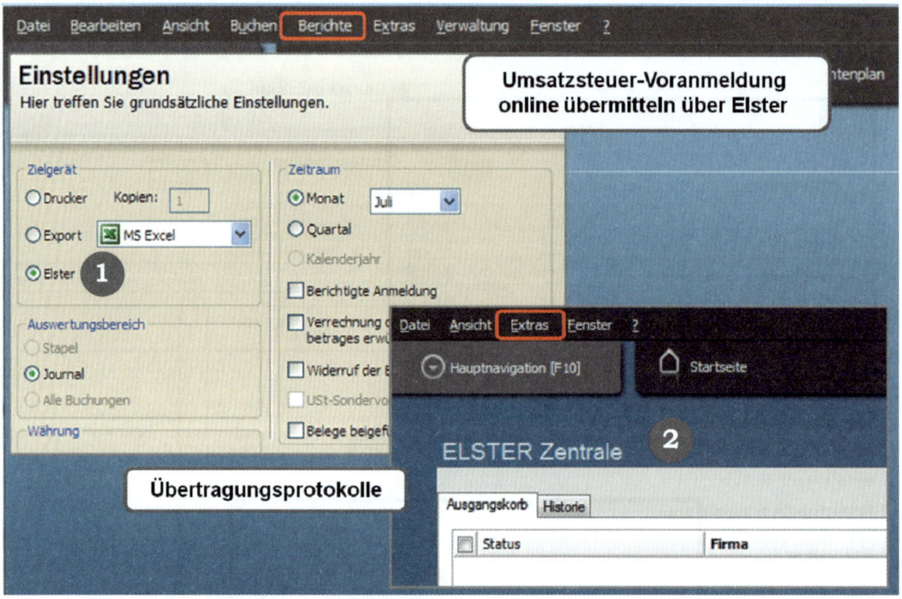


*Abb. 8:* ***Umsatzsteuer-Voranmeldung online übermitteln:*** *Wählen Sie hier unter Zielgerät* ***ELSTER*** *❶, werden alle Journalbuchungen für die Onlineübermittlung vorbereitet. Nach der Übermittlung finden Sie das Übertragungsprotokoll in der* ***ELSTER-Zentrale*** *unter* ***Extras*** *❷.*

In der **ELSTER-Zentrale** unter **Extras → ELSTER** werden alle Übertragungsprotokolle gesammelt und stehen zum Druck bereit. Hier sehen Sie jederzeit auf einen Blick, welche Formulare wann für welche Firma übermittelt wurden.

Bei der ersten Übermittlung mit dem Lexware buchhalter kann es sein, dass Sie noch individuelle Einstellungen vornehmen müssen, damit die Internetverbindung funktioniert. Das sollten Sie zusammen mit Ihrem Systemadministrator machen. Aber auch die Hilfe des Programms steht Ihnen an dieser Stelle zur Verfügung.

Für die elektronische Übermittlung ist ein ELSTER-Zertifikat erforderlich, welches Sie im ELSTER-Online Portal beantragen können. Dieses Zertifikat macht die Übertragung sicherer, sie erfolgt damit sozusagen mit einer authentifizierten Unterschrift.

> **Achtung**
> Das Modul ELSTER muss fast vor jeder Nutzung aktualisiert werden, das ist normal. Ein Assistent führt Sie durch das Modul und auch durch die Aktualisierung.

**Ändern der Umsatzsteuer-Voranmeldung**
Ergeben sich nachträgliche Änderungen und muss die Umsatzsteuer-Voranmeldung korrigiert werden, setzten Sie bei der Übertragung ein Häkchen bei „Berichtigung". In diesem Fall wird die gesamte, jetzt richtige Meldung noch einmal übertragen. Liegt dem Finanzamt eine Einzugsermächtigung vor, wird das Finanzamt den Differenzbetrag automatisch ermitteln und abbuchen oder erstatten. Anderenfalls müssen Sie die Differenz zwischen der ursprünglichen und der korrigierten Meldung selbst ermitteln und bezahlen.

## 15.7 Ihre vorläufigen Ergebnisse im Blick

Ihre vorläufigen Ergebnisse des laufenden Jahres finden Sie im Menü **Berichte → Auswertung**. Je nach Gewinnermittlungsart, die Sie beim Anlegen der Firma gewählt haben, finden Sie hier unter anderem die Bilanz mit Gewinn- und Verlustrechnung oder die Einnahmen-Überschussrechnung. Diese werden gleich gezeigt.

Weiterhin erhalten Sie hier die Betriebswirtschaftliche Auswertung, kurz BWA. Sie ähnelt der Gewinn- und Verlustrechnung, es werden die gleichen Zahlen nur in einer anderen Reihenfolge gezeigt. Die Zahlen holt sich die Software von den bebuchten Konten. In den Konteneinstellungen unter **Auswertung** und **BWA** ist hinterlegt, an welcher Stelle das Konto in den Berichten erscheinen soll.

## 15.8 Bilanz mit Gewinn- und Verlustrechnung

In der Bilanz sehen Sie in der AKTIVA das Vermögen und in der PASSIVA die Schulden sowie das Eigenkapital. Gibt es ein Vorjahr, sind also schon Bestände vorhanden, ist dieser Bericht nur brauchbar, wenn auch die Eröffnungswerte erfasst wurden. Ansonsten sehen Sie hier nur die Bewegungen des laufenden Jahres.

In der Gewinn- und Verlustrechnung dagegen sehen Sie Ihren Gewinn- oder Verlust des laufenden Jahres. Dieser Bericht zeigt Ihnen schon viel mehr, trotzdem handelt es sich hier um ein vorläufiges Ergebnis, welches Sie regelmäßig Ihrem Steuerberater zeigen sollten. Er weiß, wie sich dieses Ergebnis durch die Jahresabschlussbuchungen verändern wird.

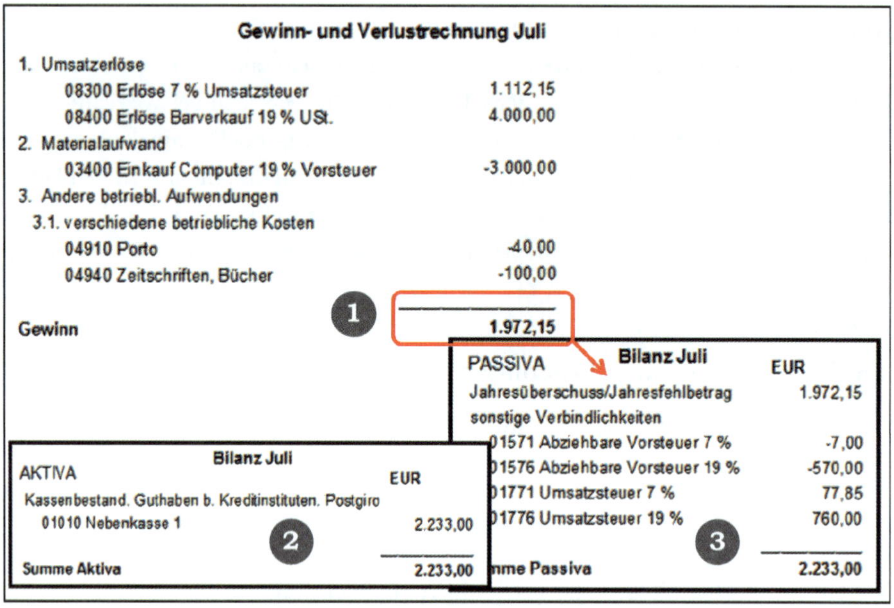


*Abb. 9:* ***Die Gewinn- und Verlustrechnung sowie die Bilanz:*** *Die Gewinn- und Verlustrechnung zeigt, dass im Juli ein Gewinn* ❶ *erzielt wurde. Die Bilanz zeigt die Bestände, auf der AKTIVA* ❷ *steht das Vermögen und auf der PASSIVA* ❸ *das Kapital und die Verbindlichkeiten.*

## 15.9 Hinweis zur Handels- und Steuerbilanz (pro und premium)

Erstellen Sie Ihren Jahresabschluss selbst, können Sie in den Versionen pro und premium in den Firmenstammdaten zusätzlich zur Gewinnermittlungsart „Betriebsvermögensvergleich“ die Funktion „Handels- und Steuerbilanz“ wählen. In diesem Fall werden automatisch die Perioden 15 und 16 zugeschaltet. In der Periode 15 müssen Sie dann alle Jahresabschlussbuchungen erfassen, die in die Handelsbilanz gehören. Denn in der Handelsbilanz werden alle Buchungen der Perioden 1-15 erscheinen.

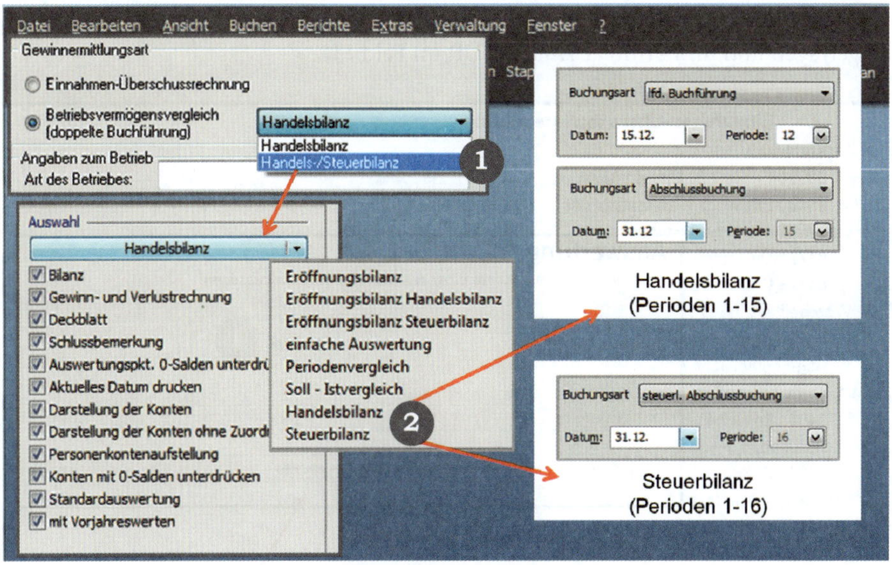


*Abb. 10:* ***Handels- und Steuerbilanz:*** *Aktivieren Sie zusätzlich zur Gewinnermittlungsart* ***Betriebsvermögensvergleich*** *die Funktion* ***Handels-/Steuerbilanz*** ❶, *können Sie zwei verschiedene Bilanzen* ❷ *erstellen – vorausgesetzt Sie haben in den richtigen Perioden gebucht.*

In der Steuerbilanz erscheinen alle Buchungen der Perioden 1-16. Sie können also in der Periode 16 das handelsrechtliche Ergebnis korrigieren und daraus ein steuerliches Ergebnis machen, zum Beispiel Buchungen stornieren oder Differenzen umbuchen.

Sind alle Jahresabschlussbuchungen in den richtigen Perioden erfasst, können Sie unter **Berichte → Auswertungen → Bilanz** eine Handels- und eine Steuerbilanz ausdrucken. Ihre Handelsbilanz können Sie unter **Extras → ELSTER** online an das elektronische Handelsregister übermitteln. Ihre Steuerbilanz können Sie über die **E-Bilanz Zentrale** elektronisch an das Finanzamt übermitteln. Mehr dazu im Kapitel 22 „ E-Bilanz und Handelsbilanz online übermitteln".

## 15.10 Einnahmen-Überschussrechnung ansehen

Die ausgefüllte Einnahmen-Überschussrechnung gibt es in zwei Versionen. Eine einfache Übersicht, die ganz leicht zu überblicken ist, und ein amtliches Formular für das Finanzamt bzw. den Jahresabschluss. Bei jedem Konto ist unter **Auswertungen** hinterlegt, an welcher Stelle das Konto bzw. die Zahlen im Bericht erscheinen sollen, wenn darauf gebucht wurde. Das Konto „8400 Erlöse 19% Umsatzsteuer" wird zum Beispiel in der Einnahmen-Überschussrechnung unter **Umsatzerlöse** eingetragen und im Formular Anlage EÜR im Feld 112.

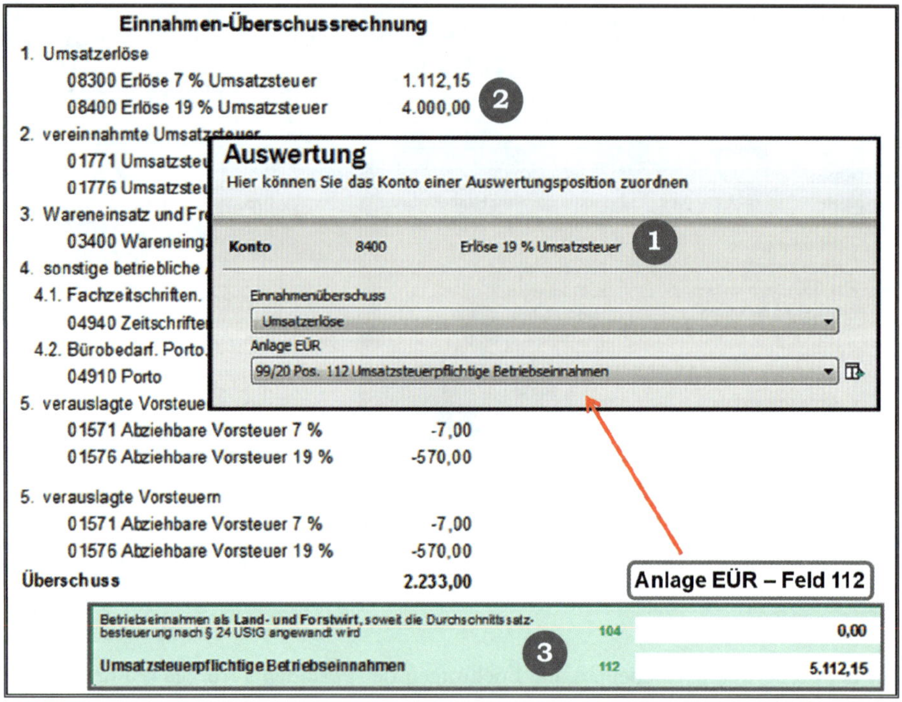


*Abb.11:* ***Einnahmen-Überschussrechnung, Anlage EÜR:*** *Das Konto „8400 Erlöse 19% Umsatzsteuer“* ❶ *wird zum Beispiel in der Einnahmen-Überschussrechnung unter „Umsatzerlöse“* ❷ *eingetragen und im Formular Anlage EÜR im Feld „112“* ❸.

Hier handelt es sich, wie gesagt, um ein vorläufiges Ergebnis. Fragen Sie rechtzeitig Ihren Steuerberater, inwieweit sich das Ergebnis durch Jahresabschlussbuchungen noch verändern wird. Möchten Sie mehr zu diesem Thema erfahren, empfehle ich Ihnen mein Buch „Einnahme-Überschussrechnung für Freiberufler und Selbstständige“.

Das amtliche Formular „Anlage EÜR“ wird jährlich vom Finanzamt aktualisiert und von Lexware im Programm hinterlegt. Werden Felder verändert, muss die Kontenzuordnung angepasst werden. Dies geschieht in der Regel automatisch im Rahmen der Online-Aktualisierung, doch manchmal müssen Sie die Zuordnung manuell erledigen. Öffnen Sie dazu ein Konto, z. B. 8400/4400 „Erlöse 19% USt.“ und klicken Sie im Register „Auswertung“ rechts neben der Feldzuordnung auf den kleinen Kasten. So werden in einem Schritt die Zuordnungen von allen Konten aktualisiert. Um sicher zu sein, dass die Zuordnung aktuell ist, sollten Sie grundsätzlich die normale „Einnahmen-Überschussrechnung“ mit der „Anlage EUR“ vergleichen. Die Ergebnisse sollten übereinstimmen, lediglich die Summe der „nicht abziehbaren Ausgaben“ dürfte die Differenz ausmachen. Die normale Einnahmen-Überschussrechnung zeigt alle gebuchten Konten, das sollte im Formular auch so sein.

## 15.11 Einnahmen-Überschussrechnung mit ELSTER übermitteln

Erledigen Sie Ihren Jahresabschluss selbst, können Sie mit dem Lexware buchhalter unter **Extras → ELSTER** auch das amtliche Formular „Anlage EÜR“ online an das Finanzamt übermitteln. Möchten Sie fehlende Angaben in der Anlage EÜR ergänzen oder Angaben in der Anlage EÜR überschreiben, klicken Sie auf die Funktion **Manuelle Werte**. Die manuellen Werte, die Sie eintragen, werden in jedem Fall im Formular erscheinen, d.h. Sie können dadurch automatisch eingetragene Werte überschreiben.

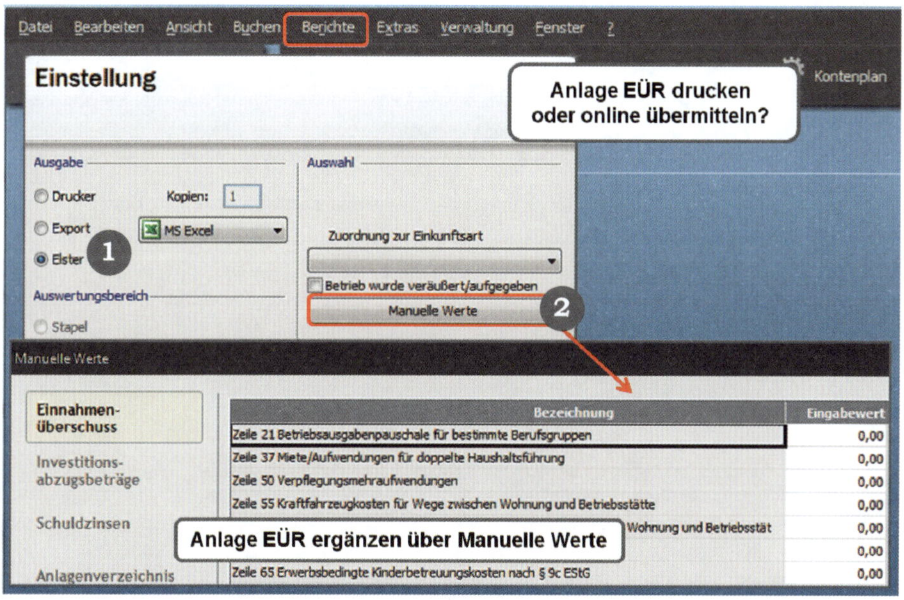


*Abb.12:* ***Anlage EÜR online übermitteln:*** *Wählen Sie unter Zielgerät* ***ELSTER*** ❶, *werden alle Journalbuchungen für die Onlineübermittlung vorbereitet. Über* ***Manuelle Werte*** ❷ *können Sie weitere Felder ausfüllen oder vorhandene überschreiben.*

**Tipp**

In der Anwendung **Business Cockpit** erhalten Sie ebenfalls interessante Auswertungen, allerdings sehen Sie hier nur Journalbuchungen.

**Weitere Informationen**

Videos unter www.lexware.de/support

- Bilanz und GuV korrekt auswerten in Lexware buchhalter plus, pro und premium Handels-/Steuerbilanz in Lexware buchhalter pro und premium
- Einnahme-Überschussrechnung und Anlage EÜR in Lexware buchhalter plus, pro, premium
- ELSTER in Lexware buchhalter, Neue ELSTER-Funktionalität
- Dauerfristverlängerung korrekt beantragen in Lexware buchhalter
- Die Auswertungen in Lexware buchhalter

# 16. Was ist beim Jahreswechsel zu beachten? (standard und plus)

**Mit Jahreswechsel ist gemeint, dass Sie bereits in einem Buchungsjahr gebucht haben und nun im nächsten Jahr weiterbuchen möchten. Dazu müssen Sie ein neues Buchungsjahr anlegen und zunächst die Anfangsbestände der Kassen- und Bankkonten erfassen. Erst wenn der Vorjahresabschluss fertig gestellt ist, liegen Ihnen alle endgültigen Anfangsbestände vor. Diese müssen im neuen Jahr erfasst werden. Hier erfahren Sie, in welchen Fällen Sie die Daten manuell erfassen müssen und wann eine automatische Übernahme möglich ist.**

| Voraussetzungen für die Übungen | | |
|---|---|---|
| Hinweise zu den Eingaben | Um die Bilder in diesem Kapitel besser nachvollziehen zu können, sollten Sie die zweite Übung im Schritt 1 erfassen.<br>Die Idee ist, dass Sie zunächst ein neues Buchungsjahr anlegen und in diesem neuen bzw. leeren Buchungsjahr die Übungen erfassen.<br>Gerne können Sie aber auch die zweite Übung im Schritt 1 überspringen und mit Ihrem Datenbestand arbeiten. | |

## 16.1 Ein Blick auf Ihre Vorjahresbestände

Solange der Vorjahresabschluss noch nicht fertig gestellt ist, handelt es sich bei den meisten Vorjahresbeständen nur um vorläufige Werte. In der Regel werden zu diesem Zeitpunkt lediglich die Anfangsbestände der Kassen- und Bankkonten im neuen Buchungsjahr erfasst, was im nächsten Schritt gezeigt wird.

Um die Erfassung von Anfangsbeständen zeigen zu können, müssen auch Buchungen im Vorjahr vorhanden sein. Diese werden mit der folgenden Übung erfasst. Haben Sie bereits gebucht, können Sie diese Übung überspringen und mit Ihren Daten arbeiten. In der Übung werden ganz bewusst sehr wenige Buchungen erfasst, so können Sie die folgenden Beispiele leichter nachvollziehen.

**Übung**

Buchen Sie bitte in dem neu angelegten Buchungsjahr bzw. in einem Jahr, das noch keine Buchungen enthält, folgende Rechnungen unter **Buchen → Stapelbuchen**. Das Debitorenkonto „20200 Braun GmbH" sowie das Kreditorenkonto „72000 Bürohandel Maurer" wurden bereits angelegt, wenn nicht, müssen Sie das jetzt nachholen.

| **Buchen → Stapelbuchen** | | | | | | |
|---|---|---|---|---|---|---|
| Datum | Beleg | Text | Betrag | SOLL SKR 03/04 | HABEN SKR 03/04 | Steuer |
| 30.12. | AR 278 | RG 278 | 7.140,00 | 20200 | 8400/4400 | USt.19% |
| 30.12. | AR 279 | RG 279 | 4.760,00 | 20200 | 8400/4400 | USt.19% |
| 30.12. | ER 1 | RG 2401 | 5.950,00 | 3400/5400 | 72000 | VSt.19% |
| 30.12. | ER 2 | RG 2408 | 2.380,00 | 3400/5400 | 72000 | VSt.19% |

Stimmen Ihre Eingaben, buchen Sie bitte den Stapel aus unter **Buchen → Stapel ausbuchen.** Erfassen Sie anschließend folgenden Kontoauszug unter **Buchen → Einnahmen/Ausgaben in den Stapel** und wählen Sie in der Kontenauswahl das Konto **1200/1800 Bank**. Klicken Sie bitte vor dem Buchen auf das Feld **OP**, wählen dort die entsprechende Rechnung aus und klicken dann erst auf **Buchen**. So kann das Programm die Offene-Posten-Liste richtig führen.

| **Buchen → Einnahmen/Ausgaben in den Stapel → 1200/1800 Bank** | | | | | | |
|---|---|---|---|---|---|---|
| Datum | Beleg | Buchungstext | Betrag | Konto SKR 03/04 | Kategorie | Steuer |
| 30.12. | B 12 | Geldeingang Kunde | 7.140,00 | 20200 | Einnahme + OP | keine |
| 30.12. | B 12 | Zahlung an Lieferanten | 5.950,00 | 72000 | Ausgabe + OP | keine |
| 31.12. | | Saldo | 1.190,00 | Kontrolle | | |

Stimmt der Kontostand im Programm mit diesem überein, können Sie den Stapel ebenfalls ausbuchen. Legen Sie nun ein weiteres neues Buchungsjahr an unter **Datei → Buchungsjahr neu.**

### Lösung

In der Summen- und Saldenliste sehen Sie nun die Vorjahresbestände. Bilanzierende sehen sie auch in der Aktiva und Passiva der Bilanz.

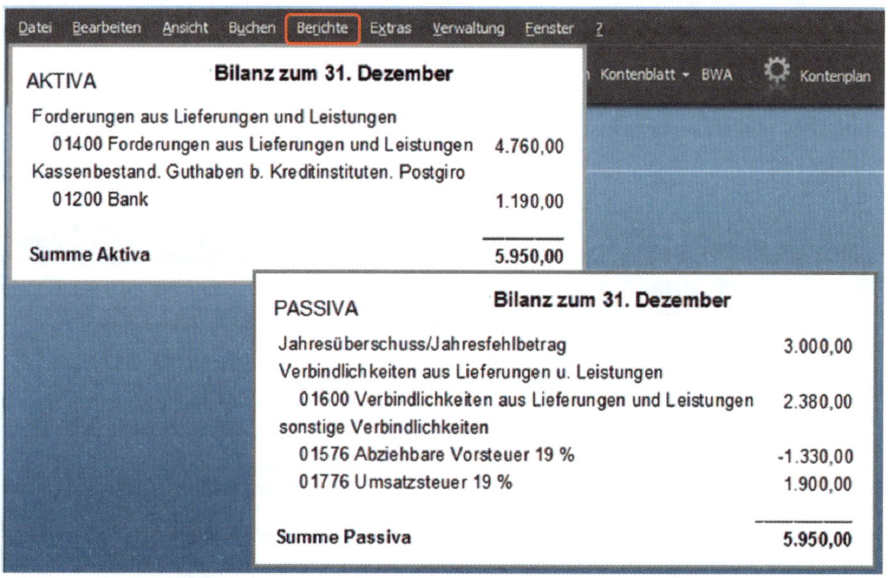


*Abb. 1:* ***Die Vorjahreswerte ansehen:*** *Unter* ***Berichte → Auswertungen → Bilanz*** *sehen Sie die Werte zum 31.12.*

## 16.2 Hinweis zur Einnahmen-Überschussrechnung

Einnahmen-Überschussrechner müssen keine Anfangsbestände erfassen. Für die Arbeit mit der Software ist es jedoch empfehlenswert, die Anfangsbestände von Kasse und Bank zu buchen. So können Sie nach Ihren Eingaben die Kontostände kontrollieren.

Ist in den Firmenstammdaten „Einnahmen-Überschussrechnung" hinterlegt, werden einige Fenster, die in den folgenden Schritten gezeigt werden, gar nicht erscheinen. Das liegt daran, dass weder das Kapital noch Forderungen und Verbindlichkeiten bei Einnahmen-Überschussrechnern in das Folgejahr übertragen werden.

## 16.3 Ein neues Buchungsjahr anlegen

Im Menü **Datei** unter **Buchungsjahr neu** oder **Jahreswechsel → Neues Buchungsjahr anlegen** können Sie das nächste Buchungsjahr öffnen. Direkt nach einem Klick ist es angelegt und Sie sehen oben am Bildschirm die neue Jahreszahl.

**Übung**

Legen Sie bitte ein neues Buchungsjahr an über Datei → Jahreswechsel.

**Lösung**

Hier sehen Sie auf einem Blick, was beim Jahreswechsel zu tun ist, und dass im ersten Schritt das neue Buchungsjahr anzulegen ist.

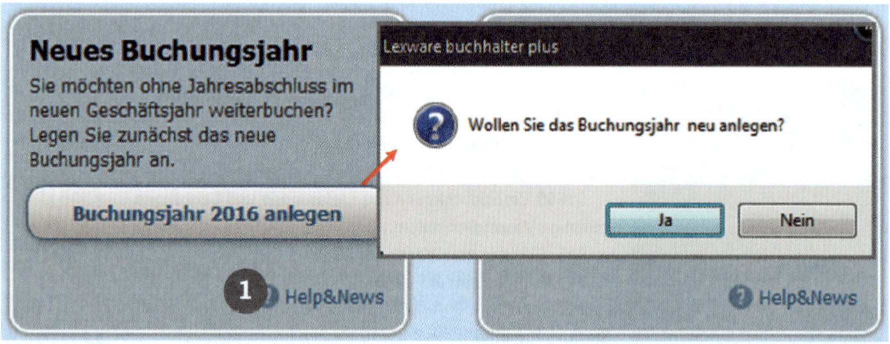


*Abb. 2:* ***Ein Ausschnitt des Assistenten zum Jahreswechsel:*** *Hier können Sie das neue Buchungsjahr anlegen. Sollten Sie Fragen zum Jahreswechsel haben, finden Sie sicher die Antworten in den verschiedenen* ***Help&News*** ❶.

Über **Datei → Buchungsjahr wechseln** oder oben am Bildschirm über den Pfeil beim **Aktuellen Buchungsjahr** können Sie jederzeit zwischen dem neuen und alten Jahr wechseln. Beide Jahre sind offen und in beiden Jahren kann gebucht werden. Gerade zu Jahresbeginn könnte ja der eine oder andere Beleg eingehen, der noch im alten Jahr zu erfassen ist. Im neuen Buchungsjahr stehen Ihnen wie zuvor alle Stammdaten zur Verfügung. Der Kontenplan, die Buchungsvorlagen und die Belegnummernkreise, wobei diese automatisch zurückgesetzt werden und die Nummerierung wieder bei Null beginnt. Bei Null beginnen allerdings auch Ihre Konten, noch sind keine Bestände des Vorjahres vorhanden.

## 16.4 Anfangsbestände von Kasse und Bank erfassen

Am 01.01. erfassen Sie lediglich die Anfangssalden der Geldkonten laut Kassenbuch und Kontoauszügen vom 31.12. Alle anderen Anfangsbestände können Sie erst später erfassen, wenn die Schlussbilanz des Vorjahres fertig gestellt ist, und das kann noch ein paar Wochen oder Monate dauern.

Unter **Buchen → Stapelbuchen** können Sie die Anfangsbestände erfassen. Man spricht hier auch von EB-Werten, Eröffnungsbilanzwerten. Diese werden über das Konto „9000 Saldenvorträge Sachkonten" gebucht.

**Übung**

Der Kontoauszug vom 31.12. liegt Ihnen vor. An diesem Bestand wird sich nichts mehr ändern. Buchen Sie bitte im neu angelegten bzw. im aktuellen Buchungsjahr den Anfangssaldo der Bank unter **Buchen → Stapelbuchen.**

| **Buchen → Stapelbuchen** | | | | | |
|---|---|---|---|---|---|
| Datum | Text | Betrag | SOLL<br>SKR 03/04 | HABEN<br>SKR 03/04 | Steuer |
| 01.01. | EB-Wert | 1.190,00 | 1200/1800 | 9000 | keine |

Stimmen Ihre Eingaben, können Sie die Buchungen ins Journal übertragen, unter **Buchen → Stapel ausbuchen.**

**Lösung**

Durch die Erfassung des Anfangsbestandes sehen Sie wieder Ihren **aktuellen Kontostand** im Programm und können wie gewohnt Ihre Kontoauszüge erfassen und danach den Saldo vergleichen. Außerdem können Sie über den Klick auf das Feld **OP** ebenfalls wie zuvor offene Rechnungen verbuchen.

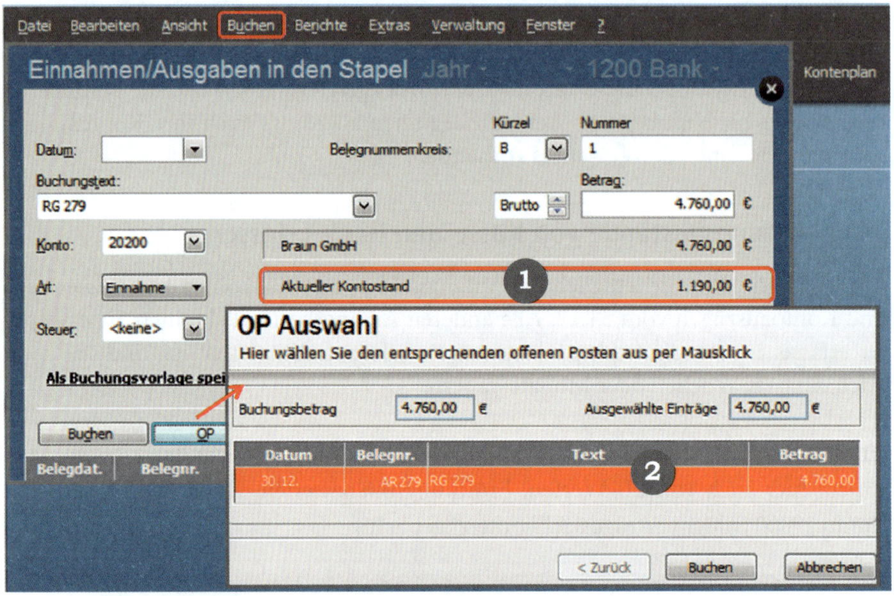


*Abb. 3:* ***Zunächst genügen die Anfangsbestände des Finanzkontos:*** *Sind diese erfasst, sehen Sie Ihre aktuellen Kontostände im Programm* ❶. *Denn auch ohne Anfangsbestände von Debitoren und Kreditoren finden Sie in der OP-Auswahl alle offenen Rechnungen* ❷, *auch die aus dem Vorjahr.*

## 16.5 Vervollständigung der Eröffnungsbilanz

Hier erfahren Sie, was zu tun ist und welche Möglichkeiten der Lexware buchhalter bietet, solange der Vorjahresabschluss noch nicht vorliegt.

Die Offene-Posten-Liste steht Ihnen auch im neuen Buchungsjahr zur Verfügung, denn alle Rechnungen, die einmal in dem Programm erfasst wurden, stehen so lange in der Liste, bis sie bezahlt wurden. Die OP-Verwaltung funktioniert also auch ohne die Anfangsbestände der Debitoren- und Kreditorenkonten. Auch die Gewinn- und Verlustrechnung zeigt Ihnen das vorläufige Ergebnis, denn die Aufwands- und Ertragskonten beginnen sowieso in jedem Jahr bei Null.

Allerdings sind fast alle anderen Berichte nicht brauchbar. Die Konten sowie die Summen- und Saldenliste zeigen, ohne Ihre Anfangsbestände, nur die Zugänge und Abgänge, die bisher im neuen Jahr gebucht wurden. Das gilt auch für die Bilanz.

Ist der Vorjahresabschluss fertig, können Sie die restlichen Anfangsbestände erfassen. Das können Sie natürlich immer manuell erledigen. Hier zeigen wir Ihnen die automatische Übertragung über die Funktion **Jahresabschluss.**

## 16.6 Mit dem technischen Jahresabschluss die Anfangsbestände übertragen

Wenn Ihr Steuerberater den Jahresabschluss in seinem Programm fertig gestellt hat, wurden von ihm Umbuchungen vorgenommen, die Ihre Software nicht hat. Diese Umbuchungsliste können Sie manuell erfassen oder über die Funktion **DATEV-Import** im Menü **Datei** in das Abschlussjahr einspielen. Erst wenn das Vorjahr in Ihrem Programm die gleichen Werte ausweist wie im Jahresabschluss des Steuerberaters ausgewiesen, ist es sinnvoll die Salden automatisch übertragen zu lassen.

**Tipp**

Sie können sich natürlich auch die vorläufigen Salden in den Buchungsstapel übertragen lassen und diese Buchungen dann bearbeiten.

Die Salden lassen Sie sich über die Funktion **Jahresabschluss** im Menü **Extras** übertragen. Dadurch wird zwar das alte Buchungsjahr abgeschlossen, wir zeigen Ihnen aber gleich im Anschluss wie schnell es wieder geöffnet werden kann.

Der Lexware buchhalter führt Sie durch den Jahresabschluss und dabei sind einige Felder in verschiedenen Fenstern auszufüllen. Zuerst müssen Sie entscheiden, ob die Buchungen direkt in das **Journal** oder erst in den **Buchungsstapel** übertragen werden sollen. Außerdem können Sie hier den gewünschten **Belegnummernkreis** auswählen, soweit er angelegt ist. Auf der nächsten Seite geben Sie die Saldenvortragskonten ein.

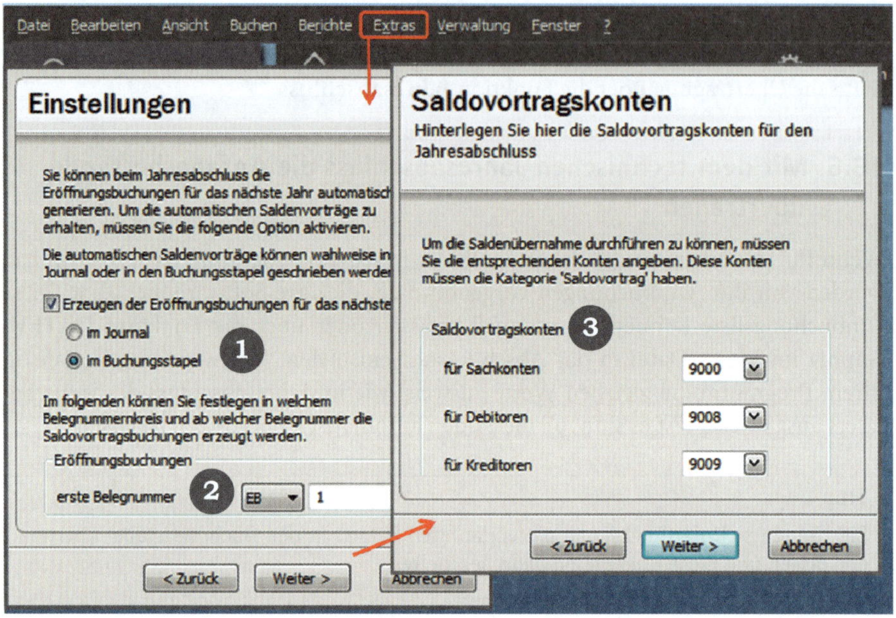


*Abb. 4:* ***Der technische Jahresabschluss Teil 1:*** *Hier sollen die Buchungen in den Buchungsstapel ❶ übertragen werden mit dem Belegnummernkreis „EB“ ❷. Im nächsten Fenster geben Sie die Saldenvortragskonten ein ❸.*

Auf der nächsten Seite erfassen Sie die Gegenkonten für die Eröffnungsbuchungen. Das entfällt bei Einnahmen-Überschussrechnern.

*Abb. 5:* ***Der technische Jahresabschluss Teil 2:*** *Hier sehen Sie Vorschläge für Gegenkonten* ❶*, die Sie zur Sicherheit mit Ihren eigenen Bilanzkonten noch einmal vergleichen sollten.*

## Übung

Gehen Sie in das Buchungsjahr, in dem Sie in der letzten Übung die Vorjahresbuchungen eingegeben haben. Starten Sie hier unter **Extras → Jahresabschluss** den technischen Jahresabschluss und erfassen Sie alle Angaben wie in den vorherigen Bildern gezeigt.

Hinweis für Einnahmen-Überschussrechner: Beim technischen Jahresabschluss wird das Fenster **Gegenkonto** nicht erscheinen, da diese Werte nicht übertragen werden.

## Lösung

Ist der Buchungsstapel ausgewählt, sind die Saldenvortragskonten sowie die Gegenkonten erfasst, müssen Sie die Konten noch einmal bestätigen.

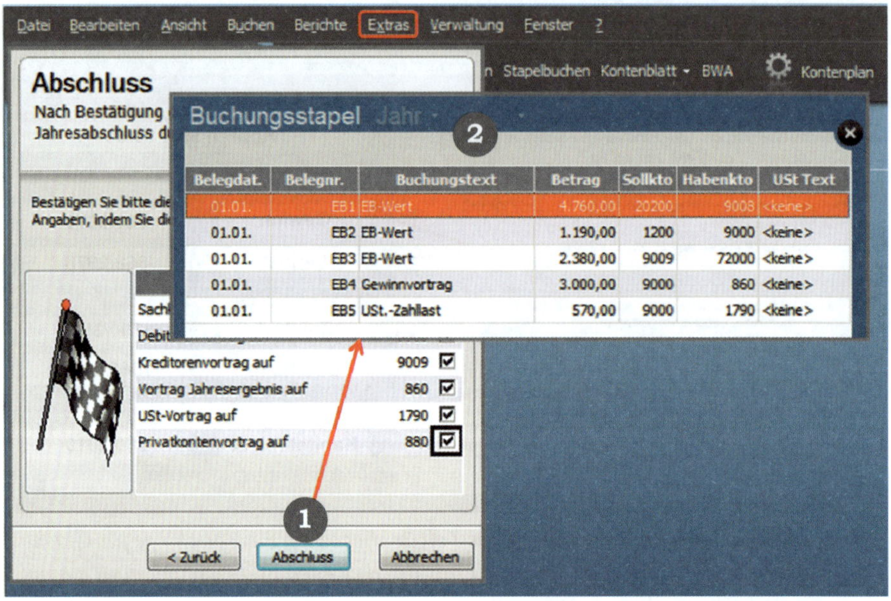


*Abb. 6:* ***Der technische Jahresabschluss Teil 3:*** *Haben Sie alle Konten noch einmal bestätigt, können Sie auf* ***Abschluss*** *❶ klicken. Anschließend werden die Buchungen in den Buchungsstapel ❷ übertragen.*

**Achtung**

Den Anfangsbestand der Bank haben Sie bereits gebucht, diese Buchung müssen Sie jetzt aus dem Buchungsstapel löschen.

## 16.7 Technischen Jahresabschluss aufheben

Mit dem technischen Jahresabschluss oder dem Monatsabschluss werden Zeiträume abgeschlossen. In diesen Zeiträumen kann nicht mehr gebucht werden, Sie können jedoch Ihre Buchungen und Berichte weiterhin ansehen und drucken.

Der technische Jahresabschluss kann allerdings jederzeit wieder aufgehoben werden, unter **Extras → Jahresabschluss**.

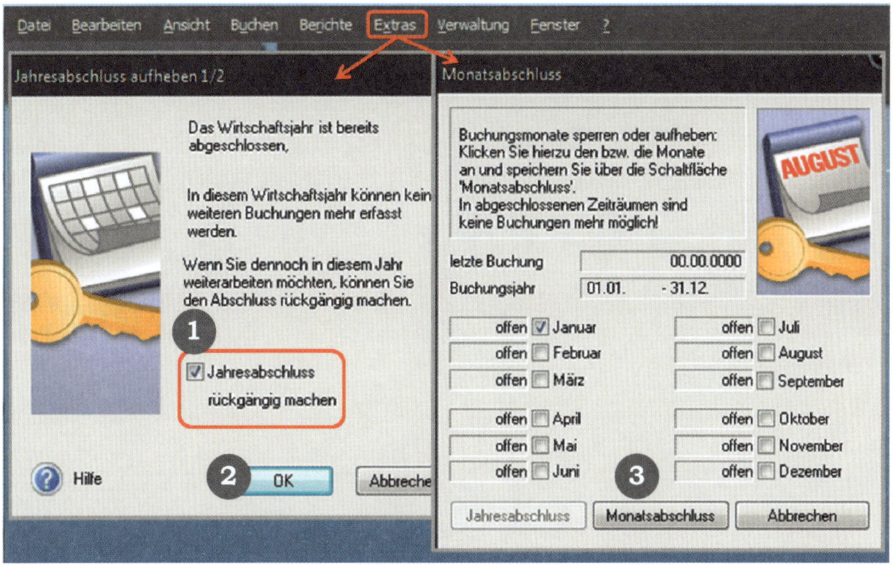


*Abb. 7:* ***Jahres- und Monatsabschluss:*** *Setzen Sie das Häkchen bei „Jahresabschluss rückgängig machen“ ❶ und klicken auf* ***OK*** *❷, wird das alte Buchungsjahr wieder geöffnet. Einen Monat abzuschließen geht genauso schnell, Sie wählen den Monat aus und klicken auf* ***Monatsabschluss*** *❸.*

**Achtung**

Die Saldenvortragsbuchungen bleiben allerdings in Ihrem neuen Buchungsjahr stehen. Denken Sie daran für den Fall, dass Sie den Abschluss noch einmal wiederholen möchten.

## 16.8 Monat abschließen und wieder öffnen

Mit dem Monatsabschluss können Sie einzelne Monate ganz unkompliziert sperren und wieder öffnen. Möchten Sie, dass zum Beispiel im Monat Januar nicht mehr gebucht werden kann, dann können Sie auf diese Weise den Monat abschließen.

Dazu klicken Sie den entsprechenden Monat an und klicken auf Monatsabschluss. Möchten Sie das wieder rückgängig machen, nehmen Sie den Haken heraus und klicken erneut auf Monatsabschluss.

**Weitere Informationen**

Video unter www.lexware.de/support

- Der Jahresabschluss in Lexware buchhalter

# 17. Was ist beim Jahreswechsel zu beachten? (pro und premium)

**Haben Sie bereits in einem Buchungsjahr gebucht und möchten nun im nächsten Jahr weiterbuchen, müssen Sie ein neues Buchungsjahr anlegen. Dabei können Sie die Salden aus dem Vorjahr übernehmen.**

**Zu Beginn des Jahres können Sie die Salden ganz oder teilweise übertragen. Sowie der Vorjahresabschluss fertig gestellt ist und Ihnen die endgültigen Salden vorliegen, können Sie über die Vortragsaktualisierung die restlichen Bestände bzw. die Differenzen übertragen. Hier lernen Sie die Vorgehensweise kennen.**

| Voraussetzungen für die Übungen | | |
|---|---|---|
| Hinweise zu den Eingaben | Um die Bilder in diesem Kapitel besser nachvollziehen zu können, sollten Sie die erste Übung im Schritt 1 in einem neu angelegten bzw. leeren Buchungsjahr erfassen.<br>Gerne können Sie aber auch die erste Übung überspringen und mit Ihrem Datenbestand arbeiten. | |

## 17.1 Ein Blick auf Ihre Vorjahresbestände

Um die Saldenübernahme zeigen zu können, müssen Buchungen im Vorjahr vorhanden sein. Diese werden mit der folgenden Übung erfasst. Haben Sie bereits gebucht, können Sie diese Übung überspringen und mit Ihren Daten arbeiten. In der Übung werden ganz bewusst sehr wenige Buchungen erfasst, so können Sie die folgenden Beispiele leichter nachvollziehen.

**Übung**

Buchen Sie in ein neu angelegtes Buchungsjahr bzw. in ein Jahr, das noch keine Buchungen enthält, bitte folgende Rechnungen unter **Buchen → Stapelbuchen**. Das Debitorenkonto „20200 Braun GmbH" sowie das Kreditorenkonto „72000 Bürohandel Maurer" wurden bereits angelegt, wenn nicht, müssen Sie das jetzt nachholen.

| **Buchen → Stapelbuchen** | | | | | | |
|---|---|---|---|---|---|---|
| Datum | Beleg | Text | Betrag | SOLL<br>SKR 03/04 | HABEN<br>SKR 03/04 | Steuer |
| 30.12. | AR 278 | RG 278 | 7.140,00 | 20200 | 8400/4400 | USt.19% |
| 30.12. | AR 279 | RG 279 | 4.760,00 | 20200 | 8400/4400 | USt.19% |
| 30.12. | ER 1 | RG 2401 | 5.950,00 | 3400/5400 | 72000 | VSt.19% |
| 30.12. | ER 2 | RG 2408 | 2.380,00 | 3400/5400 | 72000 | VSt.19% |

Stimmen Ihre Eingaben, buchen Sie bitte den Stapel aus unter **Buchen → Stapel ausbuchen.** Erfassen Sie anschließend bitte folgenden Kontoauszug unter **Buchen → Einnahmen/Ausgaben in den Stapel** und wählen Sie in der Kontenauswahl das Konto **1200/1800 Bank.** Klicken Sie bitte vor dem Buchen auf das Feld **OP**, wählen Sie die entsprechende Rechnung aus und gehen dann erst auf **Buchen**. So kann das Programm die Offene-Posten-Liste richtig führen.

| **Buchen → Einnahmen/Ausgaben in den Stapel → 1200/1800 Bank** | | | | | | |
|---|---|---|---|---|---|---|
| Datum | Beleg | Buchungstext | Betrag | Konto SKR 03/04 | Kategorie | Steuer |
| 30.12. | B 12 | Geldeingang Kunde | 7.140,00 | 20200 | Einnahme + OP | keine |
| 30.12. | B 12 | Zahlung an Liefe-ranten | 5.950,00 | 72000 | Ausgabe + OP | keine |
| 31.12. | | Saldo | 1.190,00 | Kontrolle | | |

Stimmt der Kontostand im Programm mit diesem überein, können Sie den Stapel ebenfalls ausbuchen. Legen Sie nun ein weiteres neues Buchungsjahr an unter **Datei → Buchungsjahr neu.**

### Lösung

In der Summen- und Saldenliste sehen Sie die Vorjahresbestände. Bilanzierende sehen diese auch in der Aktiva und Passiva der Bilanz.

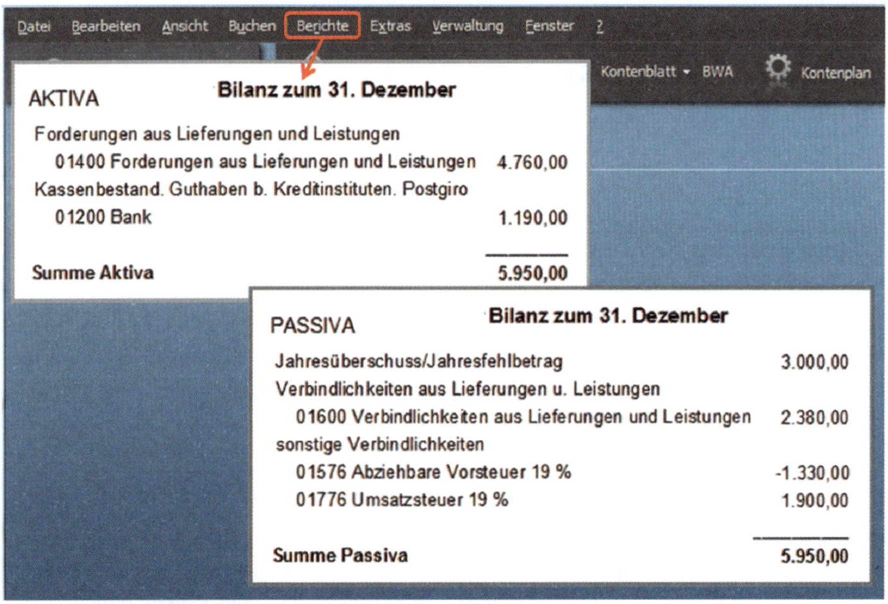


*Abb. 1:* ***Ihre Vorjahreswerte ansehen:*** *Unter* ***Berichte → Auswertungen → Bilanz*** *sehen Sie die Werte zum 31.12.*

## 17.2 Hinweis zur Einnahmen-Überschussrechnung

Einnahmen-Überschussrechner müssen keine Anfangsbestände erfassen. Für die Arbeit mit dem Programm ist es jedoch empfehlenswert, die Anfangsbestände von

Kasse und Bank zu übertragen. So können Sie nach Ihren Eingaben die Kontostände kontrollieren.

Ist in den Firmenstammdaten „Einnahmen-Überschussrechnung“ hinterlegt, werden einige Fenster, die in den folgenden Schritten gezeigt werden, gar nicht erscheinen. Das liegt daran, dass weder das Kapital noch Forderungen und Verbindlichkeiten bei Einnahmen-Überschussrechnern in das Folgejahr übertragen werden.

## 17. 3 Buchungsjahr anlegen und Saldenvortrag aktivieren

Beim ersten Jahreswechsel sind noch einige Einstellungen vorzunehmen, die schon im nächsten Jahr entfallen.

**Tipp**

Spätestens jetzt sollten Sie die Funktion **Arbeiten mit mehreren Stapeln** unter **Extras → Optionen → Buchungsmaske** einschalten. Dann werden die Saldenvorträge in einem eigenen Buchungsstapel erfasst und Sie können diesen getrennt von den laufenden Buchungen ausbuchen oder auch stehen lassen.

Sie müssen beim Anlegen des neuen Buchungsjahres nicht sofort alle Salden übertragen. Denn über die Funktion Vortragsaktualisierung können Sie die Saldenübernahme jederzeit wiederholen. Hier erfahren Sie, welche Salden Sie sofort übernehmen sollten.

Im Menü **Datei** unter **Neu → Buchungsjahr** oder **Jahreswechsel → Neues Buchungsjahr anlegen** können Sie das nächste Buchungsjahr eröffnen. Setzen Sie hier unbedingt den Haken bei **Salden aus dem Vorjahr übernehmen.** Meldet Ihnen das Programm noch im Stapel befindliche Buchungen, sollten Sie diesen Vorgang trotzdem nicht unterbrechen. Diese Buchungen können später nachgeholt werden.

**Achtung**

Möchten Sie alle Salden erst später übernehmen, müssen Sie trotzdem den Haken setzen und erst nach dem Klick auf **OK** den Saldenvortrag abbrechen. Ansonsten können Sie die Salden nur noch über die Funktion **Technischer Jahresabschluss** übertragen, die später gezeigt wird.

Ist die Saldenübernahme aktiviert, öffnen sich nach dem Klick auf **OK** weitere Fenster. Zunächst müssen Sie unter **Einstellungen** entscheiden, ob die Buchungen direkt in das **Journal** oder erst in den **Buchungsstapel** übertragen werden sollen. Weiterhin wählen Sie einen Belegnummernkreis aus.

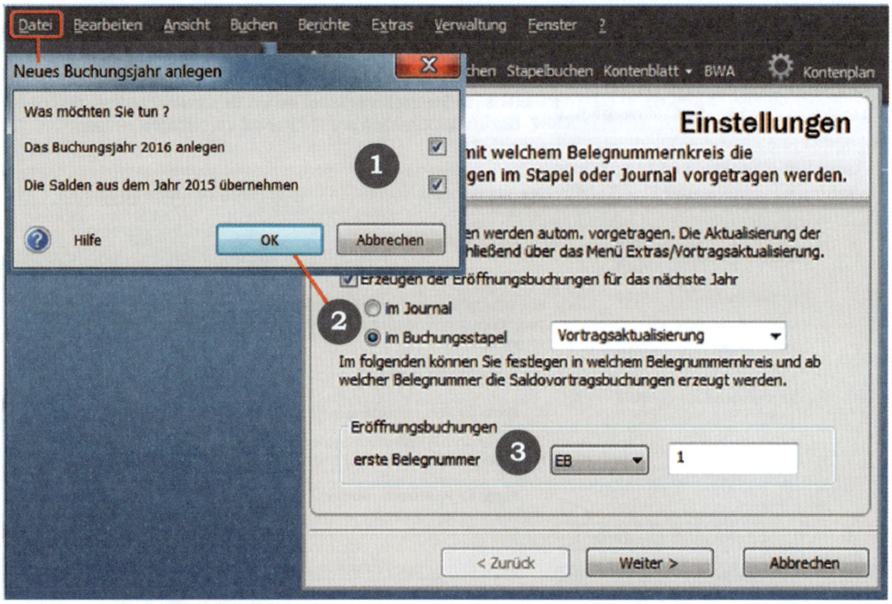


*Abb. 2:* ***Ein neues Buchungsjahr anlegen und Salden des Vorjahres übernehmen:*** *Sind beide Haken gesetzt* ❶, *öffnet sich ein Fenster. Hier wählen Sie Buchungsstapel* ❷ *aus sowie den Belegnummernkreis „EB“* ❸ *für Eröffnungswerte.*

## 17.4 Saldenvortrag einstellen und Salden übertragen

Die nächsten beiden Fenster öffnen sich nur beim ersten Saldenvortrag mit dem Programm. Dort hinterlegen Sie die **Saldenvortragskonten** sowie die **Gegenkonten** für die Buchungen der Anfangsbestände. Diese Konten werden nur einmal hinterlegt, jede weitere Saldenübernahme ist dann schneller erledigt.

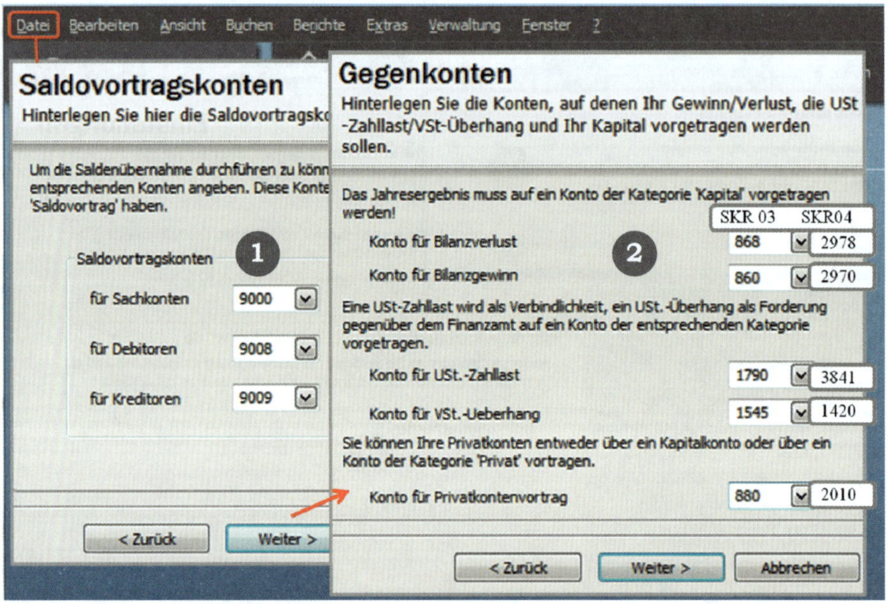


*Abb. 3:* ***Einmalig die Konten für die Saldenvortragsbuchungen erfassen:*** *Hier sehen Sie die Saldenvortragskonten* ❶ *und Vorschläge für Gegenkonten* ❷, *die Sie zur Sicherheit mit Ihren eigenen Bilanzkonten noch einmal vergleichen sollten.*

Ist das Programm auf Einnahmen-Überschussrechnung eingestellt, wird das Fenster „Gegenkonten“ nicht erscheinen, da diese Werte nicht übertragen werden.

**Tipp**

Sowie das neue Buchungsjahr angelegt ist, können Sie jederzeit über **Datei → Buchungsjahr wechseln** oder oben am Bildschirm über den Pfeil beim **Aktuellen Buchungsjahr** zwischen dem neuen und alten Jahr wechseln. Beide Jahre sind offen und in beiden Jahren kann gebucht werden.

Im neuen Buchungsjahr stehen Ihnen wie zuvor alle Stammdaten zur Verfügung. Der Kontenplan, die Buchungsvorlagen und die Belegnummernkreise, wobei die Nummernkreise wieder bei Null beginnen.

Nun zum letzten Schritt der Saldenübernahme. Hier bestätigen Sie alle Konten noch einmal durch anhaken und klicken auf „Weiter“, so dass Ihnen die Saldenvortragsliste gezeigt wird.

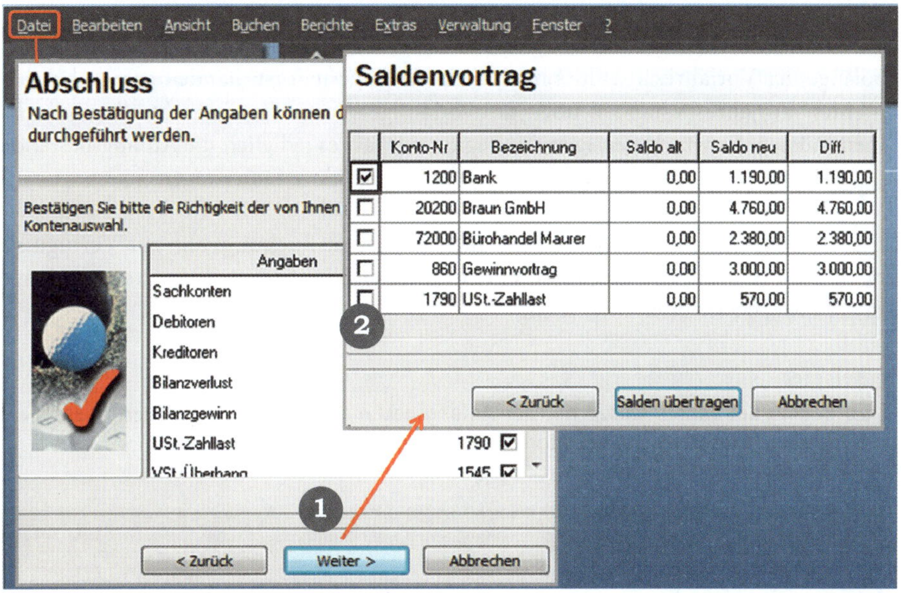


*Abb. 4:* ***Den Saldenvortrag abschließen:*** *Sowie die Saldenvortragskonten* ❶ *bestätigt sind, wird die Saldenvortragsliste gezeigt. Hier soll nur der Saldo der „Bank 1200/1800"* ❷ *übernommen werden, deshalb alle anderen Häkchen entfernen.*

## Übung

Gehen Sie in das Buchungsjahr, in dem Sie die Vorjahresbuchungen der letzten Übung eingegeben haben. Legen Sie hier unter **Datei → neu → Buchungsjahr** ein neues Buchungsjahr an und aktivieren Sie die Saldenübernahme aus dem Vorjahr. Erfassen Sie alle Angaben wie in den vorherigen Bildern gezeigt.

## Lösung

Ist der Buchungsstapel ausgewählt, sind die Saldenvortragskonten sowie die Gegenkonten erfasst, müssen Sie die Konten noch einmal bestätigen. Mit einem Klick auf **Weiter** werden die Buchungen angezeigt.

Hier ist nur die Vortragsbuchung des Bankkontos „1200/1800" ausgewählt, nach dem Klick auf **Salden übertragen** wird nur diese Buchung in den Buchungsstapel übertragen.

Zunächst setzt das Programm bei allen Buchungen ein Häkchen, d. h. bei allen Buchungen, die Sie erst später übernehmen möchten, müssen Sie das Häkchen entfernen. Alle Buchungen, die Sie jetzt nicht auswählen, können Sie jederzeit über die Funktion **Vortragsaktualisierung** übertragen.

## 17.5 Vervollständigung der Eröffnungsbilanz

Solange der Vorjahresabschluss noch nicht fertig gestellt ist, handelt es sich bei den meisten Vorjahresbeständen noch um vorläufige Werte, die Sie nicht alle übernehmen müssen. Es würde genügen, zu Beginn des Jahres lediglich die Anfangsbestände der Kassen- und Bankkonten in das neue Buchungsjahr zu übertragen.

Die Offene-Posten-Liste steht Ihnen auch im neuen Buchungsjahr zur Verfügung, denn alle Rechnungen, die einmal in dem Programm erfasst wurden, stehen solange in der Liste, bis sie bezahlt wurden.

**Beispiel**

Zu Beginn des Jahres wurde nur der Anfangsbestand des Bankkontos übertragen, die Salden der Debitoren- und Kreditorenkonten noch nicht.

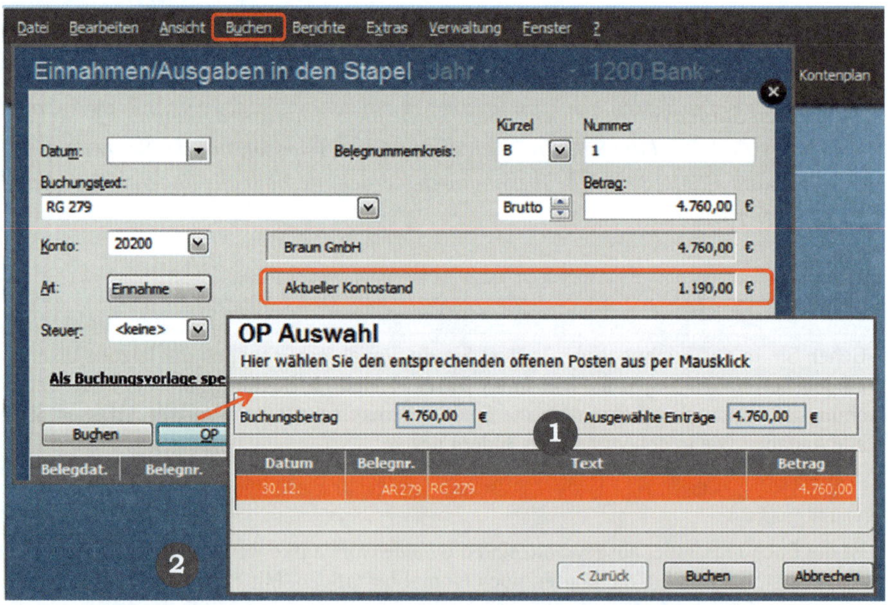


*Abb. 5: **Zunächst genügt der Anfangsbestand des Finanzkontos:** Ist dieser erfasst, sehen Sie Ihre aktuellen Kontostände im Programm ❶. Die OP-Auswahl über das Feld **OP** ❷ ist auch ohne die Erfassung der Anfangssalden von Debitoren und Kreditoren vorhanden.*

Sie sehen Ihren **aktuellen Kontostand** im Programm. Sie können wie gewohnt Ihre Kontoauszüge erfassen und danach den Saldo vergleichen. Auch der Geldeingang eines Kunden kann wie zuvor über den Klick auf das Feld **OP** gebucht werden. Auch ohne Anfangsbestände finden Sie hier die offenen Rechnungen.

Die Gewinn- und Verlustrechnung zeigt Ihnen das vorläufige Ergebnis, denn die Aufwands- und Ertragskonten beginnen sowieso in jedem Jahr bei Null.

Allerdings sind fast alle anderen Berichte ohne Anfangsbestände bzw. mit falschen Anfangsbeständen nicht brauchbar. Die Konten sowie die Summen- und Saldenliste zeigen nur die Zugänge und Abgänge, die im neuen Jahr gebucht wurden und nicht die Bestände. Das gilt auch für die Bilanz, ohne Anfangsbestände sehen Sie hier keine Endbestände.

## 17.6 Restliche Anfangsbestände übertragen durch Vortragsaktualisierung

Ist der Vorjahresabschluss fertig, können Sie die restlichen Anfangsbestände bzw. die Differenzen übertragen. Allerdings nur, wenn die Jahresabschlussbuchungen im Programm gebucht wurden.

Hat Ihr Steuerberater den Jahresabschluss in seinem Programm fertig gestellt, würden von ihm Umbuchungen vorgenommen, die Ihr Programm nicht hat. Diese Umbuchungsliste können Sie manuell erfassen oder über die Funktion **DATEV-Import** im Menü **Datei** in das Abschlussjahr einspielen.

Jede Änderung an den Vorjahresbeständen erkennt das Programm. Diese Veränderungen können Sie über die Funktion **Vortragsaktualisierung** im Menü **Extras** übertragen. Hier ist die Vorgehensweise die gleiche wie bei der ersten Saldenübernahme, lediglich die Konteneingabe entfällt.

**Übung**

In der letzten Übung wurde nur der Anfangsbestand des Bankkontos „1200/1800" gebucht. Nun sollen die restlichen Salden übertragen werden. Gehen Sie dazu zurück ins Vorjahr und starten Sie die **Vortragsaktualisierung** im Menü **Extras.**

**Lösung**

Durch die Vortragsaktualisierung können nun die restlichen Salden übertragen werden. In der Liste sind die restlichen Buchungen markiert. Am Banksaldo hat sich nichts geändert.

In der unteren Liste sehen Sie den anderen Fall. Hier wurden zu Beginn des Jahres alle Salden vorgetragen und nun werden lediglich die Differenzen übertragen.

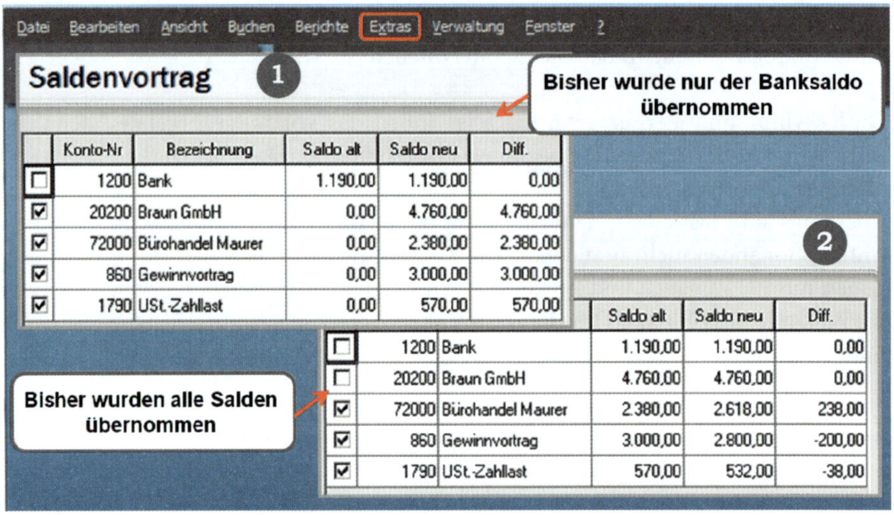


*Abb. 6:* ***Die Vortragsaktualisierung:*** *In der oberen Liste werden die restlichen Anfangsbestände ❶ übertragen. In der unteren Liste ❷ wurden bereits alle Salden vorgetragen und eine Eingangsrechnung über 238 Euro wurde im alten Jahr gebucht. In diesem Fall werden nur die Differenzen übertragen.*

## 17.7 Hinweis zur Handels- und Steuerbilanz

Haben Sie im Vorjahr zwei Bilanzen erstellt, eine Handelsbilanz und eine Steuerbilanz, werden auch die Salden für beide Bilanzen vorgetragen bzw. gebucht. Das funktioniert genauso wie bei der Erstellung von Handels- und Steuerbilanz über die Buchung in den richtigen Perioden.

Der Bericht „Handelsbilanz“ beinhaltet alle Buchungen, die in den Perioden 1-15 erfasst wurden. Die Schlussbestände der Handelsbilanz werden im neuen Jahr in die Periode 1 vorgetragen für den Bericht „Eröffnungsbilanz Handelsbilanz“.

Im Bericht „Steuerbilanz“ erscheinen alle Buchungen der Perioden 1-16. Sie erstellen also eine Steuerbilanz durch Umbuchungen in der Periode 16, das heißt das handelsrechtliche Ergebnis wird in dieser Periode korrigiert. Beim Jahreswechsel werden nur die Differenzbeträge zwischen Handels- und Steuerbilanz in die Periode 16 vorgetragen. So steht Ihnen auch der Bericht „Eröffnungsbilanz Steuerbilanz“ zur Verfügung.

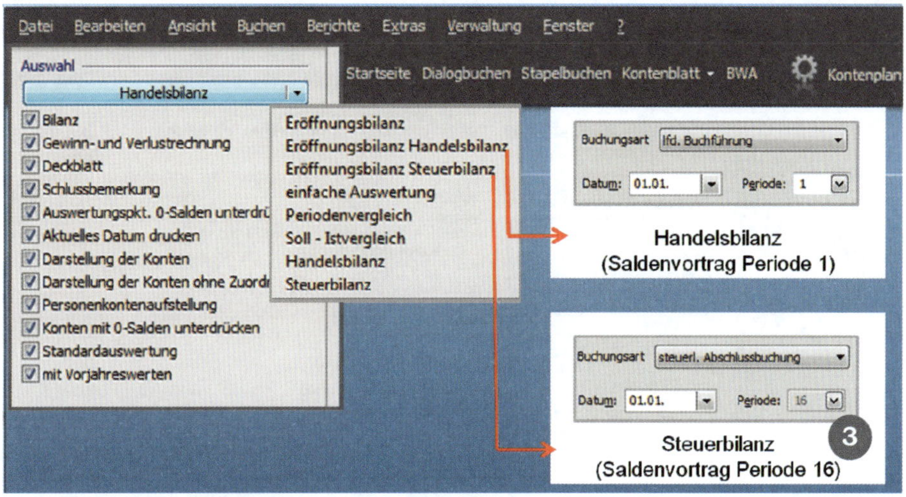


*Abb. 7:* ***Handels-/Steuerbilanz:*** *Haben Sie im Vorjahr zwei Bilanzen erstellt, eine Handels- und eine Steuerbilanz, erhalten Sie nach dem Saldenvortrag auch zwei verschiedene Eröffnungsbilanzen* ❶. *Die Eröffnungsbuchungen werden in der Periode 1 erfasst* ❷ *und die Differenzen für die Eröffnungsbilanz Steuerbilanz in der Periode 16* ❸.

## 17.8 Technischer Jahresabschluss

Sie können bestimmte Buchungszeiträume sperren, das heißt hier abschließen. In einem abgeschlossenen Monat oder Jahr können Sie nicht mehr buchen, Ihre Buchungen und Berichte können Sie jedoch weiterhin ansehen und drucken. Jede Sperrung kann aber auch wieder aufgehoben werden.

Durch den technischen Jahresabschluss unter **Extras → Jahresabschluss** wird ein Buchungsjahr abgeschlossen und es werden alle Salden vorgetragen, die bisher nicht übernommen wurden. Haben Sie also versehentlich die Saldenübernahme ausgelassen, können Sie das über diesen Weg nachholen. Die Vorgehensweise ist wieder die gleiche wie bei der Saldenübernahme und der Vortragsaktualisierung.

Der technische Jahresabschluss kann jederzeit wieder aufgehoben werden. Dazu setzen Sie unter **Extras → Jahresabschluss** das Häkchen bei **Jahresabschluss rückgängig machen.** Mit einem Klick auf **OK** wird das alte Buchungsjahr wieder geöffnet.

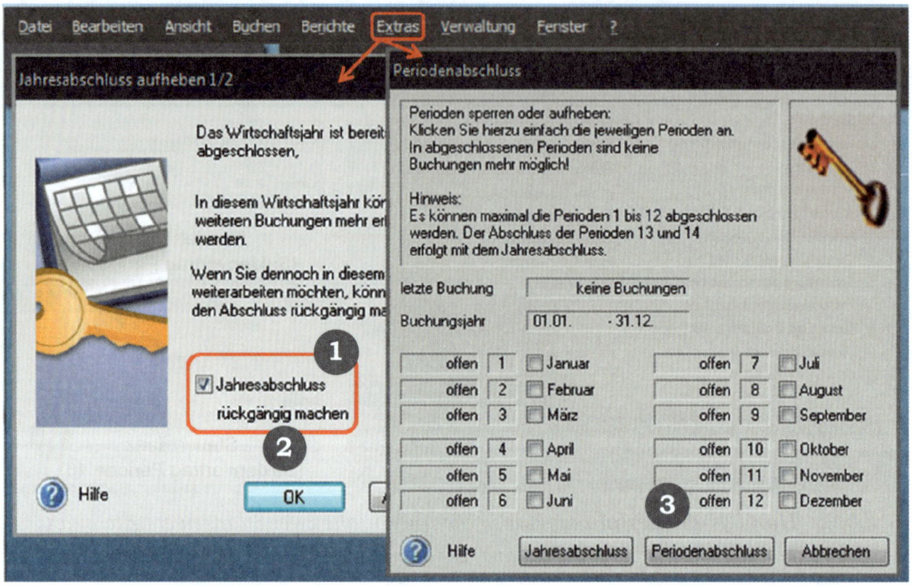


*Abb. 8:* ***Jahres- und Periodenabschluss:*** *Setzen Sie das Häkchen bei „Jahresabschluss rückgängig machen"* ❶ *und klicken auf* ***OK*** ❷*, wird das alte Buchungsjahr wieder geöffnet. Eine Periode abzuschließen geht genauso schnell, Sie wählen den Monat aus und klicken auf* ***Periodenabschluss*** ❸.

## 17.9 Periode abschließen und wieder öffnen

Mit dem Periodenabschluss können Sie einzelne Perioden ganz unkompliziert sperren und wieder öffnen. Möchten Sie, dass zum Beispiel in der ersten Periode nicht mehr gebucht werden kann, dann können Sie auf diese Weise die Periode abschließen.

Dazu klicken Sie die entsprechende Periode an und anschließend auf **Periodenabschluss**. Möchten Sie das wieder rückgängig machen, nehmen Sie den Haken heraus und klicken erneut auf Periodenabschluss.

**Weitere Informationen**

Video unter www.lexware.de

- Der Jahresabschluss
- Handels-/Steuerbilanz in Lexware buchhalter pro und premium

# 18. Datenexport über die DATEV-Schnittstelle

**Möchten Sie Ihre Buchführung vom Steuerberater kontrollieren lassen oder ist es schon so weit, dass er den Jahresabschluss machen soll? Dann braucht er Ihre Buchführungsdaten. Für diesen Fall bietet sich der Datenexport über die DATEV-Schnittstelle an. Hier werden die Daten in ein einheitliches Format gesetzt und können von allen Programmen, die ebenfalls mit einer DATEV-Schnittstelle ausgestattet sind, ganz einfach eingelesen werden. Hier erfahren Sie, worauf beim DATEV-Export zu achten ist.**

| Voraussetzungen für die Übungen | | |
|---|---|---|
| Hinweise zu den Eingaben | In diesen Übungen können Sie mit Ihrem Datenbestand arbeiten. Haben Sie allerdings in der Firma noch keine Buchungen erfasst, sollten Sie zuvor das Beispiel im Schritt 1 buchen. | |

## 18.1 Die DATEV Schnittstelle einrichten

Haben Sie beim Anlegen der Firma die **DATEV-Schnittstelle** noch nicht aktiviert, müssen Sie das jetzt nachholen. Im Menü **Bearbeiten** unter **Firma** bzw. **Firmenangaben** können Sie die DATEV-Schnittstelle aktivieren und einrichten. In den Versionen standard und pro setzen Sie unter **Einstellungen** den Haken bei **DATEV-Unterstützung** und in den Versionen pro und premium direkt im Register **DATEV**.

Hier können Sie die Angaben Ihres Steuerberaters hinterlegen. Fragen Sie ihn nach **Beraternummer** sowie **Mandantennummer**, die er in seinem Programm für Ihr Unternehmen nutzt. Außerdem ist zu klären, ob er in seiner Software mit dem neuen Format **DATEV-Format (ASCII csv)** arbeitet oder mit **Postversand (KNE)**. Wenn er es weiß, können Sie die entsprechende Funktion hier bereits hinterlegen. Wenn nicht, können Sie diese Einstellung später nachholen. Im Schritt zwei werden die beiden Formate erklärt.

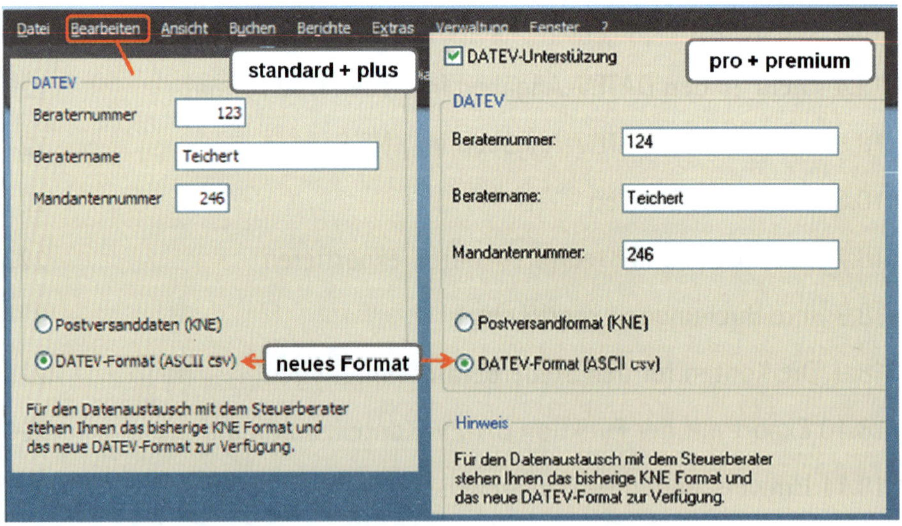


*Abb. 1:* ***Die DATEV-Unterstützung aktivieren:*** *Im Menü* ***Bearbeiten*** *müssen Sie die DATEV- Funktion aktivieren. Hinterlegen Sie hier die Angaben des Steuerberaters, werden diese Daten später beim Export automatisch eingetragen. Sie können das aber auch direkt beim Export erledigen.*

Nach dem **Speichern** Ihrer Eingaben finden Sie die DATEV-Funktion im Menü **Datei.** In den Versionen standard und plus unter **Export → DATEV** und in den Versionen pro und premium unter **DATEV-Schnittstelle → Export.**

**Achtung**
Sollte der Menüpunkt trotzdem fehlen, müssen Sie diesen unter **Verwaltung → Konfigurationsassistent → Einstellungen → Datei** einschalten.

## 18.2 Ein Blick auf Ihre Buchungen

In den folgenden Schritten zeigen wir Ihnen den DATEV-Export anhand ganz weniger Buchungen. So können Sie den Ablauf besser nachvollziehen. Für die Übungen können Sie aber auch mit Ihren Daten arbeiten.

**Beispiel**
Die Personenkonten „20200 Braun GmbH" und „72000 Bürohandel Maurer" sowie das individuelle Erlöskonto „8402/4402 Erlöse Beratung 19% USt." wurden angelegt. Auf diesen Konten wurden folgende Rechnungen gebucht und anschließend in das Journal übertragen.

| **Buchen → Stapelbuchen** | | | | | | |
|---|---|---|---|---|---|---|
| Datum | Beleg | Text | Betrag | SOLL<br>SKR 03/04 | HABEN<br>SKR 03/04 | Steuer |
| 30.12. | AR 278 | RG 278 | 7.140,00 | 20200 | 8400/4400 | USt.19% |
| 30.12. | AR 279 | RG 279 | 4.760,00 | 20200 | 8402/4402 | USt.19% |
| 30.12. | ER 1 | RG 2401 | 5.950,00 | 3400/5400 | 72000 | VSt.19% |
| 30.12. | ER 2 | RG 2408 | 2.380,00 | 3400/5400 | 72000 | VSt.19% |

Möchten Sie diese Daten für Ihren Steuerberater exportieren, sollten Sie ihm parallel zum Datenexport auch eine aktuelle Summen- und Saldenliste geben. Hier handelt es sich um eine Übersicht über alle bebuchten Konten. Diese Liste können Sie unter **Berichte → Summen- und Salden** drucken oder als pdf exportieren.

Nachdem der Steuerberater Ihre Daten in sein Programm eingespielt hat, kann er sich ebenfalls eine Summen- und Saldenliste drucken und die beiden Listen miteinander vergleichen. Erst dann kann er sicher sein, dass er alle Daten erhalten hat.

**Tipp**
Sie sollten beim Buchen in den Belegnummernfeldern nur Zahlen, Buchstaben und folgende Sonderzeichen verwenden: $ & % * + - /. Andere Zeichen werden beim DATEV-Export vom Programm korrigiert.

## 18.3 Die beiden Exportmöglichkeiten

Starten Sie den DATEV-Export im Menü **Datei** unter **Export → DATEV** bzw. **DATEV-Schnittstelle →Export**, leitet Sie das Programm durch verschiedene Eingabefenster, die Sie ausfüllen müssen.

Gleich im ersten Fenster wählen Sie entweder den Export von **Buchungsdaten** oder den von **Kontendaten Kunden und Lieferanten**, d.h. in einem Durchgang können Sie nur Buchungen exportieren und in einem anderen die Kontendaten.

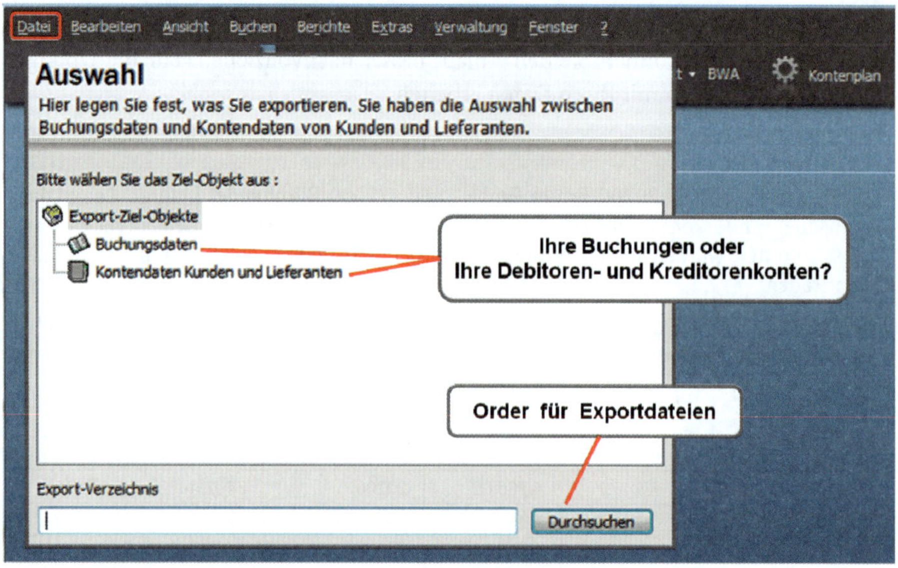


*Abb. 2:* ***Exportmöglichkeiten:*** *Sie können Ihre Buchungen oder Kontendaten exportieren. In diesem Fenster legen Sie auch den Speicherort für die Exportdateien fest.*

Wohin Sie die Exportdateien speichern möchten, legen Sie hier über die Schaltfläche **Durchsuchen** fest.

## 18.4 Mehr zu den DATEV-Angaben im neuen CSV Format

Im nächsten Fenster finden Sie die Angaben des Steuerberaters, die Sie bereits in den Firmenstammdaten hinterlegt haben.

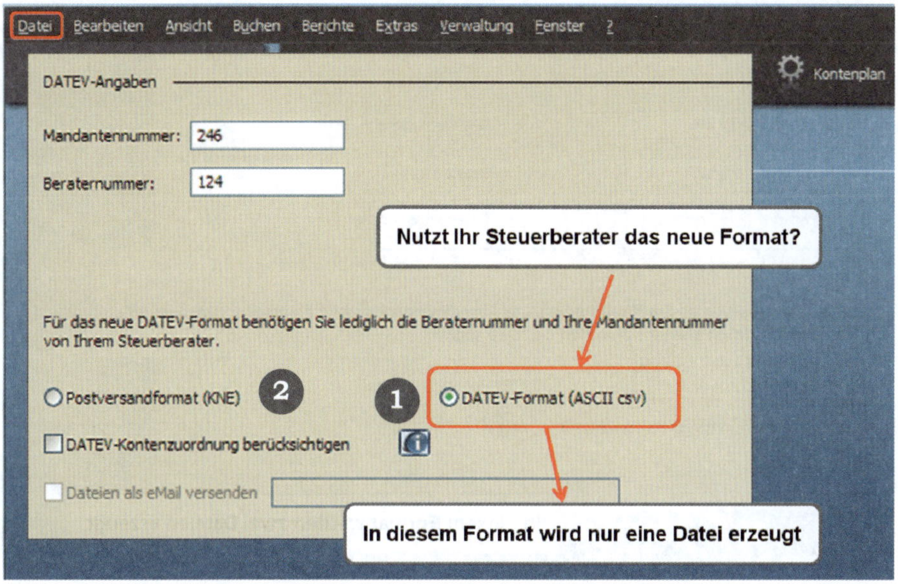


*Abb. 3:* ***DATEV-Angaben für den Export:*** *Nutzt Ihr Steuerberater das neue Format* ❶*, können Sie direkt auf Weiter klicken. Wenn nicht, stellen Sie hier das andere Format* ❷ *ein und es erscheinen weitere Eingabefenster.*

## 18.5 Mehr zu den DATEV-Angaben im KNE Format

Haben Sie das herkömmliche Format **Postversandformat** (**KNE**) gewählt, müssen Sie weitere Angaben hinterlegen. Im Feld **DFV** tragen Sie Ihr Namenskürzel ein, zum Beispiel „AM“ für Anja Mick. Ein **Passwort** hinterlegen Sie nur, wenn Sie das mit Ihrem Steuerberater vereinbart haben.

In den Feldern **Datenträgernummer** und **Abrechnungsnummer** können Sie beim ersten Export eine 1 eintragen und beim nächsten eine 2, es sei denn, Ihr Steuerberater gibt bestimmte Nummern vor. Im Zweifel sollten Sie sich hier mit ihm abstimmen.

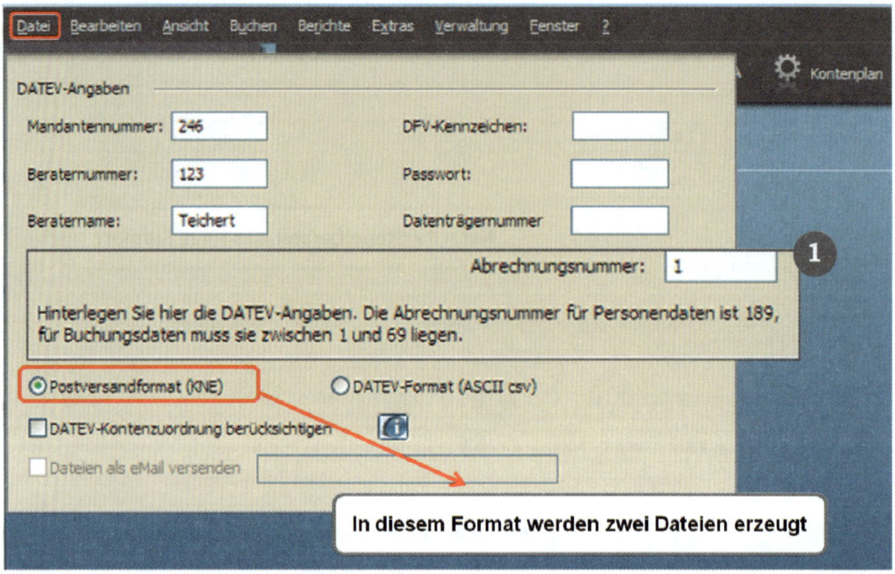


*Abb. 4:* ***DATEV-Angaben für den Export:*** *Beim Export von Buchungen hinterlegen Sie im Feld „Abrechnungsnummer" zunächst eine „1" und beim nächsten Export eine „2". Nur beim Export von Kontendaten hinterlegen Sie immer die „189"* ❶.

Den DATEV-Export können Sie jederzeit wiederholen. Kann Ihr Steuerberater die Daten also nicht einlesen, können Sie den Vorgang noch einmal durchführen. Vielleicht nutzt er ja doch das andere Format oder ein Passwort.

**Tipp**

In jedem dieser Eingabefenster finden Sie ausführliche Hilfen, die Ihnen sicher die passenden Antworten geben.

## 18.6 Die Export Dateien

Beim DATEV-Export im herkömmlichen Format KNE werden zwei Dateien erstellt, und beide benötigt Ihr Steuerberater zum Einlesen der Daten. Die Exportdateien haben folgende Bezeichnung: ED0001 und EV01. Beim DATEV-Export im neuen Format CSV wird nur eine Datei erstellt und der Dateiname ist unverwechselbar, denn im Namen stecken Datum und Uhrzeit mit Sekundenangabe. Dadurch wird bei jedem Export automatisch ein neuer Name vergeben. Sie erkennen die Datei an der Endung ...csv.

**Achtung**
Wiederholen Sie den Export im KNE Format, werden die vorherigen Dateien überschrieben. Aus diesem Grund sollten Sie auf Ihrem Computer eigene Ordner anlegen. Die Ordner könnten zum Beispiel „ExportKonten", „ExportBuchungenJanuar" oder „BuchungenFebruar" heißen. Wenn Sie die Exportdateien in die entsprechenden Ordner speichern, bleiben alle Dateien erhalten und werden nicht überschrieben.

Verschicken Sie die Exportdateien per E-Mail, kann es passieren, dass an die Dateinamen eine Endung, zum Beispiel „DAT", gesetzt wird. Diese Endung muss vor dem Import wieder entfernt werden.

## 18.7 Debitoren- und Kreditorenkonten exportieren

Arbeiten Sie mit Debitoren- und Kreditorenkonten, können Sie die Kontendaten exportieren, die noch nicht in der Software Ihres Steuerberaters vorhanden sind.

Ist die Auswahl **Kontendaten Kunden und Lieferanten** gewählt und das **Export-Verzeichnis** angegeben, können Sie das nächste Fenster öffnen.

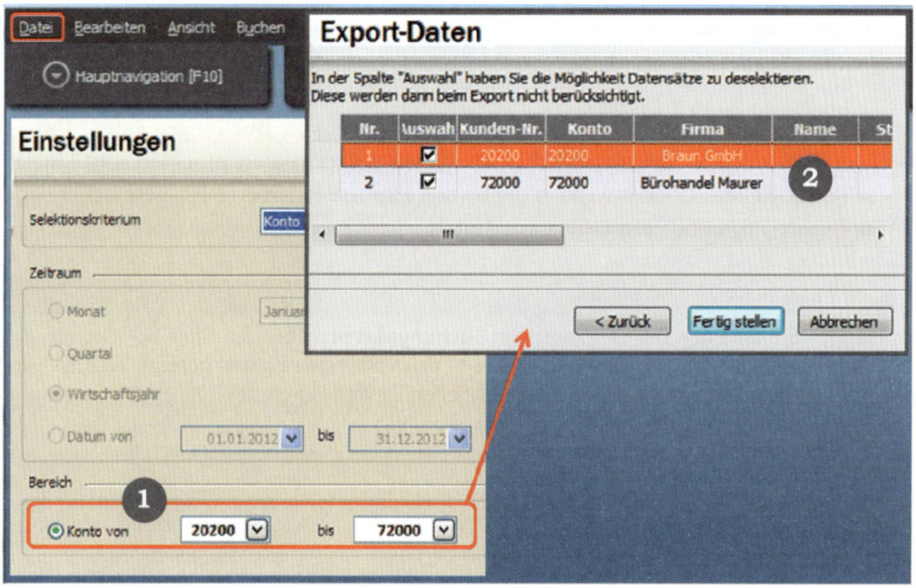


*Abb. 5:* ***Export von Kontendaten:*** *Haben Sie festgelegt, welche Kontonummern ❶ Sie exportieren möchten, sehen Sie im nächsten Fenster die ausgewählten Konten ❷. Möchten Sie ein Konto nicht exportieren, entfernen Sie einfach den „Haken" in der Liste.*

Hier wählen Sie nur noch unten den Kontenbereich aus und schon sehen Sie im nächsten Fenster die **Export-Daten.** Möchten Sie bestimmte Konten für den Export ausschließen, müssen Sie den Haken entfernen. Nach dem Klick auf **Fertig stellen** werden die Exportdateien erzeugt und in das angegebene Verzeichnis gespeichert. Zum Abschluss können Sie das Export-Protokoll drucken.

Ihr Steuerberater kann Ihre Buchungen nur dann reibungslos einlesen, wenn er die gleichen Konten verwendet wie Sie. Sowie er Ihre Personenkonten importiert hat, sind die Voraussetzungen für ein leichtes Einspielen der Buchungen geschaffen.

**Tipp**

Legen Sie häufig neue Personenkonten an, müssen Sie diesen Vorgang oft wiederholen. Über die Funktion DATEV-Kontenzuordnung, die im letzten Schritt gezeigt wird, können Sie für den Export einheitliche Kontonummern hinterlegen, vielleicht ist das eine Alternative.

## 18.8 Ihre Buchungen exportieren

Möchten Sie Ihre Buchungen exportieren, wählen Sie im ersten Fenster den Export von **Buchungsdaten** und geben über den Klick auf **Durchsuchen** den gewünschten Speicherort an.

Sind die DATEV-Angaben erfasst, legen Sie fest, ob Sie die Buchungen eines Monats, eines Quartals oder des ganzen Wirtschaftsjahres exportieren möchten und klicken auf **Fertig stellen**. Wieder werden die beiden Exportdateien erzeugt, gespeichert und das Export-Protokoll zum Druck angeboten.

**Übung**

Starten Sie bitte den DATEV-Export von **Buchungsdaten**, geben Sie einen Speicherort an und erfassen Sie die DATEV-Angaben wie in den vorherigen Bildern gezeigt. Wählen Sie den Zeitraum Wirtschaftsjahr aus und schließen Sie den Export ab.

**Lösung**

Nach dem Klick auf **Fertig stellen** werden die Exportdateien erstellt, die Sie nun an den Steuerberater übergeben könnten.

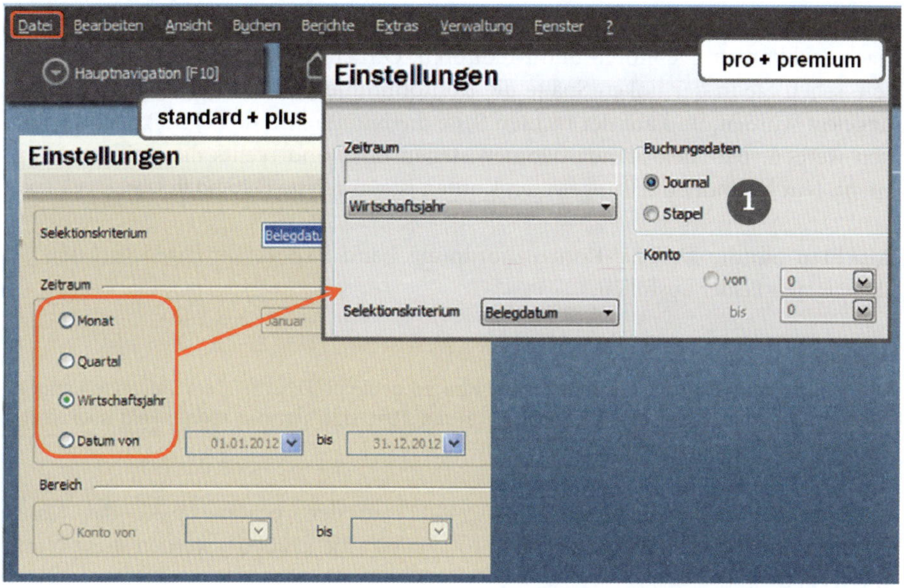


*Abb. 6:* ***Zeitraum auswählen beim Export von Buchungsdaten:*** *In den Versionen standard und plus werden nur Daten exportiert, die im Journal stehen. D.h. alle Stapel müssen ausgebucht sein. In den Versionen pro und premium können Sie auch Stapel* ❶ *exportieren.*

**Tipp**

Denken Sie daran, Ihrem Steuerberater die Exportdateien zu übergeben und dazu zur Kontrolle die Summen- und Saldenliste. Haben Sie zum Beispiel individuelle Konten angelegt, sieht er diese in der Liste.

## 18.9 Die Konten für den Steuerberater hinterlegen

Grundsätzlich sollte Ihr Steuerberater in seiner Software die gleichen Konten verwenden wie Sie in Ihrer. Jedes Konto, das Sie individuell anlegen, muss er in seinem Programm ebenfalls anlegen. Meist geschieht das parallel zum Datenimport. Sein Programm unterbricht den Importvorgang, fordert zum Anlegen der neuen Konten auf, und lässt erst danach den Import zu.

Um diesen Vorgang abzukürzen, bietet sich die Funktion DATEV-Kontenzuordnung an. Hier können Sie für den Export andere Konten hinterlegen, am besten die Ihres Steuerberaters.

Unter **Verwaltung → DATEV-Kontenzuordnung** sehen Sie alle Konten, sortiert nach Sachkonten, Debitoren und Kreditoren. Öffnen Sie zum Beispiel die Sachkonten, sehen Sie in der linken Spalte die Kontonummern, die im Lexware buchhalter angelegt wurden, und auf der rechten Seite die Nummern, die beim Export übertragen werden. Bei allen Standardkonten stehen links und rechts die gleichen Nummern. Nur bei individuell angelegten Konten ist das rechte Feld noch leer.

Möchten Sie die DATEV-Kontenzuordnung beim Export aktivieren, müssen Sie diese leeren Felder ausfüllen.

**Beispiel**

Ihre Buchungen wurden auf individuelle Konten gebucht. D.h., bei dem individuell angelegten Erlöskonto „8402/4402 Erlöse Beratung 19% USt." ist das rechte Feld noch leer. Das gilt auch für die beiden Personenkonten.

Erfassen Sie nun beim Konto „8402/4402" in der rechten Spalte das Konto „8400/4400" und beim Kreditorenkonto „72000" die „70000", werden diese Nummern exportiert.

## 18.10 Export mit der Funktion DATEV-Kontenzuordnung

Hier sehen Sie die **Export-Daten** zweimal. Im linken Bild wurde auf die Kontenzuordnung verzichtet, es wurden Ihre Kontonummern exportiert. Im rechten Bild dagegen wurde die Funktion beim Export aktiviert. In diesem Fall wurden die hinterlegten DATEV-Konten übernommen.

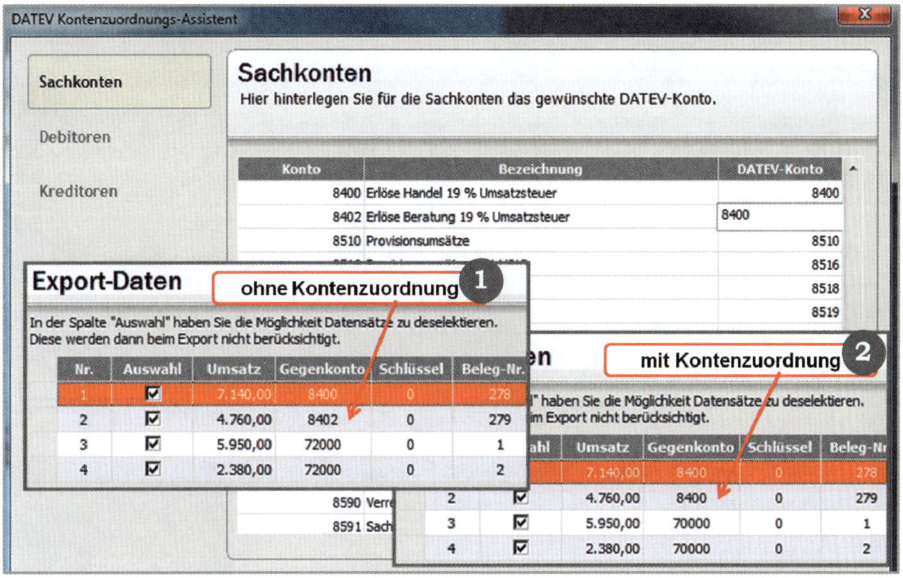


*Abb. 7:* ***Die DATEV-Kontenzuordnung:*** *Beim Export ohne diese Funktion werden Ihre Kontonummern* ❶ *exportiert. Aktivieren Sie diese Funktion und erfassen Sie beim Konto „8402/4402" in der rechten Spalte das Konto „8400/4400"* ❷, *werden die hinterlegten DATEV-Konten exportiert.*

So können Sie in Ihrer Buchführung individuelle Konten verwenden ohne dass Ihr Steuerberater damit Arbeit hat. Vielleicht möchten Sie auch in Ihren endgültigen Auswertungen für das Finanzamt nicht allzu viele individuelle Konten zeigen.

## 18.11 Hinweis zu den DATEV-Steuerschlüsseln

In der DATEV-Software wird mit Steuerschlüsseln gebucht und diese sind bei den Lexware-Steuersätzen im Menü **Verwaltung → Steuersätze** hinterlegt.

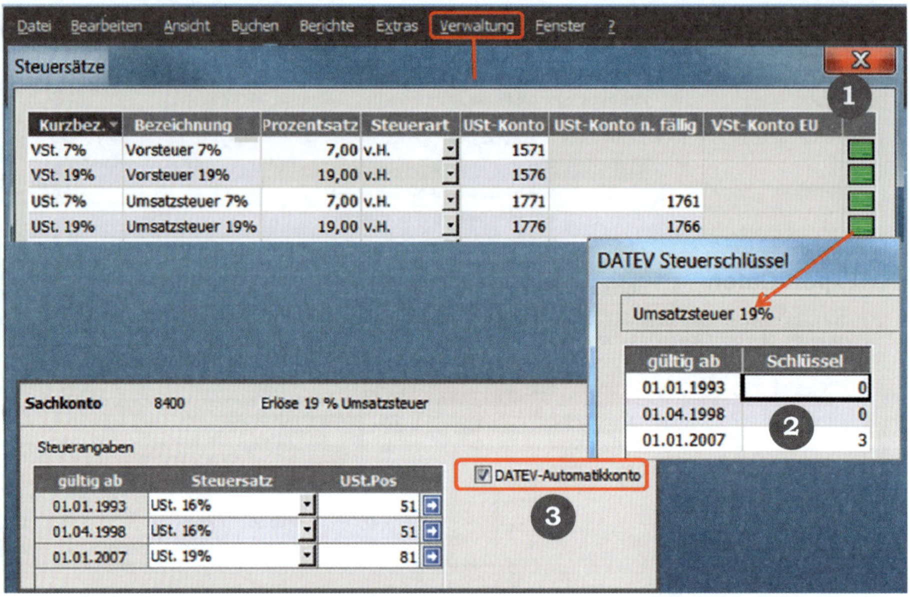


*Abb. 8:* ***DATEV-Steuerschlüssel:*** *Klicken Sie bei den Steuersätzen in die Spalte „Dtv" ❶, sehen Sie hier, dass beim Steuersatz „USt.19%" eine „3" ❷ hinterlegt ist. Die entsprechenden Steuerschlüssel werden beim DATEV-Export übertragen, außer bei Automatikkonten ❸.*

Automatikkonten sind zum Beispiel die Konten „8400/4400 Erlöse 19% USt." oder „3400/5400 Wareneinkauf 19% Vorsteuer". Bei diesen Konten sind die Steuerschlüssel bereits hinterlegt und müssen nicht übertragen werden. Diese Konten sind in der Kontenverwaltung mit einem Haken versehen.

**Tipp**

Legen Sie ein neues Konto an und sind Sie sich nicht sicher, ob es sich dabei um ein DATEV-Automatikkonto handelt, sollten Sie den Haken weglassen. In diesem Fall wird Lexware den Steuerschlüssel übertragen, denn der Steuerberater kann einen zuviel übertragenen Steuerschlüssel jederzeit löschen. Vielleicht teilt er Ihnen auch mit, welche Konten Sie in Zukunft mit „Automatikkonto" kennzeichnen sollten.

# 19. Das Mahnwesen nutzen

**Führen Sie mit dem Lexware buchhalter eine Offene-Posten-Verwaltung? Haben Sie für Ihre Kunden eigene Debitorenkonten angelegt und deren Rechnungen wie auch die Geldeingänge auf diesen Konten erfasst? Wenn ja, sehen Sie in der Offene-Posten-Liste nicht nur die offenen Rechnungen, sondern Sie können mit der Software auch Mahnungen erstellen. Sowie die Stammdaten einmal erfasst sind, erhalten Sie die Zahlungserinnerungen auf Knopfdruck.**

| Voraussetzungen für die Übungen | |
|---|---|
| Hinweise zu den Eingaben | In der ersten Übung werden die Daten von zwei Debitorenkonten ergänzt. Wenn diese Konten noch nicht angelegt sind, können Sie das in der Übung nachholen.<br>Direkt nach der ersten Übung zeigt ein Beispiel zwei Rechnungen, die gebucht sein sollten. |

## 19.1 Die Angaben im Debitorenkonto prüfen

Das Modul Mahnwesen holt sich die Adresse der Mahnung sowie das Fälligkeitsdatum aus den Angaben des Debitorenkontos und die offenen Rechnungen aus der Offenen-Posten-Liste. Diese Daten sollten also stimmen.

Für die Buchführung bzw. das Führen einer Offenen-Posten-Verwaltung genügt es, beim Debitorenkonto den Namen des Kunden und die Zahlungskonditionen zu hinterlegen. Für das Mahnwesen ist die Adresse erforderlich.

**Tipp**

Möchten Sie prüfen, bei welchem Kunden die Adresse noch fehlt, können Sie sich unter **Datei → Drucken → Kontenplan** eine Adressenliste der Personenkonten ansehen.

Falls eine Adresse fehlt, öffnen Sie den Kontenplan, suchen dort das entsprechende Debitorenkonto aus und markieren es. Nun wählen Sie über die rechte Maustaste die Funktion **Konto bearbeiten** und öffnen links das Register **Anschrift**. In den Versionen standard und plus geben Sie hier direkt die Adresse ein.

Da Sie in den Versionen pro und premium mehrere Adressen hinterlegen können, erscheint nach dem Klick auf **Anschrift** zunächst eine Tabelle. Hier können Sie über die Funktion **Neu** eine neue Adresse anlegen oder über **Bearbeiten** eine Vorhandene ergänzen oder ändern.

**Übung**

Folgende Debitorenkonten wurden bereits angelegt. Wenn nicht, können Sie das jetzt nachholen. Bisher wurden lediglich die Daten für die Buchführung hinterlegt, die Adressen noch nicht. Bitte erfassen Sie bei folgenden Debitorenkonten die Adresse im Kontenplan über die Funktion **Konto bearbeiten**.

| | Kunde Anders | Kunde Braun |
|---|---|---|
| Kontonummer | 10100 | 20200 |
| Kontoname | Anders, Sabine | Braun GmbH |
| Kundennummer | 10100 | 20200 |
| Name | Anders | |
| Vorname | Sabine | |
| Firma | | Braun GmbH |
| Anrede | Frau | Firma |
| Adresse | Schönstr. 34<br>79098 Freiburg | Aussichtsweg 20<br>79098 Freiburg |
| Bank | bitte weglassen | bitte weglassen |
| Zahlungskonditionen | 14 Tage 2%, 30 RG | 14 Tage 2%, 30 RG |

## Lösung

Sind alle Angaben in den Debitorenkonten erfasst, können Sie unter **Datei → Drucken → Kontenplan** die „Adressliste Personenkonten" drucken. In dieser Liste sehen Sie auf einen Blick, ob Ihre Eingaben stimmen.

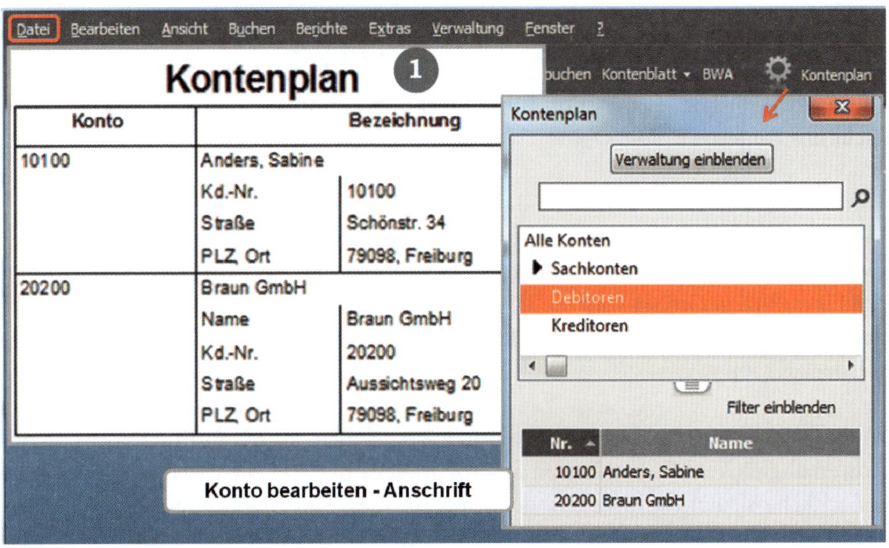


*Abb. 1:* ***Adressen in den Debitorenkonten überprüfen:*** *Unter* ***Datei → Drucken → Kontenplan*** *können Sie sich die „Adressliste Personenkonten" ausdrucken* ❶. *In dieser Liste sehen Sie auf einen Blick, ob Ihre Eingaben stimmen.*

## 19.2 Die Offene-Posten-Liste prüfen

Sowie eine Kundenrechnung auf ein Debitorenkonto gebucht wurde, steht sie in der Offenen-Posten-Liste, die hier **OP-Debitoren** heißt. Eine Rechnung bleibt dort so lange stehen, bis der Geldeingang richtig gebucht wurde. Mit richtig ist gemeint, dass Sie beim Geldeingang das entsprechende Debitorenkonto verwenden, vor dem Buchen auf das Feld **OP** klicken und erst, wenn die Rechnung ausgewählt ist, auf **Buchen** klicken.

**Beispiel**

Folgende Rechnungen wurden erfasst und stehen noch in der OP-Liste des Programms, **OP-Debitoren.** Wenn nicht, können Sie das jetzt nachholen.

| **Kundenrechnungen Buchen → Stapelbuchen** | | | | | | |
|---|---|---|---|---|---|---|
| Datum | Beleg | Text | Betrag | SOLL SKR 03/04 | HABEN SKR 03/04 | Steuer |
| 09.03. | AR 127 | RG 127 | 7.140,00 | 10100 | 8400/4400 | USt.19% |
| 10.03. | AR 128 | RG 128 | 2.380,00 | 20200 | 8400/4400 | USt.19% |

Unter **Ansicht → OP-Debitoren** können Sie die OP-Liste öffnen. Stehen in der Liste Minusbeträge, darf es sich nur um Korrekturrechnungen (Gutschriften handeln, nicht um Zahlungen.

Hier sehen Sie zwei OP-Listen, beide weisen den gleichen Forderungsstand von 9.520 Euro aus. In der oberen Liste sehen Sie was passiert, wenn Sie beim Erfassen des Geldeingangs gleich auf **Buchen** klicken, statt vorher auf das Feld **OP.** Die Rechnung der Firma Braun GmbH vom 03.03. sowie deren Zahlung vom 11.05. stehen noch in der OP-Liste, obwohl diese beiden Positionen ausgeglichen sind. Das muss bereinigt werden.

In diesem Fall müssen Sie beide Positionen abgleichen, im Menü **Buchen →Offene-Posten abgleichen.** Danach sehen Sie, wie in der unteren Liste gezeigt, nur noch die tatsächlich offenen Rechnungen, denn nur für diese soll eine Mahnung erstellt werden. Die Buchungen auf dem Debitorenkonto bleiben beim nachträglichen Abgleichen der Offenen-Posten unberührt.

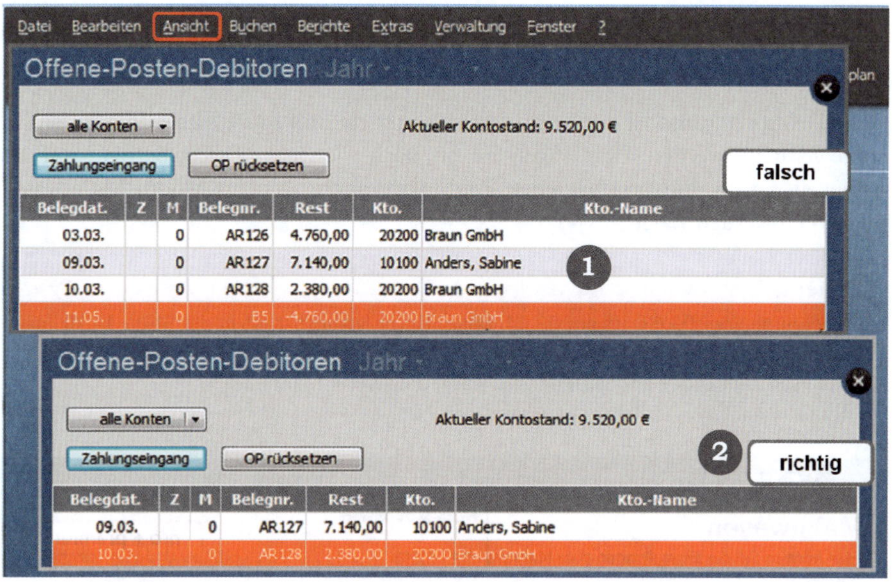


*Abb. 2:* ***Die OP-Liste überprüfen und bereinigen:*** *Ist die Rechnung über 4.740 Euro sowie deren Zahlung in der OP Liste ❶ zu sehen, müssen Sie beide Positionen aus der Liste löschen im Menü* ***Buchen → Offene Posten abgleichen****. Erst dann stimmt die OP-Liste ❷.*

## 19.3 Mahnfristen in den Firmenstammdaten hinterlegen

In den Firmenstammdaten können Sie das Mahnwesen einrichten. Sind die Einstellungen erst einmal erfasst, geht das Mahnen ganz schnell.

Im Menü **Bearbeiten** unter **Firma** bzw. **Firmenangaben → Mahnwesen** können Sie verschiedene Einstellungen hinterlegen und jederzeit wieder anpassen. Möchten Sie zum Beispiel bei kleineren Rechnungen auf Mahnungen verzichten, erfassen Sie unter **Beträge mahnen ab** den Mindestbetrag. Unter **Zinsen auf fälligen Betrag** können Sie einen Zinssatz für Verzugszinsen eintragen.

**Tipp**

Für Verbraucher darf der Zinssatz 5 % über dem Basiszinssatz liegen; für den unternehmerischen Geschäftsverkehr sind 8 % erlaubt. Den Basiszinssatz finden Sie im Internet über die Schaltflächen **www.bundesbank.de** bzw. **Zinssätze**.

Automatisch wird die Eurozinsrechnung angewendet (Ansatz der tatsächlichen Tage des Monats). Sie können aber auch die deutsche Zinsrechnung aktivieren (Ein Monat wird mit 30 Tagen angesetzt). Sind bei verspäteter Zahlung Mahngebühren vereinbart, können Sie das pro Mahnstufe eintragen.

Beim Debitorenkonto ist das Zahlungsziel hinterlegt und sowie dieses abgelaufen ist, sollte gemahnt werden. Hier tragen Sie ein, nach wie vielen Tagen, bezogen auf das Fälligkeitsdatum, die verschiedenen Zahlungserinnerungen im Modul Mahnwesen angeboten werden sollen.

**Beispiel**

Die Rechnung vom 09.03. ist am 08.04. fällig. Unter Mahnfrist ist in der Stufe 1 „10 Tage" und in der Stufe 2 „20 Tage" eingetragen. Wann wird die erste Mahnung im Modul Mahnwesen zum Druck angeboten? Und wann die zweite Mahnung?

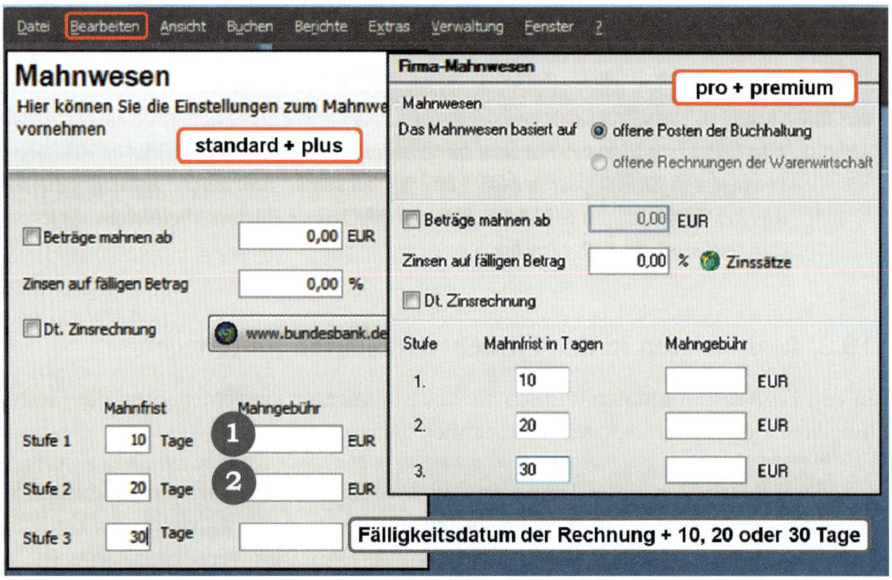


*Abb. 3:* ***Die Firmeneinstellungen für das Mahnwesen in allen Versionen:*** *Die erste Mahnung könnten Sie am 18.04. erstellen, 10 Tage ❶ nach Fälligkeit und die zweite Mahnung am 28.04., 20 Tage ❷ nach Fälligkeit, natürlich nur wenn die erste Mahnung überhaupt erstellt wurde.*

## 19.4 Ihre Bankverbindung hinterlegen

Möchten Sie Ihre Bankverbindung auf das Mahnschreiben drucken lassen, muss diese im Programm hinterlegt werden.

In den Versionen standard und plus wählen Sie im Kontenplan das entsprechende Bankkonto aus, zum Beispiel das Konto „1200 Bank". Über die Funktion **Konto bearbeiten** öffnen Sie das Konto und aktivieren hier das Feld **Hausbank**. Anschließend hinterlegen Sie im Register **Bank** Ihre Bankverbindung.

In den Versionen pro und premium öffnen Sie im Menü **Datei** unter **Anwendung** die **Zentrale**. Dort können Sie unter **Verwaltung → Bankangaben** Ihre Bankverbindungen hinterlegen. Die ersten beiden Bankverbindungen werden dann im Mahnschreiben stehen.

## 19.5 Die fälligen Rechnungen auswählen

Unter **Extras → Mahnwesen** können Sie in einem Durchgang mehrere Mahnungen erstellen, allerdings nur Gleichartige. D.h. Sie erstellen gleichzeitig für mehrere Kunden die erste Mahnung oder für mehrere Kunden die Dritte. Erst wenn ein Durchgang abgeschlossen ist, kann der nächste gestartet werden.

Wählen Sie hier **1. Mahnung** aus, wird das Programm nur fällige Rechnungen anbieten, die zuvor noch nicht gemahnt wurden und bei der Wahl **3. Mahnung** nur Rechnungen, die bereits zweimal gemahnt wurden. Anschließend tragen Sie unter **Stichtag** ein, bis zu welchem Tag die Rechnungen berücksichtigt werden sollen.

**Beispiel**

Geben Sie hier den Stichtag 20.04. ein und haben Sie in den Firmenstammdaten für die erste Mahnung eine Frist von 10 Tagen hinterlegt, werden alle Rechnungen gezeigt, die seit 10 Tagen bzw. seit dem 10.04. fällig sind.

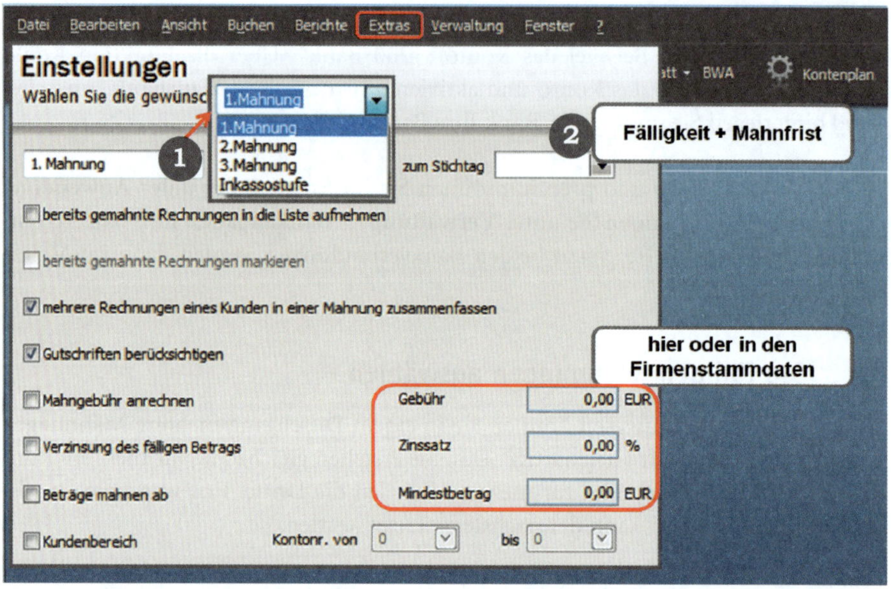


*Abb. 4:* ***Mahnungen erstellen Teil 1:*** *Welchen Mahnlauf möchten Sie starten? Den für die* ***1. Mahnung*** *oder den für die* ***2. Mahnung*** ❶ *? Ist das gewählt, fehlt nur noch das Fälligkeitsdatum* ❷ *. Alle weiteren Punkte helfen Ihnen dabei, die richtigen Rechnungen zu finden.*

Alle weiteren Felder können Sie je nach Bedarf aktivieren und schon auf der nächsten Seite sehen Sie dann die ausgewählten Rechnungen. In den Versionen pro und premium können Sie die Auswahl der Rechnungen über einen Fälligkeitszeitraum begrenzen. Außerdem müssen Sie hier die Daten **Gebucht bis** und **Fristsetzung bis** ausfüllen, so wird das Mahnschreiben vollständig ausgefüllt.

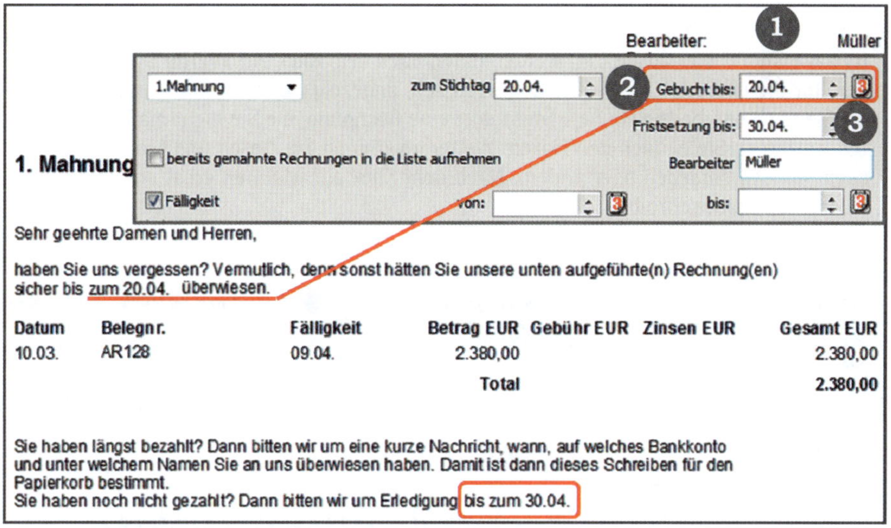


*Abb. 5:* ***Eingaben für das Mahnschreiben in den Versionen pro und premium:*** *Hier können Sie zusätzlich den* ***Bearbeiter*** ❶ *sowie die Daten* ***Gebucht bis*** ❷ *und* ***Fristsetzung bis*** ❸ *hinterlegen. Hier sehen Sie, wo diese Daten im Mahnschreiben erscheinen.*

## 19.6 Die Mahnschreiben erstellen

Ist das Auswahlfenster ausgefüllt, sehen Sie nach dem Klick auf **Weiter** eine Vorschlagsliste mit allen Rechnungen, für die eine Mahnung erstellt werden könnte. Ist Ihnen die Auswahl zu groß oder fehlt eine Rechnung, sollten Sie über die Funktion **Zurück** Ihre Angaben im Auswahlfenster noch einmal überprüfen. Diese Liste können Sie auch noch bearbeiten.

Entfernen Sie zum Beispiel einen Haken, wird diese Rechnung nicht gemahnt. Außerdem können Sie die Mahngebühren oder Zinsen bei dem einen oder anderen Kunden wieder herausnehmen. Ist die Vorschlagsliste in Ordnung, werden Ihnen die Mahnschreiben nach dem Klick auf **Mahnen** zum Druck in einer Lexware-Formatvorlage oder zum Export in Word angeboten.

### Übung

Erfassen Sie bitte zunächst die Angaben zum Mahnwesen in Ihren Firmenstammdaten im Menü **Bearbeiten.** Geben Sie die Daten ein, die auf den vorherigen Bildern gezeigt wurden. Erstellen Sie anschließend die Mahnungen für die beiden offenen Kundenrechnungen, die im vorherigen Beispiel gezeigt wurden. Wählen Sie unter **Extras → Mahnwesen** im Auswahlfenster **1. Mahnung** und geben Sie unter **Stichtag** den 20.04. ein.

**Lösung**

Ist das erste Fenster ausgefüllt, werden Ihnen nach dem Klick auf **Weiter** alle Rechnungen, für die eine Mahnung erstellt werden soll, angezeigt. Das ist eine Vorschlagsliste, die Sie noch bearbeiten können. Steht dort eine Rechnung, die Sie nicht mahnen möchten, entfernen Sie einfach den Haken. Weiterhin können Sie Zinsen und Mahngebühren auch manuell eingeben oder ändern. Nach dem Klick auf **Mahnen** erhalten Sie die gewünschten **Mahnschreiben**.

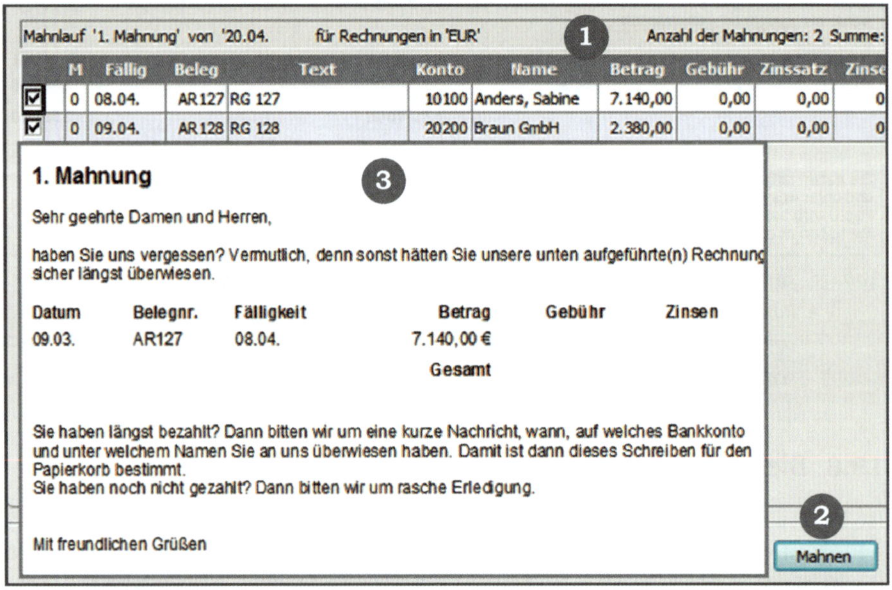


*Abb. 6:* ***Mahnungen erstellen Teil 2:*** *Hier wird Ihnen die Vorschlagsliste ❶ gezeigt. Nach dem Klick auf* ***Mahnen*** *❷ erhalten Sie zum Beispiel dieses Mahnschreiben ❸. Hier handelt es sich um eines der Standardformulare von Lexware.*

## 19.7 Das Mahnschreiben anpassen

Haben Sie das Mahnschreiben an Ihre Bedürfnisse angepasst und an den Kunden geschickt, müssen Sie den Vorgang abschließen, um die Voraussetzungen für die nächste Mahnung zu schaffen.

In den Standardschreiben können Sie Ihr Logo hinterlegen, den Einleitungs- sowie den Haupttext so formulieren, wie er Ihnen gefällt, und vieles mehr. Dazu klicken Sie vor dem Druck auf die Funktion **Formularverwaltung** und wählen eine Formatvorlage aus. Anschließend öffnen Sie über **Bearbeiten** das folgende Fenster.

Dieses Fenster ist in drei Bereiche unterteilt. Wählen Sie zum Beispiel links **Einleitung**, dann sehen Sie in der Mitte in rot, wo diese Einleitung im Schreiben steht und rechts sehen Sie den Text, den Sie direkt hier überschreiben können. Klicken Sie auf **Haupttext**, können Sie auch diesen anpassen. So können Sie sich Schritt für Schritt durch die Vorlage klicken und ggf. Änderungen vornehmen. Anschließend speichern Sie Ihre individuelle Vorlage und vergeben dabei unbedingt einen neuen Namen. So finden Sie Ihre Vorlage nicht nur schneller, sie kann auch nach einen Update von Lexware nicht überschrieben werden.

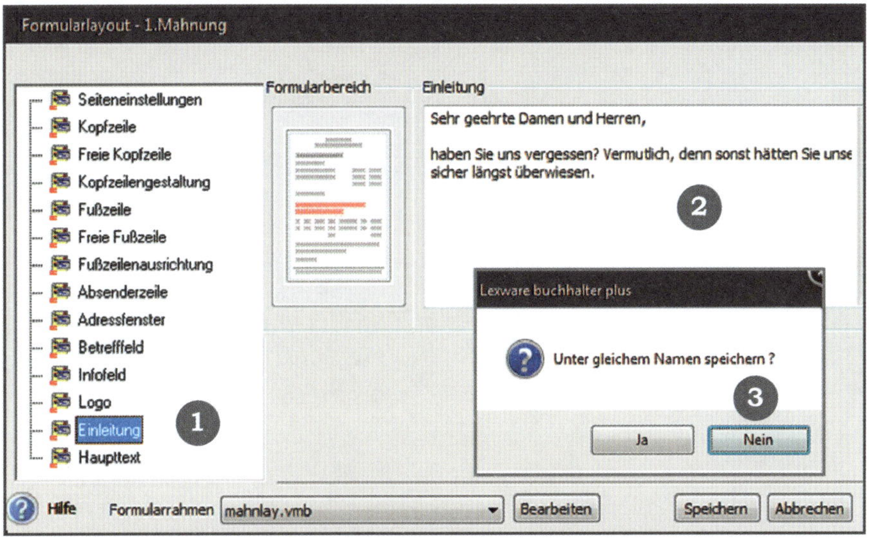


*Abb. 7:* ***In der Formularverwaltung das Mahnschreiben anpassen:*** *Links wählen Sie den Formularbereich* ***Einleitung*** *aus* ❶ *und rechts können Sie den Text überschreiben* ❷. *Anschließend sollten Sie dieses Formular unter einem eigenen Namen speichern* ❸.

## 19.8 Die Mahnstufe setzen

Nach dem Druck oder dem Export der Mahnungen stellt Ihnen die Software die Frage: „Soll die Stufe der Mahnung jetzt gesetzt werden?“ Erst, wenn Sie diese Frage mit „ja“ beantworten, wird der Vorgang abgeschlossen. Denn erst, wenn eine Rechnung zum Beispiel auf die Mahnstufe 1 gesetzt wurde, kann dafür die zweite Mahnung erstellt werden. Gleichzeitig wird der entsprechende Mahnungsstand, M1, M2 oder M3, in der Offenen-Posten-Liste angezeigt.

**Weitere Informationen**

Videos unter www.lexware.de/support

- Mahnformulare – Texte gestalten, Layout anpassen
- Anpassen von Mahnformularen
- Das Mahnwesen im Lexware buchhalter

# 20. Den Zahlungsverkehr erledigen

**Sie können mit dem Lexware buchhalter Eingangsrechnungen bezahlen oder Geld von Kunden einziehen, wenn ein Lastschriftverfahren vereinbart ist. Sind Bankverbindungen und Einstellungen hinterlegt, können Sie Ihren Zahlungsverkehr mit wenigen Klicks erledigen. Ist der Zahlungsvorgang abgeschlossen, können Sie die offenen Posten automatisch ausbuchen lassen. Das Modul Zahlungsverkehr ist für den SEPA-Zahlungsverkehr eingerichtet.**

| Voraussetzungen für die Übungen | | |
|---|---|---|
| Hinweise zu den Eingaben | In der ersten Übung werden die Daten von jeweils einem Debitorenkonto und einem Kreditorenkonto ergänzt. Wenn diese noch nicht angelegt sind, können Sie das in der Übung nachholen.<br>Direkt nach der ersten Übung zeigt ein Beispiel zwei Rechnungen, die gebucht sein sollten. | |

## 20.1 Die Angaben in den Personenkonten prüfen

Das Modul **Zahlungsverkehr** holt sich die Bankverbindungen sowie das Fälligkeitsdatum aus den Angaben der Kreditoren- und Debitorenkonten und die offenen Rechnungen aus der Offene-Posten-Liste. Bevor Sie starten sollten Sie diese Daten überprüfen.

Für die Buchführung bzw. das Führen einer Offene-Posten-Verwaltung genügt es, beim Personenkonto den Namen und die Zahlungskonditionen zu hinterlegen. Für den Zahlungsverkehr ist die Bankverbindung erforderlich. Seit August 2014 müssen alle Unternehmen den SEPA-Zahlungsverkehr nutzen. Für Überweisungen und Lastschriften sind dann grundsätzlich nur noch IBAN und BIC zu verwenden, statt Kontonummer und Bankleitzahl.

**Tipp**

Möchten Sie prüfen, bei welchem Lieferanten oder Kunden die Bankverbindung noch fehlt, können Sie sich unter **Datei → Drucken → Kontenplan** eine Adressliste der Personenkonten ansehen.

**Kreditorenkonten vorbereiten für Überweisungen**

Fehlt eine Bankverbindung, öffnen Sie den Kontenplan, suchen dort das entsprechende Kreditorenkonto aus und markieren es. Nun wählen Sie über die rechte Maustaste die Funktion **Konto bearbeiten** und öffnen links das Register **Bank.**

In den Versionen standard und plus geben Sie hier direkt die Daten ein. Da Sie in den Versionen pro und premium mehrere Adressen hinterlegen können, erscheint nach dem Klick auf **Anschrift** zunächst eine Tabelle. Hier können Sie über die Funktion **Neu** eine neue Adresse anlegen oder über **Bearbeiten** eine Vorhandene ergänzen oder ändern. Sowie ein Adressfenster geöffnet ist, können Sie das Register **Bank** ausfüllen.

**Übung**

Folgendes Kreditorenkonto wurde bereits angelegt. Wenn nicht, können Sie das jetzt nachholen. Bisher wurden lediglich die Daten für die Buchführung hinterlegt, die Bankverbindung noch nicht. Bitte erfassen Sie die Bankverbindung im Kontenplan über die Funktion **Konto bearbeiten**.

| | **Bürohandel Maurer** |
|---|---|
| Kontonummer | 72000 |
| Kontoname | Bürohandel Maurer |
| Kunden-/Lieferanten-Nr. | 72000 |
| Firma | Bürohandel Maurer |
| Anrede | Firma |
| Bank | Volksbank Freiburg<br>IBAN: DE55680900000000022222<br>BIC: GENODE61FR1 |
| Einzugsermächtigung | nein |
| Zahlungskonditionen | 14 Tage 2%, 30 RG |

**Lösung**

Sind alle Angaben im Kreditorenkonto erfasst, können Sie unter **Datei → Drucken → Kontenplan** die „Adressliste Personenkonten" drucken. In dieser Liste sehen Sie auf einen Blick, ob Ihre Eingaben stimmen.

**Debitorenkonten vorbereiten für Lastschriften**

Seit der Umstellung auf SEPA gibt es zwei verschiedene Formen von Lastschriften. Die SEPA-Basislastschrift (Rückrufmöglichkeit innerhalb von 6 Wochen) und die SEPA-Firmenlastschrift/B2B-Lastschrift (keine Rückrufmöglichkeit).

Möchten Sie mit Ihren Kunden Lastschriften vereinbaren, müssen Sie zuerst für Ihr Unternehmen eine Gläubiger-ID bei der Bundesbank beantragen. In den Firmenstammdaten im Menü **Bearbeiten** können Sie diese online beantragen. Nach etwa zwei bis drei Tagen sollten Sie die Nummer per E-Mail erhalten.

Weiterhin müssen Sie für jede Lastschrift im Debitorenkonto ein Lastschriftmandat anlegen, jede Lastschriftvereinbarung erhält eine eigene Mandatsnummer. Öffnen Sie dazu den Kontenplan, suchen das entsprechende Debitorenkonto aus und markieren es. Nun wählen Sie über die rechte Maustaste die Funktion **Konto bearbeiten.** Im Register **Zahlungskonditionen** müssen Sie die Funktion **Einzugsermächtigung liegt vor** aktivieren und im Register **Lastschriftmandate** legen Sie eine oder mehrere Lastschriften an. Beim Anlegen vergibt die Software automatisch eine eigene Mandatsnummer, Sie müssen die Lastschriftart auswählen und die entsprechenden Daten hinterlegen.

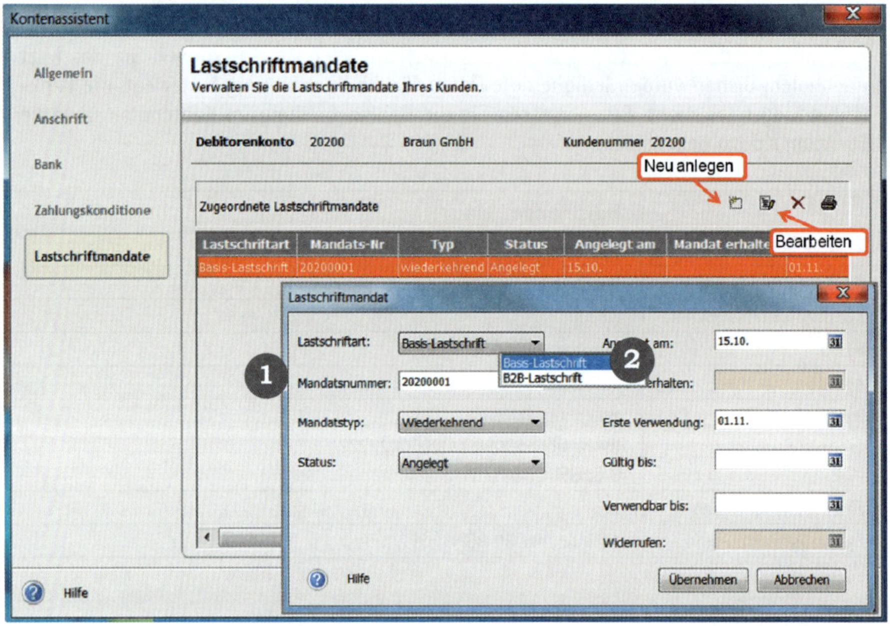


*Abb. 1:* ***Lastschriftmandat anlegen:*** *Sie müssen die vereinbarte Lastschrift im Debitorenkonto im Register* ***Lastschriftmandate*** *anlegen. Die Software vergibt für jede angelegte Lastschrift eine eigene Mandatsnummer* ❶ *und Sie geben die Daten sowie die Art des Lastschriftverfahrens* ❷ *ein.*

Sind die Lastschriftmandate erfasst und ist die Gläubiger-ID in den Firmenstammdaten hinterlegt, sind alle Voraussetzungen erfüllt, um die neuen Lastschrift-Vereinbarungen mit Ihren Kunden zu erstellen. Zu jeder vereinbarten Lastschrift müssen Sie dem Kunden Ihre Gläubiger-ID sowie die Mandatsnummer schriftlich mitteilen. Je nach Art der Lastschrift muss das Anschreiben zusätzlich folgende Angaben beinhalten:

- Bei der SEPA-Basislastschrift teilen Sie dem Kunden mit, in welcher Höhe und zu welchem Zeitpunkt der Einzug stattfinden wird.
- Bei der SEPA-Firmenlastschrift benötigen Sie zusätzlich zu den vorher genannten Angaben eine schriftliche Bestätigung von Ihrem Kunden. Dieses Lastschriftverfahren kann nur für Geschäftskunden genutzt werden, für Privatkunden nicht.

Diese Anschreiben können Sie mit dem Lexware buchhalter erledigen unter **Extras → SEPA einrichten → SEPA-Lastschriften einrichten.** Hier steht Ihnen ein Assistent zur Verfügung, der die Serienbriefe für Sie erstellt. Sie legen fest, welcher Kunde welches Schreiben bekommt und schon werden die Serienbriefe erstellt.

**Übung**

Folgendes Debitorenkonto wurde bereits angelegt. Wenn nicht, können Sie das jetzt nachholen. Bitte erfassen Sie die Bankverbindung im Kontenplan über die Funktion **Konto bearbeiten**. Aktivieren Sie beim Debitorenkonto zusätzlich die Funktion **Einzugsermächtigung liegt vor** und legen Sie das Lastschriftmandat an.

| | **Braun GmbH** |
|---|---|
| Kontonummer | 20200 |
| Kontoname | Braun GmbH |
| Kunden-/Lieferanten-Nr. | 20200 |
| Firma | Braun GmbH |
| Anrede | Firma |
| Bank | Volksbank Freiburg<br>IBAN: DE79680900000000033333<br>BIC: GENODE61FR1 |
| Einzugsermächtigung | ja |
| Zahlungskonditionen | 14 Tage 2%, 30 RG |
| Lastschrift | Basis-Lastschrift, angelegt am 15.10. und erste Ausführung 01.11. |

**Lösung**

Sind alle Angaben im Debitorenkonto erfasst, können Sie unter **Datei → Drucken → Kontenplan** die „Adressliste Personenkonten" drucken. In dieser Liste sehen Sie auf einen Blick, ob Ihre Eingaben stimmen.

## 20.2 Die Offene-Posten-Liste prüfen

Haben Sie eine Rechnung auf ein Personenkonto gebucht, müssen Sie die Zahlung bzw. den Geldeingang ebenfalls auf dieses Konto buchen. Außerdem müssen Sie vor dem Buchen auf das Feld **OP** klicken und erst dann, wenn die Rechnung ausgewählt ist, auf **Buchen**.

**Beispiel**

Folgende Rechnungen wurden erfasst und stehen noch in den OP-Listen des Programms. Wenn nicht, können Sie das jetzt nachholen.

| **Rechnungen Buchen → Stapelbuchen** | | | | | | |
|---|---|---|---|---|---|---|
| Datum | Beleg | Text | Betrag | SOLL SKR 03/04 | HABEN SKR 03/04 | Steuer |
| 15.04. | ER 4 | RG 570 | 5.950,00 | 3400/5400 | 72000 | VSt.19% |
| 10.03. | AR 128 | RG 128 | 2.380,00 | 20200 | 8400/4400 | USt.19% |

Unter **Ansicht → OP-Kreditoren** und **OP-Debitoren** können Sie die OP-Listen öffnen. Stehen in der Liste Minusbeträge, sollte es sich um Korrekturrechnungen handeln, nicht um Zahlungen oder Geldeingänge.

Hier sehen Sie zwei OP-Listen, beide weisen den gleichen Verbindlichkeitsstand von 5.950 Euro aus. In der oberen Liste sehen Sie was passiert, wenn Sie beim Erfassen der Zahlung gleich auf **Buchen** klicken, statt vorher auf das Feld **OP**. Die Rechnung der Firma Bürohandel Maurer vom 07.04. sowie deren Zahlung vom 11.05. stehen noch in der OP-Liste, obwohl diese beiden Positionen ausgeglichen sind. Das muss bereinigt werden.

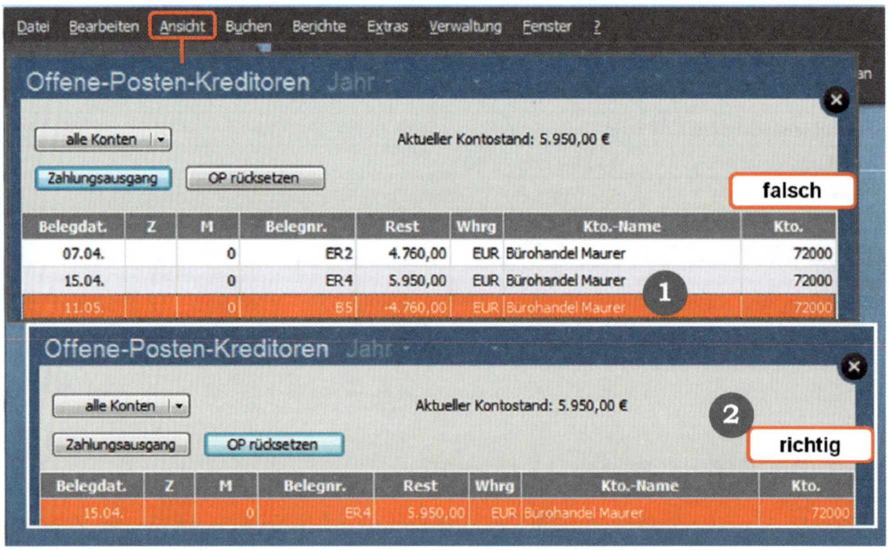


*Abb. 2:* ***Die OP-Liste überprüfen und bereinigen:*** *Ist die Rechnung über 4.740 Euro sowie deren Zahlung in der „OP Liste“ ❶ zu sehen, müssen Sie beide Positionen aus der Liste löschen im Menü* ***Buchen → Offene Posten abgleichen****. Erst dann stimmt die OP-Liste ❷.*

In diesem Fall müssen Sie beide Positionen abgleichen im Menü **Buchen → Offene Posten abgleichen**. Danach sehen Sie, wie in der unteren Liste, nur noch die tatsächlich offenen Rechnungen, denn nur diese sollen bezahlt werden. Mehr dazu im Kapitel 12 „ Kontoauszüge erfassen Teil 1 – Ausgleich von OP-Debitoren und Kreditoren“.

## 20.3 Ihre Bankverbindung hinterlegen

Auch Ihre Bankverbindung sowie die Angaben im Verwendungszweck der Überweisung können Sie fest hinterlegen.

Mit welchem Konto soll gezahlt werden? Auf diesem Konto hinterlegen Sie die Bankverbindung. Dazu wählen Sie im Kontenplan das entsprechende Bankkonto aus, zum Beispiel das Konto „1200/1800 Bank“. Über die Funktion **Konto bearbeiten** öffnen Sie das Konto und hinterlegen im Register **Bank** Ihre Bankverbindung.

**Übung**

Wählen Sie bitte das Konto „1200/1800 Bank" im **Kontenplan** aus und hinterlegen Sie über die Funktion **Konto bearbeiten** folgende Bankverbindung: Volksbank Freiburg, BLZ 68090000, Konto 11111 und Klick auf „IBAN-BIC generieren".

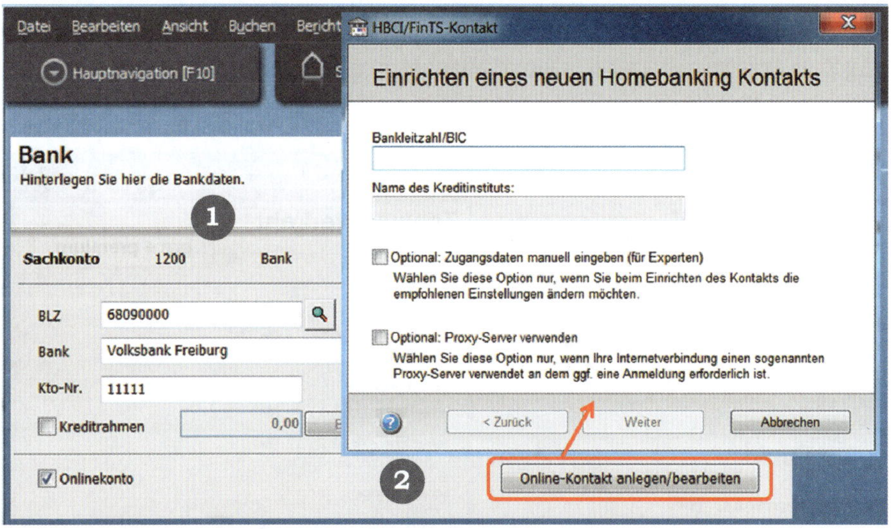


*Abb. 3:* ***Bankverbindung im Sachkonto „1200/1800 Bank“ hinterlegen:*** *Öffnen Sie dazu das Konto im Kontenplan über* ***Konto bearbeiten****. Ist die Bankverbindung erfasst* ❶*, können Sie hier zusätzlich Ihre Online-Banking Daten* ❷ *hinterlegen.*

**Lösung**

Ist die Bankverbindung auf dem Sachkonto im Register **Bank** hinterlegt, kann das Programm diese automatisch in die Überweisung übernehmen.

Möchten Sie online-banking mit der Software durchführen, müssen Sie ein Onlinekonto einrichten. Setzen Sie dazu den Haken bei **Onlinekonto** und klicken Sie auf **Online-Kontakt anlegen/bearbeiten.** Dann öffnen sich weitere Fenster, die Sie durch den Vorgang leiten. Nutzen Sie an dieser Stelle die ausführlichen Programm- und Onlinehilfen und sprechen Sie im Zweifel mit Ihren Banksachbearbeitern, sie wissen welche Zugangsdaten Sie bereits haben und nutzen können und welche Ihnen noch fehlen. Ist das Onlinekonto eingerichtet, können Sie für dieses Konto auch die Kontoauszüge online in die Software einspielen und verbuchen. Mehr dazu im Kapitel 13.6 „Alternative – Kontoauszüge online abrufen und verbuchen."

## 20.4 Programmeinstellungen für den Zahlungsverkehr

Die Gläubiger-ID tragen Sie in den Firmenstammdaten ein, im Menü **Bearbeiten.** Im Menü **Extras** unter **Optionen → Zahlungsverkehr** hinterlegen Sie, welche Daten im Verwendungszweck der Überweisung bzw. des Lastschrifteinzugs übernommen werden, zum Beispiel die Belegnummer, der Buchungstext oder die Lieferanten/Kundennummer. In den Versionen pro und premium können Sie zusätzliche Daten auswählen, wie zum Beispiel das Belegdatum oder den Rechnungsbetrag.

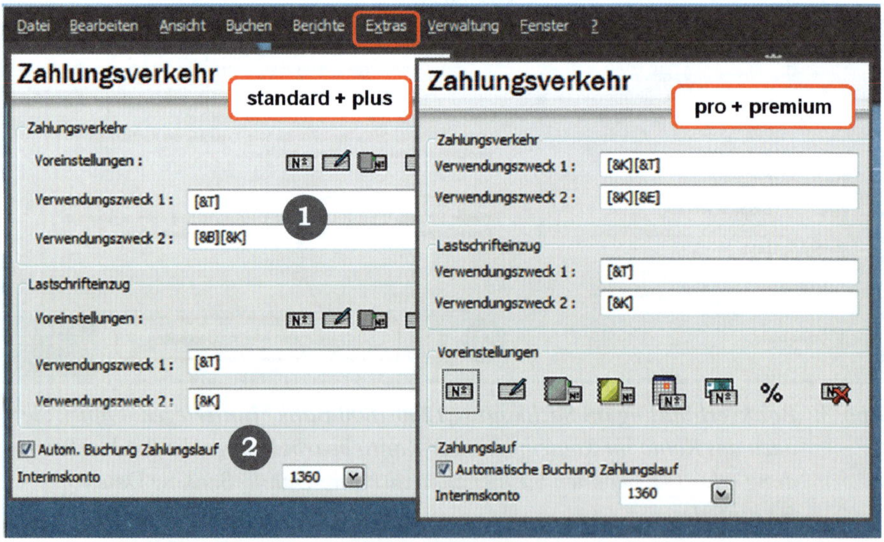


*Abb.4:* ***Einstellungen für den Zahlungsverkehr:*** *Unter* ***Extras → Optionen*** *legen Sie fest, welche Daten im Verwendungszweck der Überweisung oder der Lastschrift stehen sollen* ❶. *Hier ist die Funktion* ***Automatische Buchung Zahlungslauf*** *aktiviert* ❷.

Möchten Sie die Funktion **Automatische Buchung Zahlungslauf** nutzen, die im letzten Schritt gezeigt wird, können Sie diese hier aktivieren und zum Beispiel das Konto „1360/1460 Geldtransit" hinterlegen.

## 20.5 Rechnungen bezahlen und Gelder einziehen

Unter **Extras → Zahlungsverkehr** wählen Sie entweder Überweisungen oder Lastschrifteinzug aus, d. h. in einem Durchgang können Sie nur Rechnungen bezahlen und im nächsten nur Gelder einziehen.

Gleich hier, auf der ersten Seite, wählen Sie das gewünschte Bankkonto aus. Aktivieren Sie die Funktion **Überweisungen,** müssen Sie im nächsten Fenster die gewünschte Zahlungsart auswählen. Unter **SEPA** stehen Ihnen die Überweisung, Dateiexport XML Datei oder online-banking zur Verfügung und bei **Lastschrifteinzug** Dateiexport XML Datei oder online-banking.

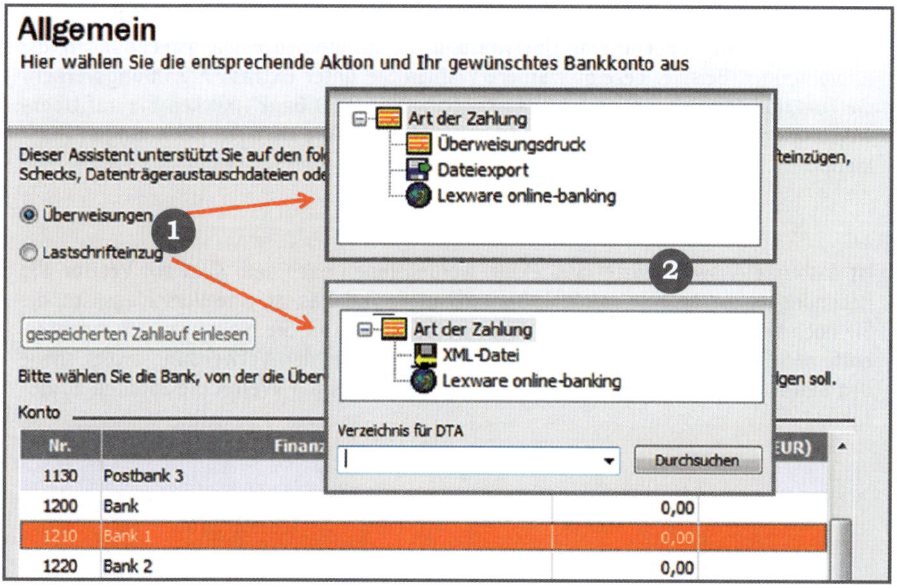


*Abb. 5:* ***Die Zahlungsmöglichkeiten:*** *Zunächst müssen Sie sich für* ***Überweisung*** *oder* ***Lastschrift*** ❶ *entscheiden. Danach sehen Sie, welche Zahlungsmöglichkeiten Sie jeweils haben* ❷.

**Die fälligen Rechnungen bezahlen**

Ist die Funktion **Überweisungen** aktiviert und wurde das entsprechende Bankkonto sowie die Zahlungsart ausgewählt, öffnet sich ein Auswahlfenster. Die verschiedenen Auswahlmöglichkeiten helfen Ihnen, aus allen offenen Rechnungen nur die Gewünschten auszuwählen. Das Programm wird auch Skonti berechnen, wenn Sie diese Funktion aktivieren. Nach einem Klick auf **Weiter** sehen Sie eine Vorschlagsliste mit allen Rechnungen, die gezahlt werden könnten. Ist Ihnen die Auswahl zu groß oder fehlt eine Rechnung, sollten Sie über die Funktion **Zurück** Ihre Angaben im Auswahlfenster noch einmal überprüfen.

Diese Liste können Sie auch bearbeiten. Entfernen Sie zum Beispiel einen Haken, wird diese Rechnung nicht bezahlt. Außerdem können Sie bei jeder Rechnung den Betrag sowie den Verwendungszweck ändern oder ergänzen. Ist die Vorschlagsliste in Ordnung, werden die Zahlungen vorbereitet.

**Übung**

Erfassen Sie bitte zunächst die Angaben zum Zahlungsverkehr im Menü **Extras → Optionen.** Geben Sie die Daten ein, die auf den vorherigen Bildern gezeigt wurden.

Erstellen Sie anschließend eine Überweisung für die offenen Eingangsrechnungen, die im vorherigen Beispiel gezeigt wurden. Wählen Sie unter **Extras → Zahlungsverkehr** die Funktion Überweisungen und das Konto „1200/1800 Bank". Klicken Sie auf **Überweisungsdruck** und im nächsten Auswahlfenster auf **Alle offenen Rechnungen markieren.**

**Lösung**

Ist das erste Auswahlfenster ausgefüllt, werden Ihnen nach dem Klick auf **Weiter** alle Rechnungen, die gezahlt werden könnten, angezeigt. Das ist eine Vorschlagsliste, die Sie noch bearbeiten können. Steht dort eine Rechnung, die Sie nicht bezahlen möchten, entfernen Sie einfach den Haken. Weiterhin können Sie den Verwendungszweck sowie den Betrag manuell ändern. Danach wird über den Klick auf **Weiter** die Zahlung ausgeführt.

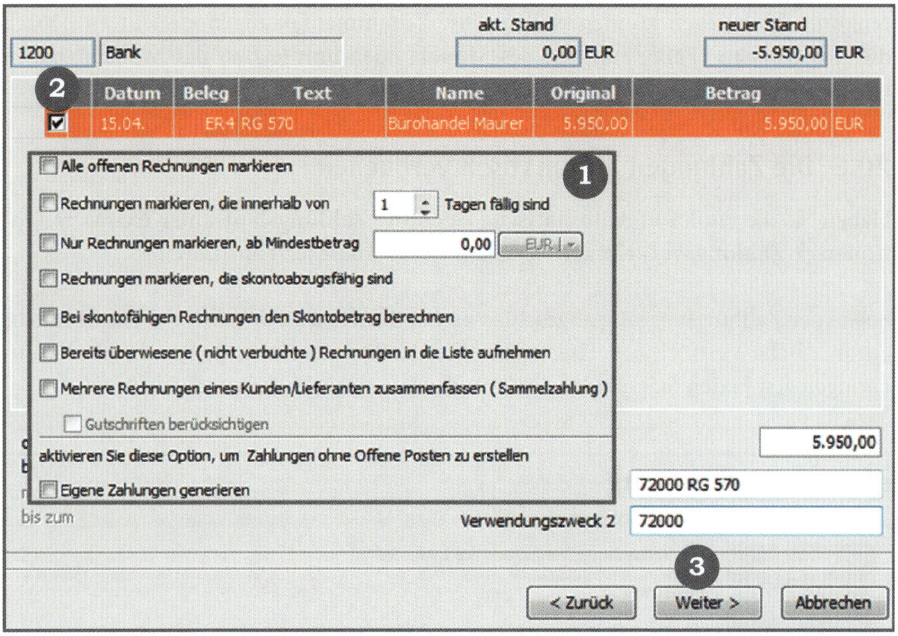


*Abb. 6:* ***Überweisung durchführen:*** *Ist das Auswahlfenster ❶ ausgefüllt, wird Ihnen im nächsten Fenster diese Vorschlagsliste ❷ gezeigt. Die Rechnung ist angehakt, mit dem Klick auf* ***Weiter*** *❸ kann die Zahlung ausgeführt werden.*

Je nach gewählter Zahlungsart wird nach dem Klick auf **Weiter** die Zahlung vorbereitet. Bei Überweisung wählen Sie das entsprechende Formular aus und schon kann der Zahlungsträger gedruckt werden. Bei Dateiexport und online-banking wird der Datensatz erstellt, der an die Bank übergeben oder online übertragen wird.

**Tipp**

Sie können mit dem Modul Zahlungsverkehr auch Rechnungen bezahlen, die zuvor nicht gebucht wurden. Aktivieren Sie dazu im Auswahlfenster ganz unten die Funktion **Eigene Zahlungen generieren**.

### Gelder von Kunden einziehen

Wählen Sie die Funktion **Lastschrifteinzug**, das entsprechende Bankkonto sowie die Zahlungsart aus, können Sie den Einzug von Kundengeldern vorbereiten. Die Vorgehensweise ist die Gleiche wie bei den Zahlungen.

Lastschriften mit gleichem Fälligkeitsdatum können Sie zusammenfassen und in einem Arbeitsgang einziehen. Zwei neue Zahlungskonditionen, die Sie beim Debitorenkonto hinterlegen können, sollen diese Zusammenfassungen erleichtern. Durch die Konditionen „Fällig zum 15. des Monats oder zum letzten des Monats“ haben wesentlich mehr Rechnungen das gleiche Fälligkeitsdatum.

## 20.6 Die Zahlungen automatisch verbuchen

Haben Sie die Funktion **Automatische Buchung Zahlungslauf** unter **Extras → Optionen → Zahlungsverkehr** aktiviert, können Sie diese jetzt ausführen.

Sowie der Zahlungsvorgang abgeschlossen ist, öffnet sich ein weiteres Fenster für die automatische Verbuchung. Hier tragen Sie das Datum ein und wählen, ob die Buchungen erst in den Stapel oder direkt in das Journal gebucht werden sollen.

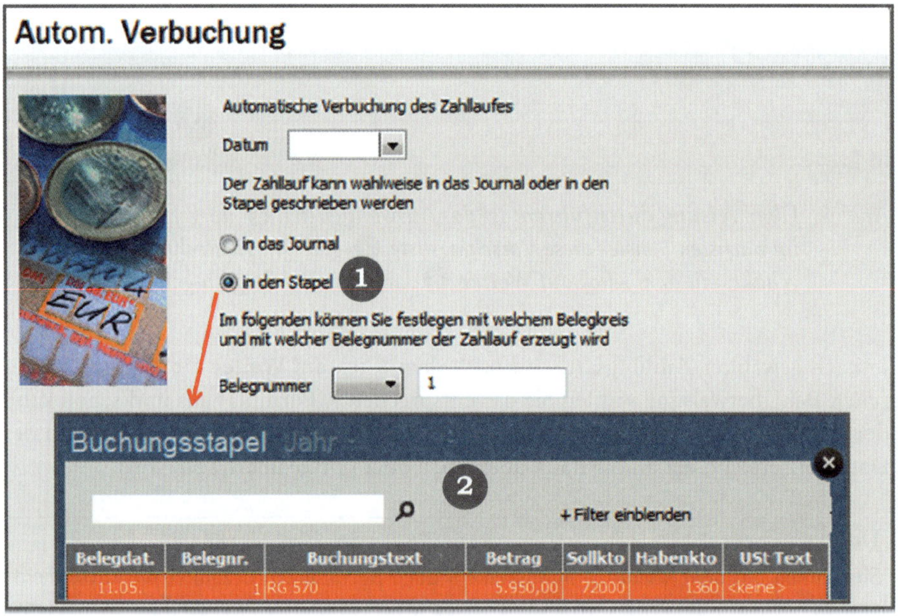


*Abb. 7:* ***Die Zahlung automatisch verbuchen:*** *Dieses Fenster öffnet sich nur, wenn Sie diese Funktion unter* ***Extras → Optionen*** *aktiviert und ein Interimskonto hinterlegt haben. Da hier „in den Stapel“ ❶ gewählt wurde, finden Sie die Buchungen danach im „Buchungsstapel“ ❷.*

In diesem Fall wurde beim Aktivieren der Funktion das Interimskonto „1360/1460 Geldtransit“ hinterlegt. Im Buchungsstapel sehen Sie, dass die Zahlung über dieses Konto verbucht wurde. Durch diese Verbuchung werden automatisch alle Offenen-

Posten ausgeglichen, allerdings erst, wenn die Buchungen in das Journal übertragen bzw. der Stapel ausgebucht wurde.

Bei verminderten Zahlungen, z. B. durch Skontoabzug, öffnet sich ein weiteres Fenster. Sobald Sie hier das Minderungskonto eingeben, beispielsweise „3736/5736 Erhaltene Skonti 19% USt.", wird dieser Posten ebenfalls ausgeglichen.

## 20.7 Den Kontoauszug nach der Verbuchung erfassen

Erfassen Sie nun den Kontoauszug, müssen Sie diese Zahlungen und Geldeingänge nicht mehr auf die Personenkonten buchen, sondern immer auf das gleiche Konto, nämlich „1360/1460 Geldtransit". Nutzen Sie die Buchungsmaske Online-Kontoauszug abgleichen (Kapitel 13.7), wird dieser Zahlungslauf im Register „Interimskonto" angezeigt und kann dort mit nur einem Klick abgeglichen werden.
Sie können auch jederzeit ein neues Konto für diese Buchungen anlegen, indem Sie im Kontenplan das Konto „1360/1460" kopieren, zum Beispiel die Nummer „1361/1461" vergeben sowie eine neue Bezeichnung. Denken Sie daran, anschließend das neue Konto unter **Extras → Optionen → Zahlungsverkehr** zu hinterlegen.

**Weitere Informationen**

Videos unter www.lexware.de

- Einführung in SEPA
- SEPA-Lastschriften in Lexware buchhalter
- Online Kontoauszug verbuchen in Lexware buchhalter

# 21. Arbeiten mit Kostenstellen, Kostenträger und Budgetverwaltung

**Möchten Sie Zahlen Ihres Unternehmens sichtbar machen, die Ihre Auswertungen der Buchführung bisher nicht zeigen, sollten Sie beim Buchen Kostenstellen verwenden. So können Sie zum Beispiel alle Einnahmen auf das gleiche Erlöskonto buchen und über die Kostenstellen-Berichte sehen, mit welchem Produkt welcher Umsatz erzielt wurde.**

**Hinterlegen Sie bei verschiedenen Konten eine Planzahl bzw. ein Budget, erhalten Sie den Bericht Soll-Ist-Vergleich. Mehr über die Voraussetzungen und die Vorgehensweise erfahren Sie hier.**

| Voraussetzungen für die Übungen | | |
|---|---|---|
| Einstellungen | Überprüfen Sie bitte, ob in den Firmenstammdaten der Haken bei „unterschiedliche Belegnummernkreise" gesetzt ist.<br>Unter Verwaltung – Belegnummern können Sie einen beliebigen Belegnummernkreis für diese Übungen anlegen. | |
| Hinweise zu den Eingaben | Die Übungen werden in den Monaten November und Dezember gebucht, in diesen Monaten sollten noch keine Buchungen im Stapel stehen. | |

## 21.1 Voraussetzungen für die Arbeit mit Kostenstellen

Möchten Sie mit Kostenstellen arbeiten, müssen Sie sich zunächst überlegen, welche Zahlen Sie zusätzlich sehen möchten. Zahlen, die aus Ihren Buchführungsauswertungen so nicht ersichtlich sind. Um Ihnen die Vorteile von Kostenstellen zu zeigen, stellen wir Ihnen hier folgendes Beispiel vor.

**Beispiel**

Ein Unternehmen handelt mit Computern und Software, dafür betreibt es zwei Ladengeschäfte, eines in Köln und eines in Berlin. In der Buchführung werden zum Beispiel alle Einkäufe auf das Konto „Wareneingang 19% Vorsteuer" gebucht und alle Erlöse auf das Konto „Umsatzerlöse 19% Umsatzsteuer". Die Auswertungen der Buchführung zeigt also das Gesamtergebnis von allen Einkäufen und Verkäufen der beiden Geschäfte. Nun möchte das Unternehmen aber wissen, ob es mehr Umsatz mit dem Verkauf von Computern oder dem Verkauf von Software erzielt. Den Geschäftsführer interessiert aber auch, welches Geschäft mehr Gewinn macht, das in Köln oder das in Berlin.

Außerdem hat das Unternehmen zwei Fahrzeuge, einen Pkw und einen Transporter. Die Kfz-Kosten werden alle auf die dafür vorgesehen Konten gebucht, es soll aber auch gezeigt werden, welche Kosten für welches Fahrzeug anfallen.

Diese Fragen können Sie beantworten, wenn Sie mit Kostenstellen arbeiten.

Grundsätzlich funktioniert die Arbeit mit Kostenstellen in allen Programmversionen gleich. Da aber in den Versionen pro und premium unterschieden wird zwischen Kostenstellen und Kostenträger, wird hier die Aktivierung und das Anlegen von Kostenstellen für jede Version einzeln gezeigt.

**Tipp**

Zur besseren Übersicht werden in den Übungen für die Kostenstellen Namen statt Nummern hinterlegt. In der Praxis können Sie Ihre Kostenstellen natürlich immer mit einer Nummer anlegen.

## 21.2 Kostenstellen aktivieren und anlegen in den Versionen standard und plus

Diese Funktion aktivieren Sie in den Firmenstammdaten unter **Bearbeiten → Firma,** in dem Sie im Register **Einstellungen** einen Haken bei „Buchen mit Kostenstellenerfassung" setzen. Dadurch werden in den Buchungsmasken die Eingabefelder für die Kostenstelle 1 und die Kostenstelle 2 zugeschaltet und unter **Verwaltung** wird das Anlegen von Kostenstellen möglich.

### Übung

Aktivieren Sie bitte die Funktion „Buchen mit Kostenstellenerfassung" unter **Bearbeiten → Firma → Einstellungen** und legen Sie anschließend unter **Verwaltung** folgende Kostenstellen an.

| **Kostenstellen:** | **Nummer/Name:** |
|---|---|
| Erlöse Verkauf Computer | Computer |
| Erlöse Verkauf Software | Software |
| Geschäft Berlin | Berlin |
| Geschäft Köln | Köln |
| Kfz-Kosten Pkw | Pkw |
| Kfz-Kosten Transporter | Transporter |

### Lösung

Sind alle Kostenstellen angelegt und gespeichert, sind alle Voraussetzungen erfüllt. Jetzt können die Kostenstellen beim Buchen verwendet werden.

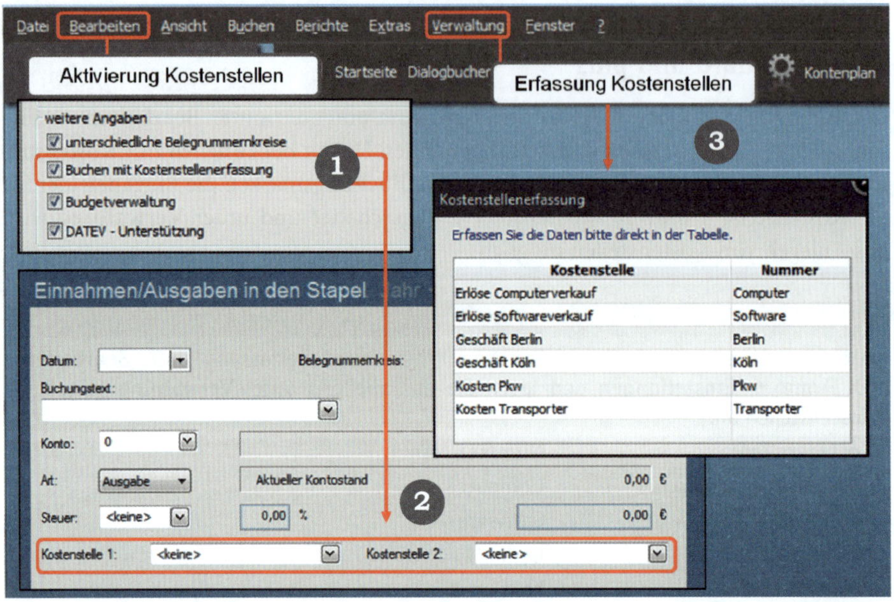


*Abb. 1:* ***Voraussetzungen:*** *Ist die Kostenstellenfunktion unter* ***Bearbeiten → Firma → Einstellungen*** *aktiviert* ❶, *werden in der Buchungsmaske weitere Eingabefelder zugeschaltet* ❷ *und unter* ***Verwaltung*** *können Kostenstellen angelegt* ❸ *werden.*

## 21.3 Kostenstellen/Kostenträger aktivieren und anlegen in den Versionen pro und premium

Unter **Bearbeiten → Firmendaten → Einstellungen** müssen Sie einen Haken setzen bei „Im Buchhalter mit Kostenstellen/Kostenträger arbeiten". Sowie diese Eingabe gespeichert ist, werden in den Buchungsmasken die Eingabefelder „Kostenstelle" und „Kostenträger" zugeschaltet und die Anlage von Kostenstellen und Kostenträger wird möglich. Möchten Sie wie in unserem Beispiel unterschiedliche Ergebnisse sehen, müssen Sie sich vorher gut überlegen, was Sie als Kostenstelle und was Sie als Kostenträger anlegen.

**Beispiel**

Bei der Buchung von Erlösen möchten Sie zum einen unterscheiden, ob es sich um den Verkauf von Computern oder von Software handelt und zum anderen, ob der Umsatz in Köln oder Berlin stattfand. Also legen Sie den Verkauf von Computern oder Software als Kostenträger an und die Geschäfte Köln und Berlin als Kostenstelle. So können Sie in einer Buchung beide Angaben hinterlegen.

## Übung

Aktivieren Sie bitte die Funktion „Mit Kostenstellen/Kostensträger arbeiten" unter **Bearbeiten → Firmenangaben → Einstellungen** und legen Sie anschließend unter **Verwaltung** folgende Kostenträger und Kostenstellen an:

| **Kostenträger:** | **Nummer/Name:** |
|---|---|
| Erlöse Verkauf Computer | Computer |
| Erlöse Verkauf Software | Software |

| **Kostenstellen:** | **Nummer/Name:** |
|---|---|
| Geschäft Berlin | Berlin |
| Geschäft Köln | Köln |
| Kfz-Kosten Pkw | Pkw |
| Kfz-Kosten Transporter | Transporter |

## Lösung

Sind alle Kostenträger und Kostenstellen angelegt und gespeichert, können Sie schon bei der nächsten Buchung damit arbeiten.

*Abb. 2:* ***Voraussetzungen:*** *Ist die Kostenstellenfunktion* ❶ *unter* ***Bearbeiten → Firmenangaben → Einstellungen*** *aktiviert, erscheinen in der Buchungsmaske weitere Eingabefelder* ❷*. Die Kostenstellen und Kostenträger* ❸ *können Sie nun unter* ***Verwaltung*** *anlegen.*

## 21.4 Buchen mit Kostenstellen/Kostenträger

In den Versionen standard und plus sind die Kostenstellen angelegt und in den Versionen pro und premium die Kostenträger und Kostenstellen. Nun kann damit gebucht werden.

**Übung**

Erfassen Sie bitte folgende Buchungen unter **Buchen → Einnahmen/Ausgaben in den Stapel → 1230/1830 Bank 3.** Buchen Sie alle Beträge mit einem Belegdatum im November und verwenden Sie einen beliebigen Belegnummernkreis.

| **Buchen → Einnahmen/Ausgaben in den Stapel → 1230/1830 Bank 3** | | | | | | |
|---|---|---|---|---|---|---|
| Text | Betrag | Konto SKR 03/04 | Kategorie | Kostenstelle 1 Kostenstelle | Kostenstelle 2 Kostenträger | Steuer |
| Miete | 2.000,00 | 4210/6310 | Ausgabe | | Köln | keine |
| Miete | 3.000,00 | 4210/6310 | Ausgabe | | Berlin | keine |
| Einkauf Computer | 23.800,00 | 3400/5400 | Ausgabe | | Berlin | VSt.19% |
| Einkauf Computer | 11.900,00 | 3400/5400 | Ausgabe | | Köln | VSt.19% |
| Einkauf Software | 7.140,00 | 3400/5400 | Ausgabe | | Köln | VSt.19% |
| Einkauf Software | 4.760,00 | 3400/5400 | Ausgabe | | Berlin | VSt.19% |
| Verkauf Computer | 30.940,00 | 8400/4400 | Einnahme | Computer | Berlin | USt.19% |
| Verkauf Computer | 15.470,00 | 8400/4400 | Einnahme | Computer | Köln | USt.19% |
| Verkauf Software | 5.950,00 | 8400/4400 | Einnahme | Software | Berlin | USt.19% |
| Verkauf Software | 8.925,00 | 8400/4400 | Einnahme | Software | Köln | USt.19% |

Stimmen Ihre Eingaben, sollten Sie den Stapel ausbuchen unter **Buchen → Stapel ausbuchen.**

**Lösung**

Unter **Berichte → Auswertungen** können Sie sich die Betriebswirtschaftliche Auswertung, kurz BWA sowie die Kostenstellenübersicht ansehen und ausdrucken.

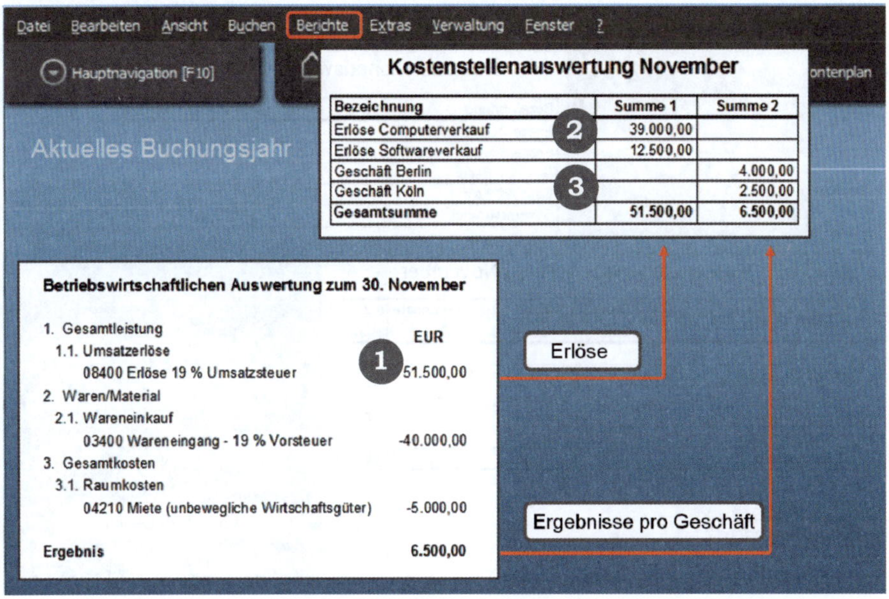


*Abb. 3:* ***BWA und Kostenstellenübersicht:*** *Die BWA zeigt die gesamten Erlöse von 51.500 Euro ❶ sowie das Ergebnis von 6.500 Euro. Die Kostenstellenübersicht zeigt zusätzlich wie sich die Erlöse zusammensetzen ❷ und wie die Ergebnisse pro Geschäft ❸ aussehen.*

## 21.5 Kostenstellen-Berichte ansehen, Ergebnisse aufteilen

In Ihren Buchführungsauswertungen sehen Sie auf einen Blick das Gesamtergebnis Ihres Unternehmens. Da in der vorherigen Übung alle Wareneinkäufe, Kosten und Erlöse zusammen mit der entsprechenden Kostenstelle gebucht wurden, haben Sie nun mehr Berichte zur Auswahl.

**Beispiel**

Während Ihre BWA bzw. Gewinnermittlung ein Gesamtergebnis von 6.500 Euro ausweist, sehen Sie jetzt in Ihren Kostenstellen-Berichten, dass das Geschäft in Berlin ein Ergebnis von 4.000 Euro erzielt hat, und das Geschäft in Köln nur 2.500 Euro.

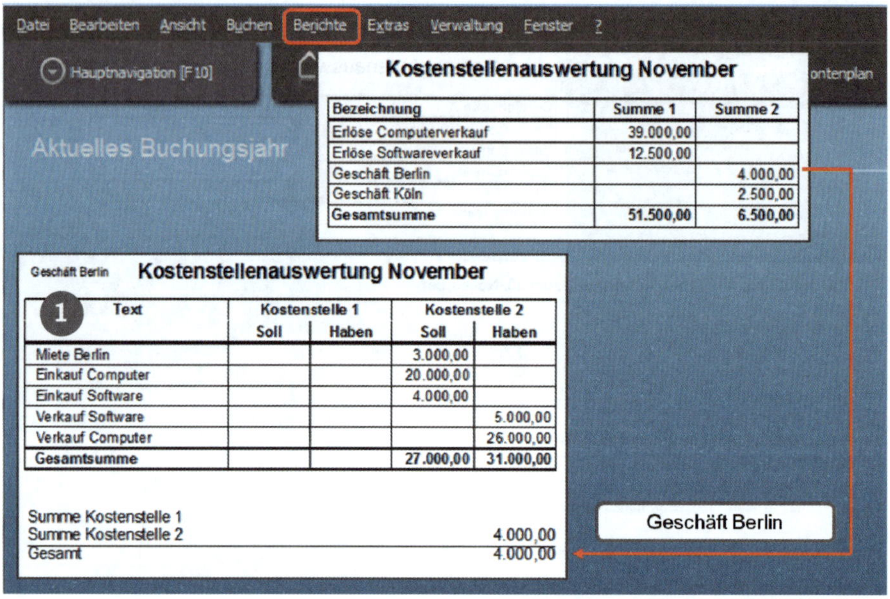


*Abb. 4:* ***Berichte ansehen:*** *Das Programm bieten Ihnen unter* ***Berichte → Auswertungen*** *viele verschiedene Berichte an. Hier sehen Sie wie sich der Gewinn des Geschäfts in Berlin* ❶ *zusammensetzt.*

## 21.6 Weitere Kostenstellen-Berichte ansehen, Kosten aufteilen

Nun lernen Sie eine weitere Variante kennen, für die es sich lohnt, Kostenstellen zu nutzen.

**Beispiel**

Das Unternehmen hat zwei Fahrzeuge und bucht sämtliche Kfz-Kosten auf die dafür vorgesehenen Konten. Diesel auf das Konto „Laufende Kfz-Kosten" und Versicherungen auf das Konto „Kfz-Versicherungen".

Inzwischen wurden für die Fahrzeuge Kostenstellen angelegt. Werden diese nun beim Buchen verwendet, sehen Sie später nicht nur die gesamten Kfz-Kosten, sondern auch die Kfz-Kosten pro Fahrzeug.

**Übung**

Erfassen Sie bitte folgende Buchungen unter **Buchen → Einnahmen/Ausgaben in den Stapel → 1230/1830 Bank 3**. Buchen Sie alle Beträge mit einem Belegdatum im Dezember und verwenden Sie einen beliebigen Belegnummernkreis.

| **Buchen → Einnahmen/Ausgaben in den Stapel → 1230/1830 Bank 3** | | | | | | |
|---|---|---|---|---|---|---|
| Text | Betrag | Konto SKR 03/04 | Kategorie | Kostenstelle 1 Kostenstelle | Kostenstelle 2 Kostenträger | Steuer |
| Diesel | 238,00 | 4530/6530 | Ausgabe | Pkw | | VSt.19% |
| Diesel | 357,00 | 4530/6530 | Ausgabe | Transporter | | VSt.19% |
| Versiche-rung | 600,00 | 4520/6520 | Ausgabe | Transporter | | keine |

## Lösung

Haben Sie die Kfz-Kosten nun zusammen mit der Kostenstelle des entsprechenden Fahrzeugs gebucht, erhalten Sie zum Beispiel folgende Berichte unter **Berichte→ Auswertungen → Kostenstellen.**

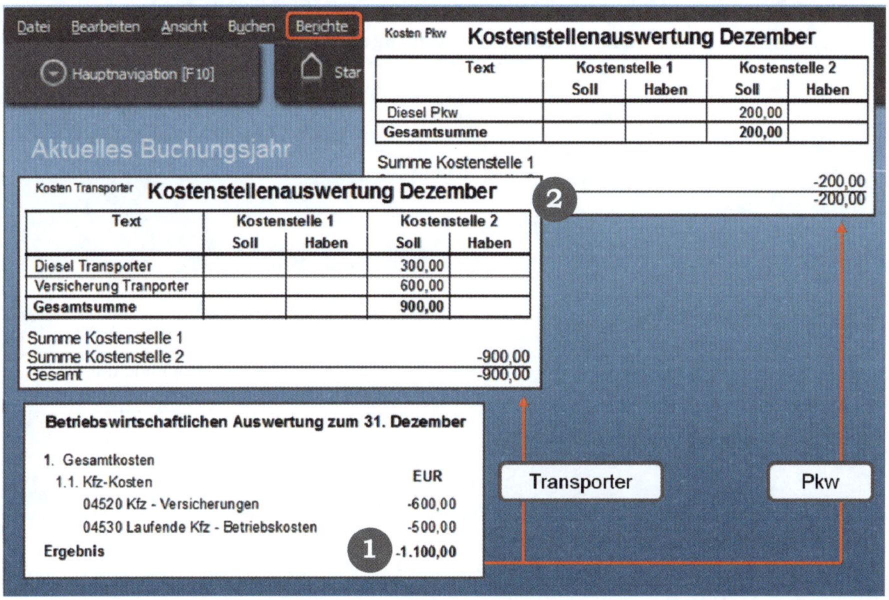


*Abb.5:* ***Kfz-Kosten aufteilen:*** *Wenn Sie bei der Erfassung der Kfz-Kosten immer die richtige Kostenstelle bzw. das richtige Fahrzeug angeben, sehen Sie in der BWA die gesamten Kfz-Kosten ❶ und zusätzlich in den Kostenstellen-Berichten die Kosten pro Fahrzeug ❷.*

## 21.7 Zusätzliche Konteneinstellungen in den Versionen pro und premium

In den Versionen pro und premium können Sie fest hinterlegen, dass ein Konto niemals ohne Kostenstelle oder Kostenträger bebucht werden kann. Dazu öffnen Sie den Kontenplan zum Beispiel unter **Ansicht → Kontenplan** und wählen das gewünschte Konto aus. Ist das Konto markiert, wählen Sie über die rechte Maustaste **Konto bearbeiten** und öffnen das Register **Kostenstellen(KSt)/Kostenträger(KTr)**. Hier haben Sie nun zwei Möglichkeiten, um später die Eingabe einer Kostenstelle zu erzwingen.

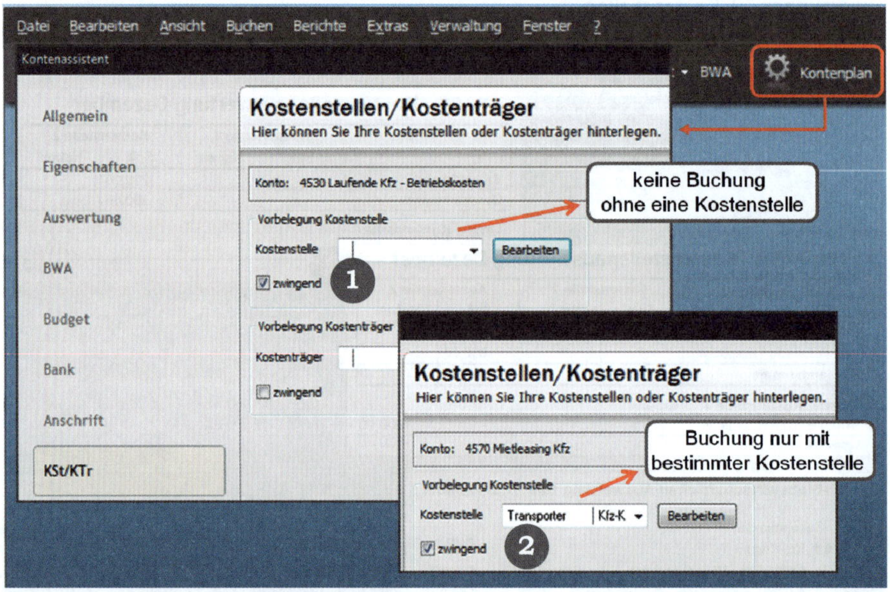


*Abb. 6:* ***Konteneinstellungen:*** *Setzen bei einem Konto den Haken bei „zwingend" ❶, kann auf dieses Konto nur gebucht werden, wenn eine Kostenstelle eingegeben wird. Hinterlegen Sie auch gleich eine Kostenstelle ❷, wird diese bei der Buchung direkt vorgeschlagen.*

**Achtung**

Das Hinterlegen einer bestimmten Kostenstelle sollte gut überlegt sein. Ist keine Kostenstelle hinterlegt, müssen Sie beim Buchen die Richtige auswählen. Wenn Sie das vergessen haben, lässt das Programm die Buchung nicht zu. Ist aber irgendeine Kostenstelle hinterlegt, lässt das Programm die Buchung zu, auch wenn die Kostenstelle falsch ist.

## 21.8 Budget erfassen

Mit der Budgetverwaltung können Sie jederzeit starten, auch nachdem alle Buchungen erfasst wurden. Zunächst müssen Sie die Funktion in den Firmenstammdaten unter Einstellungen aktivieren im Menü **Bearbeiten**. Danach können Sie bei den gewünschten Konten das Budget bzw. die Planzahl hinterlegen.

**Übung**

Aktivieren Sie bitte die Funktion „Budgetverwaltung" in den Firmenstammdaten. Hinterlegen Sie anschließend beim Konto „8400/4400 Erlöse 19% Umsatzsteuer" das Budget von 50.000 Euro im November. Dazu öffnen Sie den Kontenplan zum Beispiel unter **Ansicht → Kontenplan** und markieren das Konto „8400/4400". Anschließend wählen Sie über die rechte Maustaste **Konto bearbeiten** und öffnen das Register **Budget.**

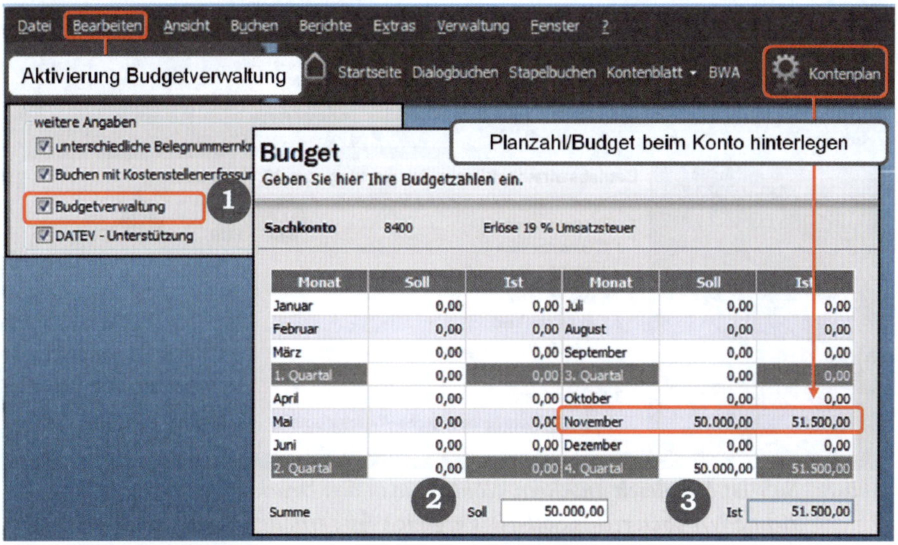


*Abb. 7:* ***Budgetverwaltung:*** *Ist die Funktion aktiviert* ❶, *können Sie bei den Konten im Register* ***Budget*** *die gewünschten Planzahlen hinterlegen. Hier sehen Sie, dass 50.000 Euro geplant waren* ❷ *und tatsächlich 51.500 Euro erzielt wurden* ❸.

Im ersten Jahr ist das Anlegen von Budgets sehr mühsam, Sie müssen alle Planzahlen manuell erfassen. Entweder monatlich, vierteljährlich oder jährlich, das können Sie entscheiden. Aber schon beim nächsten Jahreswechsel wird das Programm Ihnen anbieten, die Planzahlen in das Folgejahr zu übertragen. Dabei haben Sie mehrere Auswahlmöglichkeiten, Sie können die gleichen Zahlen übertragen lassen, die Zahlen erhöht um eine bestimmte Prozentzahl oder die Ist-Zahlen des Vorjahres.

## 21.9 Soll-Ist-Vergleich ansehen

In der Betriebswirtschaftlichen Auswertung, kurz BWA, können Sie nun den Bericht „Soll-Ist-Vergleich" ansehen oder ausdrucken. Dazu wählen Sie unter **Berichte → Auswertungen → BWA** in den Druckeinstellungen oben rechts **Soll-Ist-Vergleich.**

**Übung**

Sehen Sie sich die BWA für den Monat November an und wählen Sie in den Druckeinstellungen „Soll-Ist-Vergleich" statt „einfache Auswertung".

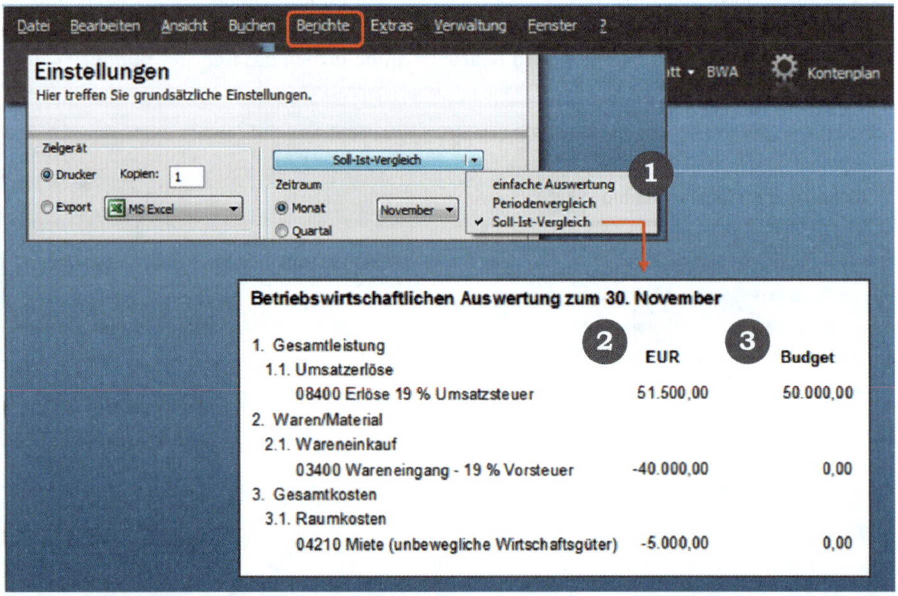


*Abb. 8: **Soll-Ist-Vergleich ansehen:** Wählen Sie in den Druckeinstellungen vom Bericht BWA oben rechts **Soll-Ist-Vergleich** ❶, erhalten Sie diesen Bericht. Links stehen die Ist-Zahlen ❷ Ihrer Buchführung und rechts die beim Konto hinterlegte Planzahl, das Budget ❸.*

Wenn Sie die Standardauswertungen von Lexware bearbeiten möchten, können Sie den Bericht auch jederzeit exportieren.

# 22. Die E-Bilanz und die Handelsbilanz online übermitteln

**Seit 2014 müssen Unternehmen die Steuerbilanz online an das Finanzamt übermitteln, daher der Name E-Bilanz. Der Lexware buchhalter ist mit einer E-Bilanz-Zentrale ausgestattet, die Sie beim Ausfüllen und Übertragen unterstützt. Dieses Kapitel soll Ihnen einen kurzen Einblick in das Thema E-Bilanz geben und Ihnen zeigen was zu tun ist.**

**Die Veröffentlichung der Handelsbilanz im Bundesanzeiger erfolgt ebenfalls in elektronischer Form. Unternehmen, die dazu verpflichtet sind, können mit der Software die Jahresabschlussdaten im erforderlichen Dateiformat speichern. In diesem Kapitel wird die Vorgehensweise beschrieben.**

## 22.1 Die E-Bilanz – Voraussetzungen für die Übertragung

Erledigen Sie Ihren Jahresabschluss mit dem Lexware buchhalter selbst, müssen Sie sich mit dem Thema E-Bilanz beschäftigen. Wenn Sie Ihren Jahresabschluss von Ihrem Steuerberater erledigen lassen, dann wird er mit seiner Software die Übermittlung Ihrer Bilanz erledigen.

Die Bilanz sowie die Gewinn- und Verlustrechnung müssen elektronisch an das Finanzamt übermittelt werden. Die elektronische Übermittlung der Bilanzen ist für den Jahresabschluss 2013 erstmals vorgeschrieben.

E-Bilanz heißt, dass Sie Ihre Stammdaten sowie die Salden Ihrer Bilanz und Gewinn- und Verlustrechnung in ein amtlich vorgeschriebenes Formular eintragen, das nicht in Papierform vorhanden ist, sondern in Form von Excel-Tabellen. Das Finanzamt stellt den Unternehmen folgende Daten bereit: Eine Schnittstelle mit dem Namen „ERIC" (ELSTER Rich Client) und verschiedene Excel-Dateien. Die Datei GCD Modul (Stammdaten) braucht jedes Unternehmen. Von den verschiedenen Taxonomie-Dateien (Jahresabschlussdaten) ist nur eine auszuwählen. Aus diesen Vorgaben haben Softwarehersteller verschiedene E-Bilanz-Programme hergestellt, die heute in Buchführungsprogrammen integriert sind.

Lexware hat das Zusatzprogramm **E-Bilanz-Zentrale** in die Software integriert. Hier werden die meisten Daten automatisch eingespielt, so dass Sie nur noch Ergänzungen vornehmen müssen.

In den DATEV-Spezialkontenrahmen SKR 03 und 04 sind alle Konten vorhanden, die für das korrekte Ausfüllen der Taxonomie erforderlich sind. Der Lexware buchhalter verwendet diese Kontenrahmen und ordnet dafür vorab alle Standardkonten den richtigen Feldern in der Taxonomie zu. Dieser Vorgang wird **Konten mappen** genannt. Nur die Konten, die Sie selbst angelegt haben, müssen manuell gemappt werden. Verwenden Sie andere Kontenrahmen, müssen Sie die Konten ebenfalls manuell zuordnen. Lexware wird nach und nach weitere Kontenpläne vorbereiten.

Im Menü **Extras** unter **ELSTER** oder unter **Berichte → Auswertungen** können Sie die **E-Bilanz Zentrale** jederzeit öffnen.

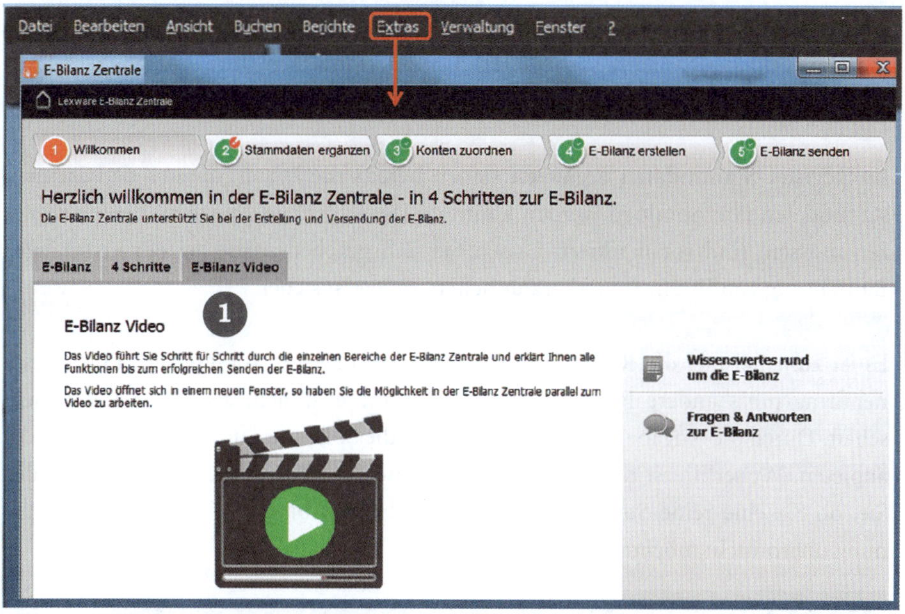


*Abb. 1:* ***Hilfe in der E-Bilanz Zentrale:*** *Das Vorgehen wird schrittweise und ausführlich in der Software selbst beschrieben. Zum Beispiel durch ein Video* ❶.

So, wie es in jedem Jahr neue Formulare gibt, wird es auch in jedem Jahr eine neue Taxonomie geben, die dann im Programm integriert wird. In der E-Bilanz-Zentrale müssen Sie nacheinander verschiedene Stationen durchlaufen. Zunächst müssen Sie Ihre Stammdaten ergänzen, erst danach ist es möglich, in der nächsten Station die Konten zuzuordnen. Beim Verlassen können Sie die bisher erfassten Daten speichern und zu einem anderen Zeitpunkt fortfahren.

## 22.2 Stammdaten in der E-Bilanz-Zentrale ergänzen

Beim ersten Start der E-Bilanz Zentrale werden die Stammdaten, die in den Firmenstammdaten hinterlegt sind und für die E-Bilanz benötigt werden, automatisch übernommen. Überprüfen Sie bitte vor der ersten Nutzung der E-Bilanz Zentrale die Firmenstammdaten, denn spätere Änderungen werden nicht übernommen. Diese müssen Sie dann manuell nachtragen. Bei den Buchungen ist das anders. Immer dann, wenn Sie die E-Bilanz Zentrale öffnen, werden die Kontensalden aktualisiert.

Die Stammdaten, die das Programm automatisch übernimmt, reichen allerdings nicht aus, für die E-Bilanz sind weitere Daten erforderlich. Ihre Aufgabe ist es, die Stammdaten zu ergänzen und die Zuordnung der Konten zu überprüfen.

Im Register **Stammdaten ergänzen** stehen bereits die Daten, die aus den Firmenstammdaten übernommen werden konnten. Die fehlenden Angaben, die Sie ergänzen müssen, sind rot markiert. Lassen Sie sich gegebenenfalls bei der erstmaligen Einrichtung von Ihrem Steuerberater helfen, sicher ist sicher.

Es ist zum Beispiel die Rechtsform des Unternehmens zu hinterlegen. Eine Personenfirma muss andere Felder in der Taxonomie ausfüllen, als eine Kapitalgesellschaft. Durch die Angabe der Rechtsform wird die Software nur die passenden Felder anbieten. Weiterhin ist die Form des Jahresabschlusses zu hinterlegen, hier wählen Sie, ob Sie eine reine Steuerbilanz oder eine Handelsbilanz mit Überleitungsrechnung übermitteln möchten.

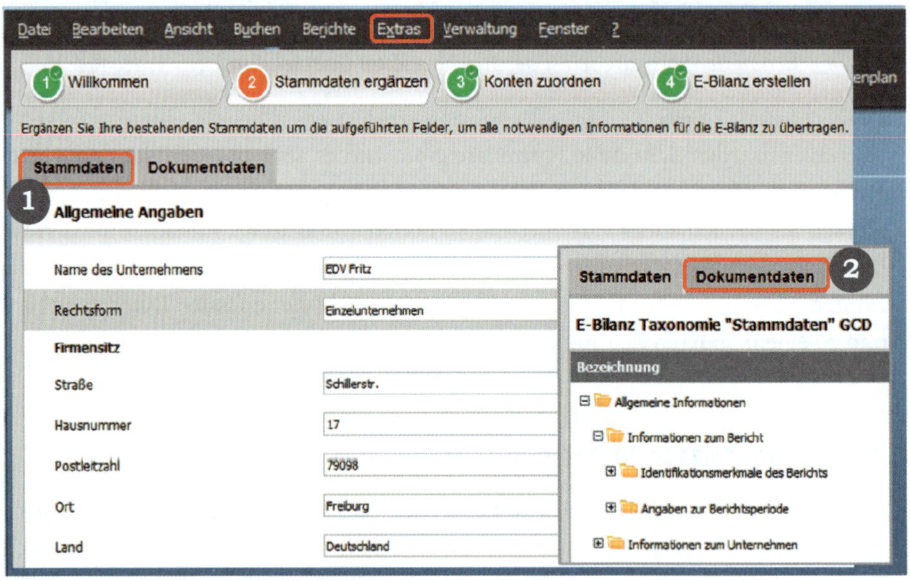


*Abb. 2:* ***Stammdaten in der E-Bilanz:*** *Hier sehen Sie die Daten, die bereits von den Firmenstammdaten übernommen wurden. Für die E-Bilanz sind weitere Angaben erforderlich, die Sie in den Registern* ***Stammdaten*** ❶ *und* ***Dokumentdaten*** ❷ *ergänzen müssen.*

Sowie Sie Ihre Stammdaten vollständig erfasst haben, wird die Software die passende Taxonomie anzeigen und Ihre Kontensalden einspielen. Das heißt über die Schaltfläche **Weiter** gelangen Sie in den Bereich **Konten zuordnen**.

## 22.3 Die Kontenzuordnung prüfen und manuell anpassen

Im Bereich **Konten zuordnen** sehen Sie zum einem Ihre bebuchten Konten und zum anderen die Felder der Taxonomie bzw. die E-Bilanz-Struktur. Arbeiten Sie mit den Standardkontenrahmen SKR 03 oder 04, wird das Programm die Standardkonten bereits vorab den richtigen Feldern in der Taxonomie zuordnen.

**Beispiel 1**

Das Unternehmen hat verschiedene Erträge, nämlich Erträge aus Handel und Erträge aus Beratung. Buchen Sie nun alle Erträge auf das Standardkonto „8400/4400 Umsatzerlöse 19% Umsatzsteuer, müssen Sie nichts tun. Dieses Konto ist bereits zugeordnet.

Ändern Sie die Bezeichnung eines Standardkontos, hat das keine Auswirkung auf die Kontenzuordnung. Die Software orientiert sich an der Kontonummer. Allerdings, die Konten, die Sie selbst neu angelegt haben, müssen Sie auch selbst den Feldern der Taxonomie zuordnen. Alle Zuordnungen können Sie jederzeit manuell ändern.

**Beispiel 2**

Sie haben das Standardkonto „8400/4400 Umsatzerlöse 19%" umbenannt in „Erlöse Handel 19%" und haben ein weiteres Konto neu angelegt „8402/4402 Erlöse Beratung 19%", um die Erträge jeweils auf eigene Konten zu buchen. In diesem Fall müssen Sie für das umbenannte Standardkonto nichts tun. Nur das neu angelegte Konto müssen Sie manuell zuordnen, d.h. Sie müssen es dem gleichen Feld in der Taxonomie zuordnen wie das Standardkonto „8400/4400 Erlöse Handel 19%".

Im Kontenrahmen gibt es mehr Konten als Felder in der Taxonomie. D.h. in manchen Bereichen verlangt das Finanzamt weniger Differenzierung. In diesem Fall werden mehrere Konten nur einem Feld zugeordnet.

**Beispiel 3**

Für die Fahrzeugkosten bietet der Kontenrahmen viele verschiedene Konten, wie Kfz-Versicherung, laufende Kfz-Kosten und Kfz-Reparaturen. Hierfür bietet die Taxonomie nur ein einziges Feld „Aufwendungen für Fuhrpark", d.h. all diese Kfz-Konten werden dem gleichen Feld zugeordnet.

Umgekehrt gibt es für jedes Feld in der Taxonomie ein Konto. Verlangt das Finanzamt eine stärkere Differenzierung, müssten Sie auch ein Konto dafür finden. Mit Differenzierung ist gemeint, dass Sie verschiedene Positionen, die Sie bisher nur auf einem

Konto erfasst haben, langfristig doch auf verschiedene Konten buchen müssen. Langfristig heißt, dass das Finanzamt hierfür eine Übergangsfrist von mindestens zwei Jahren eingeräumt hat. Bis dahin haben Sie Zeit, Ihr Buchungsverhalten anzupassen.

**Beispiel 4**

Im Kontenrahmen gibt es neben dem Konto „Raumkosten" auch die Konten „Miete" und „Strom, Gas, Wasser". In der Taxonomie ist das ähnlich, das Finanzamt möchte, dass Sie die Summe der Mieten getrennt von der Summe der Nebenkosten eintragen und übermitteln.

Im Bereich „Umsatzerlöse" wünscht das Finanzamt eine Aufteilung nach umsatzsteuerfreien und umsatzsteuerpflichtigen Erlösen und bei den steuerpflichtigen Erlösen eine Differenzierung nach Steuersätzen. Hier nutzen Sie die große Kontenauswahl sehr wahrscheinlich längst, denn nur so kann die Software die Umsatzsteuerformulare richtig ausfüllen. Im Bereich „Einkauf von Material und Waren" wird ebenfalls die Differenzierung nach Steuersätzen gewünscht, deshalb sollten Sie überprüfen, ob Sie die erforderlichen Konten bereits nutzen oder nicht.

Hier zeigen wir Ihnen die Kontenzuordnung in der E-Bilanz Zentrale anhand ganz weniger Buchungen. So können Sie den Ablauf besser nachvollziehen. Für die Übungen können Sie aber auch mit Ihren Daten arbeiten.

**Beispiel**

Es wurden zwei individuelle Konten angelegt, das Erlöskonto „8402/4402 Erlöse Beratung 19% USt." und das Aufwandskonto „3402/5402 Einkauf Ersatzteile 19% Vorsteuer". Folgende Rechnungen wurden gebucht und anschließend in das Journal übertragen.

**Buchen → Stapelbuchen**

| Datum | Beleg | Text | Betrag | SOLL SKR 03/04 | HABEN SKR 03/04 | Steuer |
|---|---|---|---|---|---|---|
| 30.12. | AR 280 | RG 278 | 2.380,00 | 20200 | 8400/4400 | USt.19% |
| 30.12. | AR 281 | RG 279 | 4.760,00 | 20200 | 8402/4402 | USt.19% |
| 30.12. | ER 3 | RG 444 | 1.190,00 | 3400/5400 | 72000 | VSt.19% |
| 30.12. | ER 4 | RG 670 | 595,00 | 3402/5402 | 72000 | VSt.19% |

Die Stammdaten sind in der E-Bilanz Zentrale bereits vollständig angelegt. Öffnen Sie nun die E-Bilanz Zentrale, können Sie direkt in den Bereich **Konten zuordnen** wechseln. Hier sehen Sie im linken Kasten Ihre Konten. Für die E-Bilanz müssen nur die bebuchten Konten zugeordnet werden, deshalb sollte die Auswahl **Bebuchte Konten** aktiviert sein. Die Konten, die Lexware automatisch zugeordnet hat, sind in der Tabelle mit einem „Ja" gekennzeichnet. Mit einem Klick auf die Kontenzeile wird Ihnen in einem gesonderten Fenster die Zuordnung gezeigt. Diese automatische Zuweisung sollten Sie überprüfen. Die Konten, die mit einem „Nein" gekennzeichnet sind, müssen Sie manuell zuordnen.

Sind die automatischen Zuordnungen überprüft und in Ordnung, können Sie mit der manuellen Zuweisung beginnen. In der folgenden Abbildung sehen Sie zwei Konten, die nicht zugewiesen sind. Wir beginnen mit dem Konto „3402 Einkauf Ersatzteile". Dieses Konto ist vergleichbar mit dem Standardkonto 3400, es ist in der Struktur der E-Bilanz dem Feld „Wareneinkauf zum Regelsteuersatz" zugeordnet. Geben Sie in das rechte Suchfeld das Wort „Wareneinkauf" ein, finden Sie das Feld ganz schnell. Jetzt müssen Sie links das Konto „3402" anklicken und rechts das Feld „Wareneinkauf zum Regelsteuersatz". Sind beide Zeilen markiert, klicken Sie auf **Zuordnen**. Danach öffnet sich ein weiteres Fenster, in dem Sie die Eingabe noch einmal bestätigen müssen.

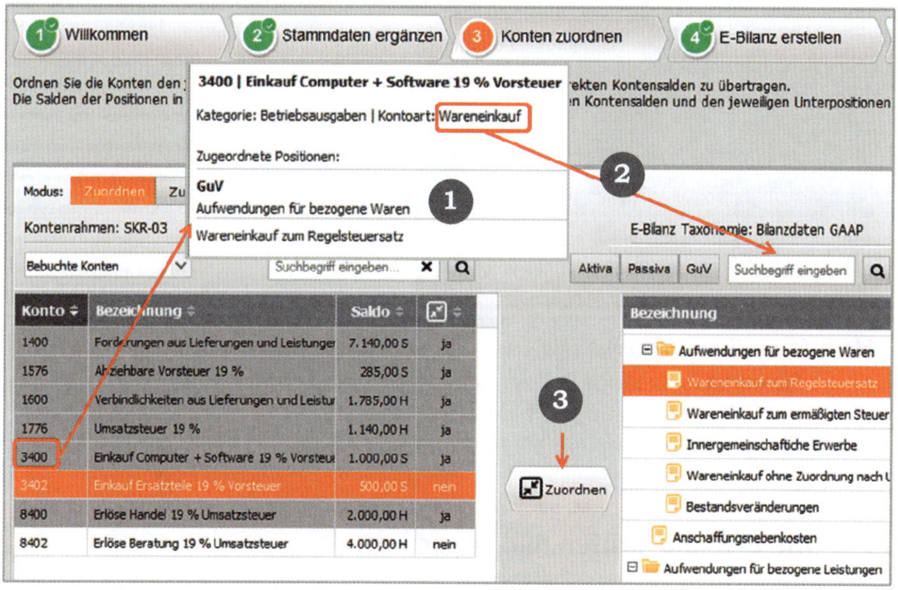


Abb. 3: ***Konto manuell zuordnen:*** *Das Konto 3400 ist dem Feld „Wareneinkauf zum Regelsteuersatz" ❶ zugeordnet. So muss auch das Konto 3402 einsortiert werden. Über das Suchfeld rechts ❷ finden Sie das Konto ganz schnell. Ist alles markiert, klicken Sie auf* ***Zuordnen*** ❸.

Ist das Konto 3402 zugeordnet, geht es weiter mit dem Konto „8402 Erlöse Beratung". Das vergleichbare Konto 8400 ist dem Feld „Umsatzerlöse zum Regelsteuersatz" zugeordnet.

Diese Zuordnung können Sie jederzeit wieder ändern. In diesem Fall wechseln Sie zunächst rechts oben in den Modus **Zuordnung aufheben**. Wählen Sie links das entsprechende Konto aus, sehen Sie rechts die Zuordnung. Mit einem Klick auf **Aufheben** wird die Zuordnung gelöscht. Anschließend wechseln Sie wieder zurück in den Modus **Zuordnen** und wählen das gewünschte Feld.

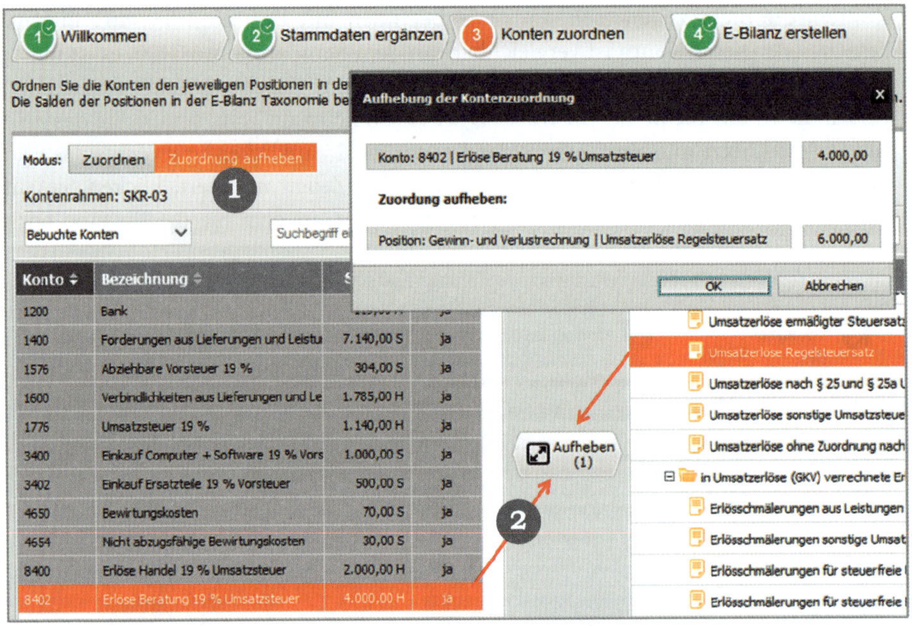


*Abb. 4:* ***Zuordnung ändern:*** *Die Änderung einer Zuordnung erfolgt in zwei Schritten. Sie wechseln zunächst in den Modus* ***Zuordnung aufheben*** ❶, *wählen das Konto aus, klicken auf* ***Aufheben*** ❷ *und bestätigen die Eingabe. Anschießend ordnen Sie das Konto im Modus* ***Zuordnen*** *erneut zu.*

## 22.4 Die E-Bilanz prüfen und anpassen

Im nächsten Bereich **E-Bilanz erstellen** steht für alle Unternehmen das Register **E-Bilanz** zur Verfügung. Je nachdem, welche Angaben Sie in den Stammdaten hinterlegt haben, stehen Ihnen hier weitere Register zur Verfügung, in denen Sie die Daten anpassen und ergänzen können. Sind alle Eingaben gemacht, ist die E-Bilanz zur Übertragung an das Finanzamt bereit. Wechseln Sie in den Bereich **E-Bilanz erstellen,** gelangen Sie zunächst in das Register **E-Bilanz**. Hier überprüft die Software, ob die gebuchten Salden Ihrer Bilanz und Gewinn- und Verlustrechnung mit den Daten der E-Bilanz übereinstimmen. Es wird eine Prüfsumme ermittelt. Liegt diese bei Null Euro, ist alles in Ordnung. Stimmt die Prüfsumme nicht, müssen Sie die Kontenzuordnung noch einmal überprüfen oder die Salden über die Funktion **Position bearbeiten** korrigieren.

Liegen bei dem Unternehmen keine Abweichungen zwischen Handels- und Steuerbilanz vor, sollten Sie in den Stammdaten unter Bilanzierungsstandard „Handelsbilanz/sog. Einheitsbilanz" wählen. In diesem Fall steht nur bei Personenfirmen zusätzlich das Register **Steuerliche Gewinnermittlung** zur Verfügung, bei Kapitalgesellschaften nicht.

Steuerliche Hinzurechnungen wie zum Beispiel „nicht abziehbare Bewirtungskosten" werden bei Kapitalgesellschaften in der Körperschaftsteuererklärung erfasst und darin dem Gewinn hinzugerechnet. Personenfirmen müssen diese Hinzurechnungen gesondert erfassen und zwar im Register „Steuerliche Gewinnermittlung".

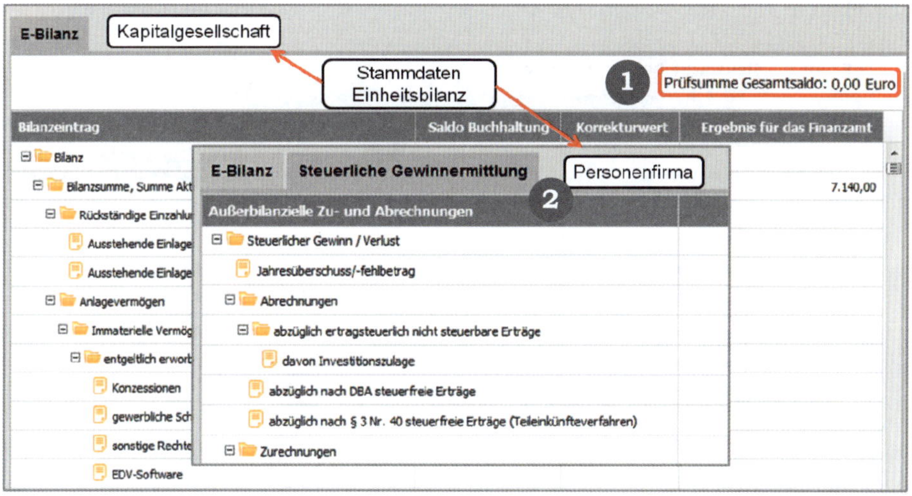


*Abb. 5:* ***E-Bilanz erstellen:*** *Das Register* ***E-Bilanz*** *erscheint für alle Unternehmen. Beträgt die Prüfsumme* ❶ *Null Euro, sind alle Konten zugeordnet. Ist in den Stammdaten die Einheitsbilanz hinterlegt, erscheint bei Kapitalgesellschaften nur das Register „E-Bilanz" und bei Personenfirmen zusätzlich das Register „Steuerliche Gewinnermittlung"* ❷.

Das folgende Beispiel zeigt, wie steuerliche Hinzurechnungen für Personenfirmen im Register **Steuerliche Gewinnermittlung** zu erfassen sind.

**Beispiel**

Die Bewirtungskosten in Höhe von 119 Euro inkl. 19% Umsatzsteuer wurden bereits gebucht, 70% auf das Konto „Bewirtungskosten" und 30% auf das Konto „nicht abziehbare Bewirtungskosten".

| **Buchen → Stapelbuchen** | | | | | | |
|---|---|---|---|---|---|---|
| Datum | Beleg | Text | Betrag | SOLL SKR 03/04 | HABEN SKR 03/04 | Steuer |
| 30.12. | B12 | Bew. 70% | 83,30 | 4650/6650 | 1200/1800 | VSt.19% |
| 30.12. | B12 | Bew. 30% | 35,70 | 4654/6654 | 1200/1800 | VSt.19% |

Die Vorsteuer aus den Bewirtungskosten ist in voller Höhe abziehbar, deshalb stehen nun in der Gewinnermittlung 70 Euro auf dem Konto „Bewirtungskosten" und 30 Euro auf dem Konto „nicht abziehbare Bewirtungskosten".

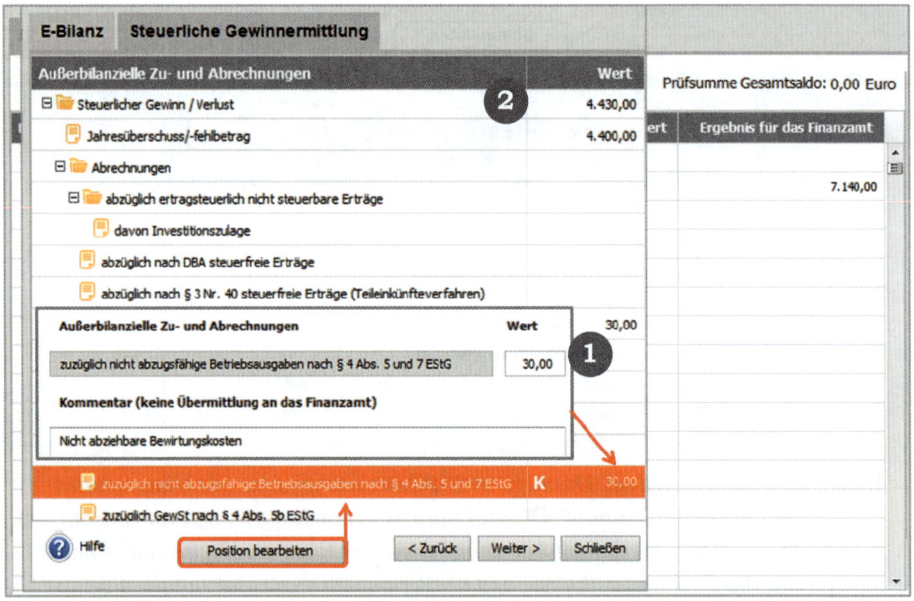


*Abb. 6:* ***Steuerliche Gewinnermittlung:*** *Der Jahresüberschuss beträgt zunächst 4.400 Euro. Durch die Hinzurechnung der nicht abziehbaren Bewirtungskosten von 30 Euro* ❶ *beträgt der steuerliche Gewinn 4.430 Euro* ❷.

Die nicht abziehbaren Bewirtungskosten in Höhe von 30 Euro müssen dem Gewinn hinzugerechnet werden. Dazu suchen Sie im Register **Steuerliche Gewinnermittlung** die Position „zuzüglich nicht abzugsfähiger Betriebsausgaben" und klicken auf **Posi-**

**tion bearbeiten**. Es öffnet sich ein Fenster, in dem Sie den Betrag erfassen. Anschließend sehen Sie den korrigierten Gewinn bzw. das steuerliche Ergebnis.

Unternehmen, die keine Einheitsbilanz erstellen können, weil Abweichungen zwischen Handels- und Steuerbilanz vorliegen, müssen in den Stammdaten unter Bilanzierungsstandard die Einstellung „Handelsbilanz" wählen. In diesem Fall steht hier zusätzlich das Register „Überleitungsrechnung" zur Verfügung, unabhängig von der Unternehmensform. In der Überleitungsrechnung werden die Salden der Handelsbilanz korrigiert und für die Steuerbilanz angepasst.

Das folgende Beispiel zeigt eine Korrektur im Register **Überleitungsrechnung**.

## Beispiel

In der Handelsbilanz wurde eine Rückstellung in Höhe von 2.000 Euro gebucht, die steuerlich nicht erlaubt ist. Sie darf in der Steuerbilanz nicht erscheinen. D.h. das steuerliche Ergebnis darf durch diese Rückstellung nicht gemindert werden.

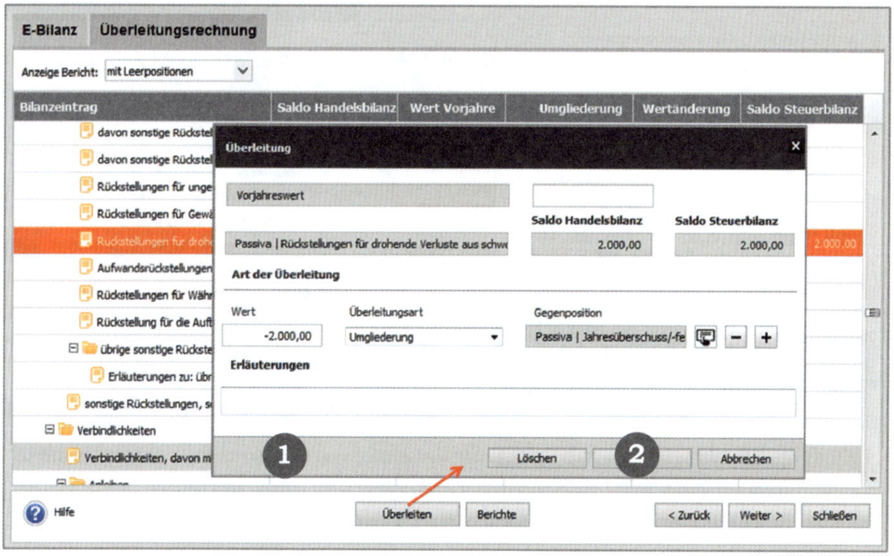


*Abb. 7:* ***Überleitungsrechnung:*** *Ist die Rückstellung markiert, öffnet sich mit einem Klick auf* ***Überleiten*** *ein Fenster. Hier erfassen Sie den Betrag von -2.000 Euro* ❶ *und wählen die Gegenposition „Jahresüberschuss/-fehlbetrag"* ❷. *Anschließend wird die Rückstellung nicht in der Steuerbilanz erscheinen.*

Im Register **Überleitungsrechnung** markieren Sie die Rückstellung und klicken auf **Überleiten**. Dadurch öffnet sich ein weiteres Fenster, in dem Sie im Feld „Wert" den Korrekturbetrag eingeben und die entsprechende Gegenposition auswählen.

Stimmt das steuerliche Ergebnis, können Sie in den letzten Bereich „E-Bilanz senden" wechseln.

## 22.5 Die E-Bilanz online übertragen

In diesem Bereich können Sie sich alle Daten noch einmal ansehen oder drucken. Die Daten sind in verschiedene Register unterteilt, die Sie nacheinander anklicken können.

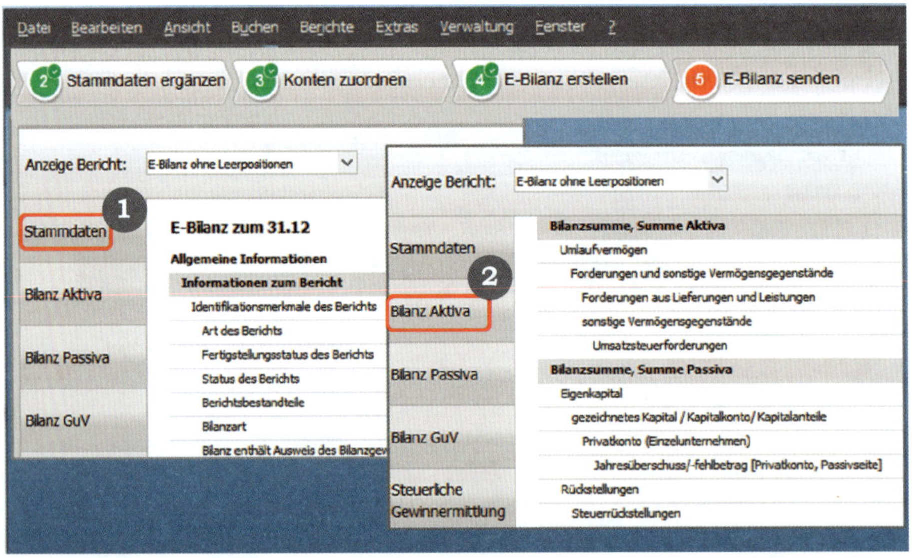


*Abb. 8:* ***E-Bilanz senden:*** *Die Daten, die versendet werden, sind nun in verschiedene Register eingeteilt, die Sie einzeln anklicken und ansehen können, wie z.B. die Stammdaten* ❶, *die Bilanz Aktiva* ❷ *und weitere.*

Nach dem Klick auf Senden öffnet sich das Elster-Modul, das Sie bereits von der Übermittlung der Umsatzsteuerformulare kennen. Dort gehen Sie wie gewohnt vor. Auch hier benötigen Sie für die Übermittlung das Elster-Zertifikat. Nach dem Versand finden Sie das Übertragungsprotokoll in der E-Bilanz Zentrale.

## 22.6 Übertragung der Handelsbilanz vorbereiten

Handelsbilanzen von Kapitalgesellschaften und GmbH & Co. KGs sind im Bundesanzeiger zu veröffentlichen. Die Handelsbilanz zu veröffentlichen heißt, dass Sie sich auf der Website des Bundesanzeigers anmelden und die Daten Ihres Jahresabschlusses hinterlegen. Dabei haben Sie die Möglichkeit, das elektronische Auftragsformular online auszufüllen oder eine Jahresabschluss-Datei hochzuladen.

Solch eine Datei können Sie mit dem Lexware buchhalter erzeugen. Vorausgesetzt, Sie haben Ihren Jahresabschluss mit dem Lexware buchhalter selbst erledigt.

**Tipp**

Hat Ihr Steuerberater bisher die Veröffentlichung erledigt, sollten Sie sich zuerst die Daten des Vorjahres ansehen. So haben Sie eine gute Arbeitsvorlage. Suchen Sie unter www.bundesanzeiger.de die letzte Bilanz Ihres Unternehmens heraus.

Für die Veröffentlichung müssen Sie sich einmalig beim Bundesanzeiger registrieren. Auf der Website www.bundesanzeiger.de finden Sie das Registrierungsformular. Halten Sie für das Ausfüllen den aktuellen Handelsregisterauszug des Unternehmens bereit. Nach Abschluss der Registrierung erhalten Sie per E-Mail Ihren Benutzernamen sowie ein Passwort für die Anmeldung.

Sowie Sie angemeldet sind, können Sie über die die Funktion **Auftrag übermitteln** die Veröffentlichung starten. Dazu sollte Ihnen die EHUG-Datei vorliegen.

## 22.7 EHUG-Datei erzeugen und ansehen

Im Menü **Extras** unter **ELSTER → EHUG** können Sie den **EHUG Exportassistent** starten. Erst, wenn alle Daten erfasst wurden, wird die EHUG-Datei erstellt. Im ersten Fenster müssen Sie die Firmendaten kontrollieren und ggf. ergänzen.

Im nächsten Fenster „Exportdetails" wählen Sie aus, welche Daten zu exportieren sind. Bilanz mit Gewinn- und Verlustrechnung oder nur eine Bilanz, zu welchem Bilanzstichtag und mit oder ohne Vorjahresvergleich. Außerdem müssen Sie hier den Speicherort für die Datei angeben.

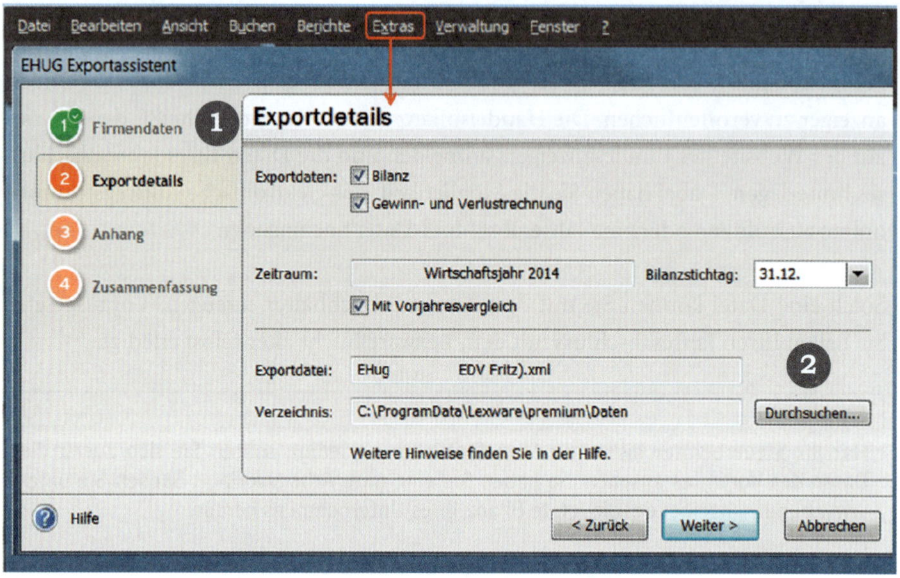


*Abb. 9:* ***EHUG Exportassitent:*** *Sind die Firmendaten* ❶ *vollständig, erfassen Sie unter* ***Exportdetails*** *die Angaben zum Jahresabschluss und hinterlegen den Speicherort* ❷ *für die Datei.*

Im Fenster „Anhang" können Sie den Text des Anhangs einfügen. Hier ist folgende Vorgehensweise zu empfehlen, um mögliche Formatierungsfehler zu vermeiden: Sie kopieren den Anhang aus Ihren Jahresabschlussunterlagen (Strg C) und öffnen den Windows Editor. Dort fügen Sie den Text ein (Strg V) und kopieren ihn erneut. Erst dann fügen Sie den Text in den Assistent ein.

Sind alle Daten erfasst, sehen Sie im letzten Fenster „Zusammenfassung" die Daten, die zur Veröffentlichung bereit stehen. Diese Daten können Sie sich am Bildschirm ansehen und Sie können sie drucken, wenn Sie ganz unten am Ende des Textes angekommen sind. Vergleichen sollten Sie diese Daten zunächst mit Ihrer Bilanz des aktuellen Jahres, ob die Salden stimmen, das Ergebnis etc.

**Tipp**

Liegen Ihnen die Daten des Vorjahres vor, dann können Sie diese jetzt auch mit der aktuellen Auswertung vergleichen. Wurde das Unternehmen gerade erst gegründet, handelt es sich also um die erste Veröffentlichung, lassen Sie sich ggf. beraten.

Sind alle Daten kontrolliert, können Sie mit dem Klick auf **Senden** die EHUG-Datei erzeugen. Sie wird dann im ausgewählten Verzeichnis abgelegt. Es wird also nicht gesendet, sondern es wird eine Datei erzeugt.

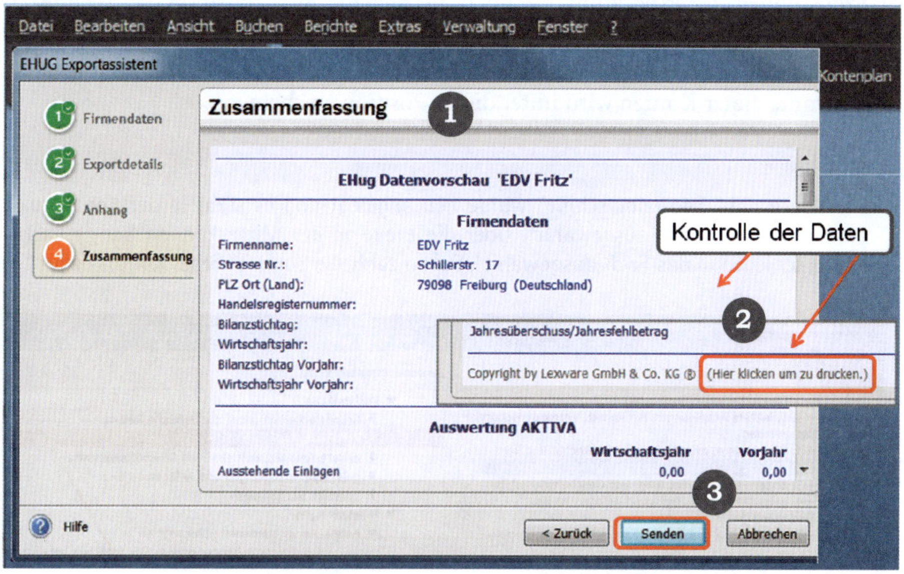


*Abb. 10:* ***Kontrolle und Sicherung:*** *Unter Zusammenfassung können Sie die Bilanz, die Gewinn- und Verlustrechnung sowie den Anhang am Bildschirm kontrollieren.* ❶ *Am Ende der Ansicht finden Sie die Möglichkeit zum Druck* ❷. *Nach dem Klick auf Senden wird die Datei erzeugt* ❸.

Sind die Daten nicht in Ordnung, ist Ihnen ein Fehler aufgefallen, können Sie den Vorgang jederzeit wiederholen. Verlassen Sie den Assistenten über **Abbrechen**, wird keine Datei erzeugt, aber Sie haben die Möglichkeit, die bisher erfassten Daten zu speichern.

## 22.8 Kontenzuordnung für die Bilanz anpassen

In der Regel sind die Konten richtig zugeordnet genauso wie die EHUG-Zuordnungen. Arbeiten Sie allerdings schon viele Jahre mit dem Programm, kann es zu Differenzen kommen.

Stimmen die Salden der EHUG Auswertungen nicht mit Ihrer Bilanz überein, kann das zwei Gründe haben. Zum einen kann ein Konto nicht der richtigen oder keiner Bilanzposition zugeordnet sein und zum anderen kann die Bilanzposition selbst falsch zugeordnet sein. Im Menü **Berichte** unter **Auswertungsaufbau → Aktiva, Passiva** und **GuV** können Sie diese Einstellungen kontrollieren und ggf. ändern.

Im folgenden Bild sehen Sie zum Beispiel den Bereich **Aktiva.** Links stehen die Bilanzpositionen des Programms. Wählen Sie hier die Bilanzposition „2. Technische Anlagen und Maschinen“ aus und klicken unten auf die Funktion **Konten zuordnen,** öffnet sich ein weiteres Fenster. Hier sehen Sie rechts die ausgewählten Konten, die Summe dieser Konten wird unter dieser Position erscheinen.

**Beispiel 1**

Das Konto „211 Spezialmaschine“ wurde neu angelegt und es steht in der Kontenzuordnung unter „nicht ausgewählt“. Über die Pfeile in der Mitte können Sie es nach rechts schieben in das Feld „ausgewählt“. Schon zählt die Summe dieses Kontos dazu.

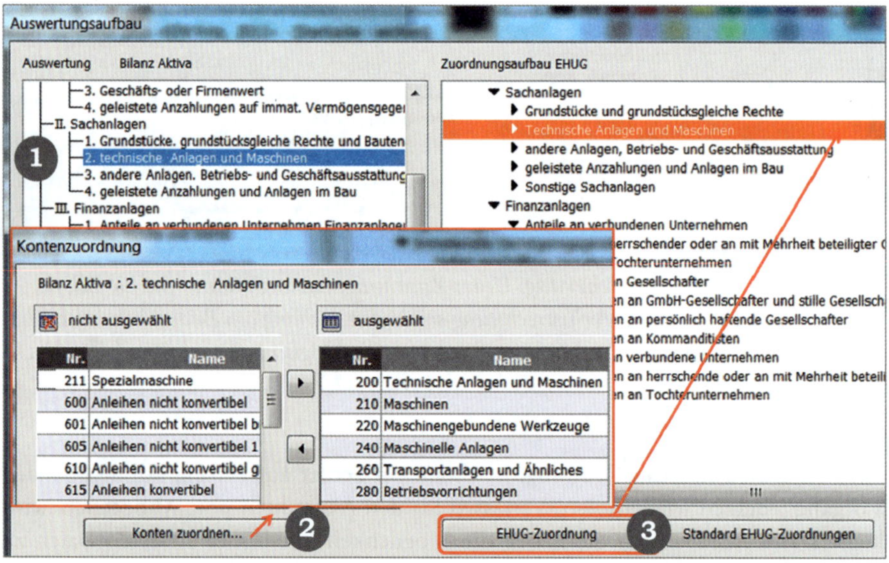


*Abb. 11:* ***Kontenzuordnung und EHUG-Zuordnung.*** *Wählen Sie links oben die Bilanzposition* ❶ *und klicken unten auf* ***Konten zuordnen*** ❷*, sehen Sie aus welchen Kontensalden sich die Summe ergibt. Die Zuordnung rechts können Sie über* ***EHUG-Zuordnung*** *ändern* ❸.

Um die EHUG-Zuordnung zu prüfen, wählen Sie links die Bilanzposition „2. Technische Anlagen und Maschinen“ aus. Schon wird Ihnen rechts die Zuordnung gezeigt. In diesem Fall stimmt die Zuordnung. Anderenfalls können Sie die Zuordnung ändern. Wählen Sie dazu rechts die passende Zuordnung aus und klicken Sie unten auf die Funktion **EHUG-Zuordnung**. Schon steht der Saldo in einer anderen Kategorie.

## 22.9 Handelsbilanz veröffentlichen

Sowie die Daten vollständig und richtig sind, können sie die EHUG-Datei, wie vorher beschrieben, erstellen. Anschließend können Sie sich auf der Website des Bundesanzeigers anmelden und die Veröffentlichung starten. Sowie dieser Vorgang abgeschlossen ist und die Datei hochgeladen wurde, erhalten Sie eine Bestätigung des Bundesanzeigers per Mail. Nun werden die Daten geprüft und wenige Tage danach ist Ihre aktuelle Bilanz im Bundesanzeiger sichtbar.

**Weitere Informationen**

Videos unter www.lexware.de/support

- E-Bilanz in Lexware buchhalter
- Kontenaktualisierung und Vorbereitung der E-Bilanz
- Bilanz und GuV korrekt auswerten
- Handels-, Steuerbilanz in Lexware buchhalter

# Stichwortverzeichnis

## A



## B



## D



## E

## F



## G



## H



## I



## J



## K



## L



## M



## N



## O

# Notizen

Notizen

Notizen

Notizen

Notizen

## Von Iris Thomsen sind außerdem in der Haufe Gruppe erschienen:

**Einnahme-Überschussrechnung 2014/2015**
**für Freiberufler und Selbstständige**
**11. Auflage, ISBN 978-3-648-06318-7**
**€ 29,95. Lieferbar ab Februar 2015**

**Grundregeln der EÜR**

In jedem Jahr müssen Freiberufler und Selbstständige ihren Gewinn ermitteln und so die EÜR für die Steuererklärung neu erstellen. Das Buch zeigt Ihnen Schritt für Schritt, wie das geht. Sie erfahren, wie die Anlage EÜR und die Umsatzsteuerformulare auszufüllen sind. Inklusive Arbeitshilfen online.

**Buchführung Grundlagen**
**1. Auflage, ISBN 978-3-648-04588-6**
**€ 29,95. Sofort lieferbar**

**Bilanz mit Gewinn- und Verlustrechnung**

In diesem Buch lernen Sie die doppelte Buchführung kennen sowie die Zusammenhänge von Buchführung, Bilanzierung und Steuern: Liegt ein Beleg vor, helfen Ihnen die Regeln der doppelten Buchführung, den Buchungssatz zu bilden, und die der Bilanzierung, die richtigen Konten zu finden. Mit dem steuerlichen Wissen können Sie Belege so erfassen, dass die Umsatzsteuerabrechnung richtig vorbereitet wird und Sie wissen welches Geld noch an das Finanzamt abzuführen ist. Jetzt auch als Short eBooks erhältlich.

**Schwierige Geschäftsvorfälle richtig buchen**
**10. Auflage, ISBN 978-3-648-06315-6**
**€ 39,95. Lieferbar ab Februar 2015**

**Richtig buchen – Fehler vermeiden**

Das Buch erklärt anschaulich, wie Sie bereits unterjährig mit Blick auf den Jahresabschluss buchen und, falls nötig, umbuchen. In den Darstellungen der Buchungen erkennen Sie sofort die konkreten Auswirkungen auf Gewinn- und Verlustrechnung und Bilanz. Inklusive Arbeitshilfen online.

## Haufe Short eBooks: praktisch, schnell, günstig

Downloaden, lesen, Bescheid wissen. Mit den neuen Haufe Short eBooks erhalten Sie Fachwissen zur Buchführung zum unschlagbar günstigen Preis. Optimal für alle, die eine schnelle Antwort auf eine konkrete Frage suchen.

> **Praktisch:** Short eBooks bieten Ihnen passgenau die Information, die Sie suchen. Nichts anderes.

> **Schnell:** Short eBooks haben nur zwischen 10 bis 30 Seiten. Kurz und bündig.

> **Günstig:** Short eBooks kosten jeweils nur € 2,99. Mehr nicht.

**Jetzt bestellen!**
http://shop.haufe.de/short-ebooks

HAUFE.